EQT 电磁力机制

从能量子密度场到电荷、*Maxwell/QED* 极限与可证伪性

李开生和李龙基合著

2026

致谢

本书是长期智力探索的结晶，也是我们两人多年深度合作的共同成果。

谨以此书献给我们的家人。

有幸来到这个世界，在随后的岁月里，“生命”本身逐渐成为了我们最持久的困惑。为了探寻生命因何产生、为何有限，这一追寻将我们引向了一条意料之外的道路：从生物存在的谜题，深入到物理学的根基，并最终走向对当代物理理论最深层结构假设的审视。通过我们两人的共同努力，这段漫长且并非预设的旅程，最终汇聚成了本书的理论体系。这段探索占据了我们成年后的大部分时光；之所以能坚持走完这段旅程，并非出于职业义务，而是源于对物理学本身那种持久且不妥协的着迷。

我们要向各自的妻子致以最特别的感谢。感谢她们在这一难以言说的漫长项目中，始终给予理解与守护。她们以非凡的慷慨维持着日常生活的基石，为本书所需的长期专注创造了条件。没有家人的包容与奉献，这份手稿绝不会以现在的面貌呈现。

最后，本书献给那些对生命本质与宇宙结构仍保持着严肃且不减好奇的读者们。无论最终能否获得确定的答案，这种持续追问的行为本身，便是对有限生命所做出的一种富有意义的回应。

李开生、李龙基

2026年5月

目录

第一章　导论

本书的问题、位置与推导路线

1.1　本书的核心问题：电磁力如何生成

本书的核心问题不是“电磁力如何被描述”，而是“电磁力如何生成”。这一表述决定了全书的理论位置、论证顺序和失败条件。若问题只是“如何描述”，Maxwell 理论和量子电动力学已经给出高度成功的答案：前者以连续电磁场为核心对象，精确处理电场、磁场、电磁波、感应现象和电荷—电流分布；后者以光子、带电粒子、传播子、相互作用顶点和重整化程序为基本语言，在微观尺度上提供了极高精度的计算体系。

因此，本书并不以否定 Maxwell 理论或 QED 为目标。相反，二者是本书必须尊重并回收的标准理论极限。若一种新的电磁机制解释不能在适当条件下回收 Coulomb 定律、Maxwell 方程、电磁波传播、光子量子化和 QED 的低能有效结果，它就不能被视为对电磁力的更深层解释。

本书追问的是一个更前置的问题：电荷、场、光子、虚光子、相位和规范结构，能否从电磁频段能量子密度场的频率—密度—梯度—相位动力学中获得机制性位置？换言之，本书不从“已有电荷”出发解释电场，也不从“已有电磁场”出发解释光子，更不把虚光子或规范自由度直接作为不可再分析的基础对象。按照 A1，本卷的最低对象不是预设的 $\mathbf{E}$、$\mathbf{B}$、q 或 photon，而是电磁频段能量子密度场 $\rho_f^{(EM)}(\mathbf{x},t)$。

这一问题同时依赖 A2、A3 和 A4。A2 使频率成为具有物理含义的谱量变量；A3 要求电磁现象从统一的密度场演化结构中获得说明；A4 要求电磁频段与质量子、束缚态、凝聚态及其他频段之间的相互作用受到频率匹配、频率失配和共振宽度的限制。由此，电磁力在本书中不是一个原初给定的“第四种力”，而是电磁频段能量子密度场在特定频率、密度、梯度、相位和边界条件下形成的有效相互作用结构。

本书的解释顺序因此不同于标准教材顺序。通常路径可以先引入电荷，再定义电场和磁场，再写出 Maxwell 方程，最后进入光子和 QED。本书必须反过来：先定义 $\rho_f^{(EM)}$，再定义电荷；先说明电荷为何是局域密度偏差，再引入相位拓扑；先由相位绕数和积分空间推出电荷量子化，再定义自由态、束缚态和凝聚态；先从密度梯度和能量子流结构推出 **E** 与 **B**，再说明 Maxwell 方程如何在弱梯度、高占有数和宏观平均极限中出现；先说明光子和虚光子的生成位置，再处理 QED 的有效表象和电磁弱禁闭。

本节得到的基本推论是：本书讨论的是电磁力生成问题，而不是电磁力描述问题；电磁力的最低本体起点是 $\rho_f^{(EM)}$，而不是电荷、电磁场或光子；本书要检验的主链条是从 $\rho_f^{(EM)}$ 到电荷、相位拓扑、电荷量子化、三态结构、**E** 与 **B**、Maxwell 极限、QED 有效表象、电磁弱禁闭和可证伪条件。下一节将进一步限定本卷在 EQT 系列中的位置。

1.2 本书在 EQT 系列中的位置

本书是 EQT 系列中的电磁力机制卷。它既不是基础公设卷，也不是强力—弱力卷、引力卷或暗物质—暗能量卷的重复展开，而是在 A1–A4 与元规范 M 已经给定的前提下，专门检验一个限定问题：电磁力能否从电磁频段能量子密度场 $\rho_f^{(EM)}(\mathbf{x}, t)$ 的频率—密度—梯度—相位结构中生成，并在适当极限中回收 Maxwell 理论与 QED 的有效结构。

这一定位首先意味着，本书不重新建立 EQT 的基础。A1–A4 与 M 是本卷唯一正式理论起点。本卷的任务不是扩展公设体系，而是考察这些公设在电磁频段中能够推出什么：电荷如何被定义，电荷量子化如何获得相位拓扑条件，光子如何成为自由态激发，**E** 与 **B** 如何成为有效表象，Maxwell/QED 如何作为理论极限被回收。

与强力—弱力卷相比，本卷不处理高频、短程、强耦合、频率凝结、强禁闭或短寿命变频机制。强弱力主线关注的是高频能量子密度场在不同耦合强度、非线性条件和稳定化路径下的生成结果；电磁卷关注的是中频低耗散传播、双极性、相位可持续、可屏蔽性、自由态光子和弱禁闭。二者共享统一公设，但不能共享未经推导的结论。

与引力卷相比，本卷不处理低频密度梯度如何形成宏观有效吸引，也不重新推导 Newtonian 极限或 GR 弱场接口。引力卷面对的是低频密度场如何几何化的问题；电磁卷面对的是可见电磁结构如何从电磁频段中生成的问题。二者可以在总能量密度和频谱分层上相互参照，但不能互相替代。

与暗物质—暗能量卷相比，本卷也不解释宇宙暗成分。暗物质部分的核心约束是“为什么暗”与“为什么仍有引力效应”；暗能量部分则围绕极低频背景、有效负压强、$w(z)$ 与 $H(z)$ 展开。电磁卷相反要解释“为什么可见”“为什么可辐射”“为什么可吸收”“为什么可形成电荷与场结构”。因此，暗物质相关中频区和本卷电磁频段可能相邻，但理论任务不同。

由此，本卷的位置可以概括为：它是一部在统一公设和统一术语纪律约束下展开的电磁力机制专著。它不新增公设，不替代其他卷，不扩张为四力统一总论，而是把其他卷作为边界参照，集中处理 $\rho_f^{(EM)}$ 如何生成电荷、场、光子、Maxwell/QED 极限与电磁弱禁闭。下一节因此只需进一步说明本书拒绝哪些写法，而不再重复各卷分工。

1.3　本书不做什么

为了保持清楚的理论对象、可审查的推导路线和明确的失败条件，本书必须先说明自身不做什么。电磁力问题很容易被写得过宽：可以写成 Maxwell 理论教材、QED 概念重述、四力统一总论，也可以写成关于场、粒子、能量和时空的哲学总论。若这些路径同时展开，本书就会失去自己的理论焦点。

1. 本书不做 Maxwell 教材，也不做 QED 教材。Maxwell 理论和 QED 已有成熟的数学体系和技术语言，本书不会按教材顺序重讲经典电磁学，也不会系统重建 QED 的拉格朗日形式、微扰展开和重整化程序。二者在本书中的地位是必须回收的标准理论极限：Maxwell 是宏观连续场极限，QED 是量子响应和微扰计算极限。

2. 本书不否定 Maxwell 理论或 QED。相反，若本书不能在适当条件下回收 Coulomb 定律、Maxwell 方程、电磁波传播、光子量子化和 QED 的低能有效结果，本书的核心主张就不能成立。本书的目标不是降低既有理论的地位，而是重新安排解释层级：标准理论中的电荷、场、光子、虚光子和规范结构，能否被理解为更底层频率—密度—梯度—相位动力学的有效结果。

3. 本书不做四力统一总论，也不把引力、暗物质或暗能量作为电磁力生成的支撑材料。强力、弱力、引力和暗成分问题在 EQT 系列中各有专门主线。本卷可以在必要处作边界比较，但不能把其他卷的推论拉入正文主干，更不能用它们替代本卷自身关于电荷、光子、场结构、Maxwell/QED 极限和电磁弱禁闭的推导。

4. 本书不用“万物皆梯度”等概括性表达替代推导。密度梯度是重要机制算子，但不能成为万能解释。电场是否可以表达为密度梯度，需要说明比例常数、量纲、边界条件和 Maxwell 极限；磁场是否可以表达为能量子流旋度，需要说明相位滞后、运动响应和矢势结构；电荷是否可以表达为密度偏差，需要说明积分空间、背景密度、稳定性和相位拓扑；弱禁闭是否成立，需要说明屏蔽长度、光子壳层和可释放条件。

5. 本书不把电荷、电场、磁场、光子或虚光子直接作为公设。按照 A1，唯一基础对象是按频率分族的能量子密度场。电荷必须作为 $\rho_f^{(EM)}$ 相对于背景密度的局域偏差及其积分结构被定义；电场必须作为密度梯度的有效表象被推出；磁场必须作为能量子流旋度、相位滞后和运动响应的有效表象被说明；光子必须作为自由态激发获得位置；虚光子必须作为涨落谱和线性响应的有效计算表象获得位置。

6. 本书不用新增公设保护理论。若电荷量子化无法从积分空间与相位绕数推出，不能临时增加“电荷量子化公设”；若 Maxwell 方程不能从弱梯度和宏观平均极限中回收，不能临时增加“Maxwell 相容公设”；若 QED 低能结构不能获得有效对应，不能临时增加“QED 映射公设”；若经验检验不利，不能通过任意调节 $k(f)$、$D(f)$、$\Gamma(f)$、源项或噪声项规避失败。

由此，本书只做一件事：在 A1–A4 与统一术语纪律约束下，检验电磁力能否从 $\rho_f^{(EM)}$ 的频率—密度—梯度—相位结构中生成，并在 Maxwell/QED 极限、弱禁闭机制和可证伪窗口中接受检验。下一节将说明这种限定如何转化为本书的写作方法。

1.4 公设化写作方法

本书采用公设化写作方法。这里所说的公设化写作，并不是把尚未完成的理论强行封闭为不可修正体系，也不是把所有论证改写成形式数学。它的目的，是把理论起点、推导路径、术语层级和失败条件显性化，使电荷、电场、磁场、光子、虚光子、Maxwell 极限和 QED 有效表象不再是一组松散类比，而进入一条受约束的生成链。

本卷只调用四个核心公设和一个元规范：

$$A1,\quad A2,\quad A3,\quad A4,\quad M.$$

A1 是本体公设，规定唯一基本存在物是按频率分族的能量子密度场 $\rho_f(\mathbf{x},t)$。在电磁卷中，这意味着 $\rho_f^{(EM)}$ 是基础对象，电荷、电场、磁场、光子、虚光子、规范结构和相位结构都不能与 ρ_f 并列为原初存在物。A2 是谱量公设，规定 $E=h\nu$，使频率成为具有能量意义的变量。A3 是演化公设，规定 ρ_f 的时空演化由统一主方程支配。A4 是谱耦合公设，规定不同频段之间的相互作用受洛伦兹共振核约束。M 是元规范，要求所有结论从 A1–A4 出发，不能引入特设假设，并且必须保留可证伪预言。

在这一方法下，本书的术语系统必须保持克制。后文凡引入或使用理论术语，均应归入三类之一：基础定义、机制算子和检验工具。基础定义用于界定对象和必要变量，如能量子密度场、$\rho_f^{(EM)}$、ρ_0、积分空间 V_{int}、相位场、自由态、束缚态和凝聚态。机制算子用于描述生成过程，如梯度流、相位锁定、频率共振、相位绕数、电磁弱禁闭和三态转换。检验工具用于连接标准理论和经验对象，如 Maxwell 极限、QED 有效表象、屏蔽长度、强场非线性修正、相位绕数实验和失败条件清单。

公设化写作并不要求每节都重复 A1–A4 与 M 的完整定义。第 1 章将给出本卷使用指引；此后若一节只是标准依赖 A1–A4 与 M，可压缩为一行："本节标准依赖 A1–A4 与 M（见 1.1）；其中 A1 在本节的特殊作用是……"。只有当某一公设在该节具有特殊功能、边界或风险时，才需要展开说明。

同样，"本节与弱力—强力主线的关系"不再作为每节固定段落反复出现。第 1.3 节将集中说明电磁频段与强弱力、引力和暗成分主线的边界；后文只有在确实涉及边界对照的章节，如三态、弱禁闭和结语，才保留简短说明。这样既保留系列统一性，也避免每节重复同一段频段比较。

每章仍应保持清楚的推导纪律：开头说明本章问题、依赖前提、要推出的结论；结尾说明本章得到的定义或推论、尚未解决的问题以及下一章为何必要。但这些要素不必机械写成六到八段固定模板。它们是写作纪律，不是僵硬格式。其目的，是防止章节变成主题并列，而不是制造形式重复。

本节得到的推论是：本书采用公设化写作，但不重新建立公设；本卷只调用 A1–A4 与 M；术语必须归入基础定义、机制算子或检验工具三类；章节结构服务推导顺序，而不是反复复制模板。下一节将给出全书推导路线。

1.5 全书推导路线

本书的章节结构遵循推导顺序，而不是教学顺序。教学顺序可以从熟悉对象开始，如电荷、电场、磁场、Maxwell 方程、光子和 QED；历史顺序也可以从 Coulomb、Ørsted、Faraday、Maxwell、Einstein 光量子和量子电动力学展开。但本书处理的是电磁力能否从统一公设约束下的能量子密度场中生成，因此必须按照对象生成的先后关系组织。

全书的主推导链为：

$$\begin{aligned}\rho_f^{(EM)} \to q \to \theta_f \to q = e_0 n \to \\ \text{三态} \to \mathbf{E}, \mathbf{B} \to \text{Maxwell} \to \text{QED} \to \\ \text{弱禁闭} \to \text{过程动力学} \to \text{可证伪性}.\end{aligned}$$

第一步是定义 $\rho_f^{(EM)}$。按照 A1，本卷不能先引入电荷、**E**、**B** 或光子，而必须先限定电磁频段的能量子密度场及其演化结构。第二步是定义电荷 q。电荷不是公设，而是 $\rho_f^{(EM)}$ 相对于背景密度 ρ_0 的局域偏差在积分空间中的稳定表达。

$$q = e_0 \int_{V_{\text{int}}} \left(\rho_f^{(EM)} - \rho_0\right) dV.$$

第三步是引入相位场 θ_f。仅凭密度偏差无法解释电荷离散性、极性稳定和拓扑保护，因此必须把电磁频段能量子密度场写成幅度与相位共同参与的结构。第四步是通过相位绕数、积分空间和边界稳定性推出电荷量子化 $q = e_0 n$。若这一环节失败，本书关于电荷生成的核心主张必须收缩。

第五步是定义自由态、束缚态和凝聚态。三态框架用于解释光子传播、吸收、辐射、电离、复合、屏蔽和局域光子层。第六步是推出 **E** 与 **B**：电场作为密度梯度的方向性有效表象，磁场作为能量子流旋度、相位滞后和运动响应的有效表象。

第七步是回收 Maxwell 理论。只有在 $\rho_f^{(EM)}$、电荷、相位拓扑、三态、**E** 与 **B** 都获得生成位置之后，Maxwell 方程才能作为弱梯度、高占有数、低噪声、线性响应和宏观平均条件下的结果出现。第八步是处理 QED 有效表象：光子、虚光子、传播子、真空极化和有效电荷都应获得机制性位置，但本书不重建完整 QED 计算体系。

第九步是处理电磁弱禁闭。电磁相互作用具有可屏蔽性、双极性、长程传播和局域束缚结构，因此需要说明电荷周围的局域光子壳层或束缚态电磁能量子分布如何形成、如何屏蔽、如何被扰动和释放。第十步是过程动力学，将吸收、辐射、电离、复合等现象解释为三态转换、局域守恒和跨频耦合过程。最后，全书必须给出可证伪条件，说明哪些结果会使本书的电磁机制失败或收缩。

因此，本书的章节不能随意调换。若先讲 Maxwell，再讲 $\rho_f^{(EM)}$，就会把有效极限放到生成起点之前；若先讲 QED，再讲三态，就会把光子和虚光子当成原始对象；若先讲弱禁闭，再定义电荷和相位，就会失去局域束缚结构的基础；若先讲实验验证，再明确失败条件，就会变成支持性叙述，而非可证伪理论。

本节得到的推论是：全书路线规定了章节顺序，也规定了每章的理论负担。下一章必须首先处理统一公设、术语纪律与电磁卷边界，说明本卷如何在 A1–A4 与 M 的约束下合法使用 $\rho_f^{(EM)}$、积分空间、相位场、三态、Maxwell 极限和 QED 有效表象等概念。

1.6 阅读路径建议

本书可以按三种路径阅读。第一，若读者关注理论主链，可先读 0.1、0.5、第 2—4 章、第 6—8 章和第 11 章，以把握从 $\rho_f^{(EM)}$ 到电荷、场、Maxwell/QED 极限和可证伪性的连续推导。第二，若读者关注 EQT 系列中的边界分工，可先读 0.2、0.3、1.3、第 9 章和结语，以把握电磁卷与强弱力、引力和暗成分卷的区别。第三，若读者关注术语和方法，可先读 0.4、1.1、1.2 和 1.4，再进入正文推导。无论采取哪一种路径，都应注意：本书的顺序不是教学顺序，而是生成顺序。

第一部分

公设、对象与电磁频段

第二章　统一公设、术语纪律与电磁卷边界

2.1　A1–A4 在电磁卷中的使用方式

本节的问题是：在电磁力卷中，统一公设 A1–A4 应当如何被使用？这个问题必须在正式讨论电荷、电场、磁场、光子或 Maxwell/QED 极限之前得到说明。若本卷一开始就直接使用这些对象作为理论起点，就无法完成“电磁力如何生成”的任务，而只能在已有电磁理论语言之内重新解释电磁现象。

本节给出本卷的公设使用指引。A1 在本卷中的作用，是将电磁频段能量子密度场 $\rho_f^{(EM)}(\mathbf{x},t)$ 确定为基础对象。电荷、电子、光子、连续电磁场 $\mathbf{E}$ 和 $\mathbf{B}$、势函数、虚光子和 QED 传播子，都不能与 $\rho_f^{(EM)}$ 并列成为本体起点。它们可以并且必须在后文出现，但只能作为定义、机制结果、有效表象或理论极限出现。

A2 在本卷中的作用，是把电磁频段的能量量纲和频率分层建立在 $E = h\nu$ 之上。电磁力为什么不是低频引力机制，也不是高频强弱力机制，必须通过频率—能量关系、传播条件、耗散尺度和耦合结构来说明。光子吸收、辐射、电离、复合、屏蔽重排和相位解锁等过程，也必须被写成频率化能量模态之间的转换，而不能只被写成空间场变化。

A3 在本卷中的作用，是把电磁频段密度场的演化限制在统一主方程之内。电磁卷不能为了得到熟悉的电磁结论而反向设计方程，不能为了回收 Coulomb 定律而把 $1/r^2$ 直接放入电荷定义，也不能为了得到 Maxwell 方程而把连续电磁场方程作为隐藏公设。正确顺序是：先给出 $\rho_f^{(EM)}$ 的演化，再在特定极限中推出场、势、波动、传播子和响应结构。

A4 在本卷中的作用，是约束电磁频段与质量子、束缚态、凝聚态以及其他频段结构之间的耦合。电荷结构通常依附于质量子或凝聚态边界；光子可以在自由态和束缚态之间转换；吸收、辐射、电离和复合都涉及不同状态和不同频段之间的耦合。A4 要求这些耦合不能任意设定，而必须受频率匹配、频率失配和共振宽度限制。

M 在本卷中的作用，是要求全书始终保留失败条件。M 不参与主方程演化，但约束本卷的理论行为。若电荷无法从

$\rho_f^{(EM)}$ 的局域偏差和积分空间中非任意地定义，本书失败；若电荷量子化无法由相位绕数和边界条件推出，本书失败；若 **E** 与 **B** 不能作为密度梯度和能量子流旋度的有效表象出现，本书失败；若 Maxwell/QED 不能作为适当极限回收，本书失败。

为减少全书重复，后续章节采用如下引用规则：凡某节只标准依赖 A1–A4 与 M，不再逐字重述五项内容，而写作“本节标准依赖 A1–A4 与 M（见 1.1）”；只有当某一公设在该节具有特殊作用时，才补充说明。例如，讨论电荷时重点说明 A1 与积分空间的作用；讨论电荷量子化时重点说明相位拓扑与 M 的失败条件；讨论 QED 有效表象时重点说明 A3 的涨落项、线性响应与 A4 的耦合约束。

本节得到的定义和推论是：A1 在本卷中规定 $\rho_f^{(EM)}$ 是基础对象；A2 规定电磁频段的能量尺度由 $E = h\nu$ 确定；A3 规定电磁频段密度场的演化必须服从统一主方程；A4 规定跨频耦合受洛伦兹共振核约束；M 规定本卷必须保留失败条件。下一节将说明哪些内容不能被新增为电磁卷的保护性公设。

2.2 电磁卷不能新增哪些公设

本节的问题是：在电磁力卷中，哪些判断不能被当作新的公设加入？上一节已经说明，本卷只能调用 A1–A4 与

M；本节进一步划定禁止路径。若本书在解释电荷、电场、光子、Maxwell 方程或 QED 时，临时把这些对象直接设为前提，全书就会失去生成性。

1. 本卷不能把“电荷存在”作为公设。电荷在标准电磁理论中当然是核心对象，但在本书中必须作为 $\rho_f^{(EM)}$ 的结构结果出现。其基本形式将在第 3 章给出：
$$q = e_0 \int_{V_{\text{int}}} \left(\rho_f^{(EM)} - \rho_0\right) dV.$$
这一表达不是完成性结论，而是后续推导的起点：它要求说明积分空间如何物理选择，背景密度如何作为参照，局域偏差如何形成可观测电荷，正负电荷为何稳定，以及电荷量值为何离散化。

2. 本卷不能把“电场存在”或“磁场存在”作为公设。$\mathbf{E}$ 与 $\mathbf{B}$ 在 Maxwell 理论中是基础描述变量，但在本书中必须作为有效表象出现。电场应由 $\rho_f^{(EM)}$ 的空间不均匀性和密度梯度获得机制说明；磁场应由能量子流、相位滞后、环流结构和运动响应获得机制说明。其方向不是从场到密度，而是从密度场到有效场。

3. 本卷不能把“光子存在”作为公设。光子必须被定义为电磁频段能量子密度场的自由态量子激发，而不是与场并列的基础本体。若光子直接作为公设，虚光子、QED 传播子、吸收辐射和弱禁闭就会被直接放入既有量子场论语言中，而不再需要 EQT 推导。

4. 本卷不能把“Maxwell 方程成立”作为公设。Maxwell 方程是必须回收的经典极限，而不是理论起点。后文应从 $\rho_f^{(EM)}$ 的演化、局域守恒、密度梯度、能量子流和相位结构出发，再在弱梯度、高占有数、低噪声、线性响应和宏观平均条件下推出 Maxwell 结构。

5. 本卷不能把“QED 正确”作为公设。QED 的经验成功必须被尊重，但它的标准对象不能直接进入 EQT 的基础层。光子、虚光子、传播子、真空极化和有效电荷都需要在 $\rho_f^{(EM)}$ 的自由态激发、涨落谱、线性响应、局域密度重排和尺度依赖积分结构中获得机制性位置。

6. 本卷不能把“电磁力是中频长程力”作为未经推导的标签。所谓电磁频段必须通过 A2 的频率—能量关系、A3 的传播与耗散结构、A4 的耦合选择性，以及后续关于相位传播、双极性、自由态光子、弱禁闭和屏蔽结构的推导来获得说明。

7. 本卷不能通过新增公设保护理论。若电荷量子化、场表象、Maxwell 极限、QED 有效表象或弱禁闭无法从既有公设和定义推出，不能再添加“相位量子化公设”“梯度即电场公设”“Maxwell 相容公设”“QED 映射公设”或“光子壳层存在公设”。所有这些内容都必须作为定义、推论、机制结果或有效极限出现。

本节得到的推论是：本卷不得新增电荷存在公设、电场存在公设、磁场存在公设、光子存在公设、Maxwell 方程成立公设、QED 正确公设，也不得把“中频长程”作为开端标签。下一节将集中说明电磁频段在 EQT 系列中的位置，后文不再每节重复这一边界比较。

2.3 电磁频段在 EQT 系列中的位置

本节的问题是：电磁频段在 EQT 系列的整体频谱结构中处于什么位置？这一问题必须在正式定义 $\rho_f^{(EM)}$ 之前说明。按照 A1，所有相互作用都必须在按频率分族的能量子密度场中获得位置；按照 A2，频率具有能量意义；按照 A3，不同频段的密度场都受到统一主方程约束；按照 A4，不同频段之间的耦合受共振核限制。因此，电磁力的特殊性不能来自新公设，而必须来自电磁频段相对于其他频段的结构差异。

电磁频段首先不同于高频强弱力区。高频强弱力区的典型特征是强非线性、短程性、频率凝结、快速衰变、强耦合反馈和局域稳定化。弱力主线关注超高频触发、短寿命中介和变频转移；强力主线关注高频局域化、胶子—夸克共振、强自耦、非线性反馈和强禁闭。电磁频段则表现为不同的平衡：非线性自持不足以形成强力式不可释放禁闭，耗散也不足以导致弱力式短寿命衰变，密度场可以在较低耗散下传播，相位结构可以在较大尺度上维持。

电磁频段其次不同于低频引力区。低频引力区的核心不是双极性、屏蔽或相位传播，而是统计累积、单向吸引和宏观几何化。引力卷处理的是低频能量子密度场如何在宏观统计极限中形成有效吸引，如何回收 Newtonian 结构，并如何在弱场极限中对应几何语言。电磁卷则必须解释正负电荷、同号相斥与异号相吸、屏蔽、介质极化、真空极化和自由态光子传播。

电磁频段也不同于中频暗物质相关区。暗物质机制的关键是“电磁弱耦合但引力读出”：一方面与普通电磁频率窗口失配，因此不通过显著辐射、吸收、散射或谱线结构直接显现；另一方面仍通过总能量密度梯度进入宏观引力读出。电磁频段则处在相反位置：它必须解释为什么某些能量密度结构能够进入普通电磁读出，为什么可见、可辐射、可吸收，并能形成电荷、光子和连续场结构。

由此可以给出本卷的工作性定位：电磁频段是 ρ_f 的一个特殊频率区域，在该区域中，密度场具有相对低耗散传播能力，能够支持相位结构的持续传播，能够形成双极性密度偏差，能够产生可屏蔽的局域相互作用，并能够在宏观极限中表现为长程连续场。这一定义仍然是初步定位，而非完成性结论；后文仍必须分别推出电荷、相位拓扑、**E**、**B**、Maxwell 极限和 QED 有效表象。

本节同时建立后文的边界写作规则：除第 5 章三态、第 9 章弱禁闭和结语等确实需要边界对照的部分外，后文不再反复设置“本节与弱力—强力主线的关系”段落。电磁卷与强弱力卷、引力卷和暗成分卷的关系，原则上已在本节集中说明；后文只在机制上确有必要时简短回指。

本节得到的定义和推论是：电磁频段不是单纯“中频”标签，而是低耗散传播、相位可持续、双极性、可屏蔽性和长程有效场共同限定的频谱区域。它不同于高频强弱力区的凝结、强耦合和短程性；不同于低频引力区的统计累积和单向吸引；也不同于暗物质相关区的电磁弱耦合与引力读出。下一节将给出本卷核心术语表。

2.4 本卷核心术语表

本节的问题是：电磁力卷应当使用哪些核心术语，并且这些术语在全书中分别承担什么理论功能？术语系统不是命名问题，而是推导可控性的条件。若每章都引入新的核心术语，读者就无法判断哪些是基础对象，哪些是机制算子，哪些只是经验接口；若同一术语在不同章节中含义漂移，全书就会从推导体系退回为概念叙述。

本卷术语分为三类：基础定义、机制算子和检验工具。基础定义提供对象，机制算子描述生成过程，检验工具规定理论如何与标准理论和经验事实相接。后续章节不应随意制造同级核心术语；若必须新增，必须说明其所属类别、推导位置和失败边界。

基础定义包括：电磁能量子场 $\rho_f^{(EM)}$、宇宙背景密度 ρ_0、积分空间 V_{int}、相位场 θ_f、自由态、束缚态和凝聚态。$\rho_f^{(EM)}$ 是本卷最基本对象，不是 $\mathbf{E}$、$\mathbf{B}$ 或光子数密度的别名；ρ_0 是定义局域偏差的参照密度；V_{int} 是电荷定义中不可缺少的物理积分区域；θ_f 是电荷量子化、相位锁定、干涉和规范结构有效出现的必要自由度；三态框架则用于区分自由传播、局域束缚和凝聚接口。

机制算子包括：相位拓扑、相位绕数、频率—空间共振半径 R_c、相位锁定、电磁弱禁闭、光子壳层、屏蔽和三态转换。相位拓扑关注闭合路径与边界条件；相位绕数连接相位闭合与 $q = e_0 n$；R_c 防止积分空间成为任意数学区域；电磁弱禁闭描述电荷或质量子附近可屏蔽、可扰动、可释放的局域束缚结构；光子壳层则是弱禁闭的局域结构表述，必须能够与屏蔽长度、有效电荷、真空极化或局域响应联系。

检验工具包括：Maxwell 极限、QED 有效表象、Coulomb 极限、屏蔽长度、传播子线性响应、强场非线性修正、相位绕数实验、腔 QED 响应、XFEL 强场实验、超冷原子拓扑模拟和可证伪窗口。它们的作用不是扩大解释范围，而是限制理论：在哪些条件下 EQT 与 Maxwell/QED 重合，在哪些条件下可能出现可分辨偏离，哪些结果会迫使本卷的电磁机制失败或收缩。

以上术语必须保持稳定。$\rho_f^{(EM)}$ 不应在某处被称为电磁场、在另一处被称为光子密度、在第三处又被称为真空介质；V_{int} 不应有时表示电荷积分域、有时表示任意局域体积；弱禁闭不应有时表示屏蔽、有时表示强束缚、有时又表示虚光子云。术语稳定性本身就是推导稳定性的条件。

本节得到的定义和推论是：本卷核心术语应被稳定归入基础定义、机制算子和检验工具三类。后续章节不得任意新增同级核心术语，也不得改变既有术语的基本含义。下一节将总结本章得到的理论资源边界。

2.5 本章小结：本卷的理论资源边界

本章的任务，是在正式进入 $\rho_f^{(EM)}$、电荷、电场、磁场、光子和 Maxwell/QED 极限之前，先限定本卷能够合法使用的理论资源。对于一部推导型学术专著而言，最危险的问题不是术语不足，而是理论起点过多；不是解释范围太小，而是未经约束地把需要解释的对象提前放入前提之中。

本章得到的第一项结论是：本卷的基础对象只能是电磁频段能量子密度场 $\rho_f^{(EM)}(\mathbf{x},t)$。电荷、$\mathbf{E}$、$\mathbf{B}$、光子、虚光子、传播子、势函数、规范结构和 Maxwell 方程都可以在本书中出现，但不能作为公设出现；它们必须作为定义、机制结果、有效描述或理论极限获得位置。

第二项结论是：本卷不能新增电磁专属公设。电荷不能被升级为新公设，电场和磁场不能被升级为新公设，光子和虚光子不能被升级为新公设，Maxwell 方程和 QED 正确性不能被升级为新公设，电磁弱禁闭也不能被直接规定为存在。它们都必须从 A1–A4 与 M 的约束中逐步推出。

第三项结论是：电磁频段在 EQT 系列中的位置已经得到集中限定。它不是泛泛的“中频”标签，而是低耗散传播、相位可持续、双极性、可屏蔽性和长程有效场共同限定的频谱区域。它不同于高频强弱力区、低频引力区和暗物质相关区；这一边界说明后文原则上不再重复展开，只在机制确有需要时回指。

第四项结论是：本卷核心术语已被归入三类。基础定义包括 $\rho_f^{(EM)}$、ρ_0、V_{int}、θ_f、自由态、束缚态和凝聚态；机制算子包括相位拓扑、相位绕数、R_c、相位锁定、电磁弱禁闭、光子壳层和三态转换；检验工具包括 Maxwell 极限、QED 有效表象、屏蔽长度、强场非线性修正、相位绕数实验和可证伪窗口。

本章同时建立了后文的减重复规则。其一，后续章节若只是标准依赖 A1–A4 与 M，不再逐字重复五项公设定义，而简短回指 1.1。其二，除第 5 章、第 9 章和结语等确有边界对照需要的部分外，不再每节重复“本节与弱力—强力主线的关系”。其三，章节开头和结尾仍保留推导纪律，但不机械复制固定模板。

本章尚未解决的问题是：虽然本卷的理论资源边界已经划定，但尚未正式定义电磁频段能量子密度场本身。下一章因此必须进入 $\rho_f^{(EM)}$ 的定义与主方程，说明电磁频段如何通过频率、传播、耗散和相位条件获得物理意义，EQT 主方程在电磁频段中如何写出，能量子流、局域守恒和连续场近似如何为后续电荷定义与 Maxwell/QED 极限奠定基础。

第三章　电磁频段的能量子密度场：$\rho_f^{(EM)}$ 的定义与主方程

3.1　为什么电磁力卷必须先定义 $\rho_f^{(EM)}$

本节的问题是：为什么电磁力卷必须先定义电磁频段能量子密度场 $\rho_f^{(EM)}$，而不能先从电荷、电场、磁场或光子开始？这个问题是第二章的起点，也是全书推导顺序能否成立的关键。若本书一开始就使用电荷、电场、磁场、光子或虚光子作为既定对象，那么后文所谓“电磁力生成”就会变成对既有电磁理论对象的重新解释，而不是从统一公设中推出电磁对象。为了避免这种倒置，本章必须首先给出 $\rho_f^{(EM)}$ 的理论地位。

本节依赖 A1、A2、A3、A4 与元规范 M。A1 规定唯一基础对象是按频率分族的能量子密度场 $\rho_f(\mathbf{x},t)$，因此本卷中最先被定义的对象只能是电磁频段的 $\rho_f^{(EM)}$。A2 规定 $E=h\nu$，因此电磁频段不是任意分类，而是具有能量谱量意义的频率区域。A3 规定 ρ_f 的演化由 EQT 主方程约束，因此 $\rho_f^{(EM)}$ 不是静态背景，而是具有非线性、自持、扩散、对流、耗散、源项和涨落结构的动力学场。A4 规定跨频耦合由洛伦兹共振核约束，因此电磁频段与质量子、束缚态、凝聚态及其他频段之间的关系不能任意设定。M 要求本书不能通过特设假设保护电荷、电场、光子或 Maxwell/QED 结构，而必须使它们在明确条件下成为推论、有效表象或检验极限。

本节要推出的结论是：电磁力卷的第一对象必须是 $\rho_f^{(EM)}$，而不是电荷、电场、磁场、光子或虚光子。更准确地说，本书的推导方向必须是：

$$\rho_f^{(EM)} \to \text{电荷、电场、磁场、光子},$$

而不是：

$$\text{电荷、电场、磁场、光子} \to \rho_f^{(EM)}.$$

这一区分决定了本书是生成性理论，还是解释性改写。

首先，如果不先定义 $\rho_f^{(EM)}$，电荷就会重新变成预设对象。在标准电磁理论中，电荷通常作为场的源、守恒量或规范耦合参数出现。这样的处理在计算上非常成功，但对于本书的问题而言还不够。因为本书要问的是：电荷为什么能够作为可稳定、可守恒、可量子化、可正负分支化的物理对象出现？若一开始就承认电荷存在，再去解释它如何产生电场或如何与光子耦合，电荷本身就没有被生成，而只是被继承。本书必须从 $\rho_f^{(EM)}$ 出发，把电荷定义为相对于背景密度 ρ_0 的局域偏差及其积分结构；其完整形式将在第 3.2 节以式 3.2.1 正式给出。

只有在 $\rho_f^{(EM)}$、ρ_0 和 V_{int} 已被定义之后，式 3.2.1才有物理意义。否则，该定义就会退化为符号替换。

其次，如果不先定义 $\rho_f^{(EM)}$，电场和磁场也会重新变成预设对象。传统 Maxwell 理论以 $\mathbf{E}$ 和 $\mathbf{B}$ 为核心变量，描述它们如何由电荷与电流产生、如何相互诱导、如何传播。这一路径在描述层面非常有效，但本书的问题不是"给定 $\mathbf{E}$ 与 $\mathbf{B}$，它们如何演化"，而是"为什么 $\mathbf{E}$ 与 $\mathbf{B}$ 这样的有效变量会出现"。因此，本书不能先假定电场存在，再把它解释为密度梯度；也不能先假定磁场存在，再把它解释为旋度结构。正确顺序必须是：先有 $\rho_f^{(EM)}$ 的空间分布，再有其梯度、流量与相位结构，最后才有 $\mathbf{E}$ 与 $\mathbf{B}$ 的有效场表示。

这一点可以写成两条生成链：

$$\rho_f^{(EM)} \to \nabla\rho_f^{(EM)} \to \mathbf{E},$$

$$\rho_f^{(EM)},\ \mathbf{J}_f^{(EM)},\ \theta_f \to \nabla\times\mathbf{J}_f^{(EM)} \to \mathbf{B}.$$

这两条链条尚未在本节中完成推导，但它们明确了后文必须采取的方向。电场和磁场不是电磁卷的本体起点，而是 $\rho_f^{(EM)}$ 的密度梯度、能量子流、相位滞后和运动响应在特定条件下的有效表象。

第三，如果不先定义 $\rho_f^{(EM)}$，光子也会重新变成预设粒子。量子理论中，光子是电磁相互作用的量子，具有清楚的实验读出和计算地位。但本书不能以“光子存在”为开端，因为这会把电磁频段的自由态激发提前设为基础实体。按照 A1，基础对象是 ρ_f，而不是粒子。因此，光子必须被定义为电磁频段能量子密度场在无局域闭合、低耗散传播和量子化读出条件下的自由态激发。换言之：

$$\rho_f^{(EM)} \to \text{自由态} \to \gamma.$$

这样，光子的波粒二象性也获得新的位置：波动性来自 $\rho_f^{(EM)}$ 的场结构和相位传播，粒子性来自自由态激发在交换、吸收和探测中的离散读出。若不先定义 $\rho_f^{(EM)}$，光子就只能作为传统量子对象被继承，而无法成为本书中的生成结果。

第四，如果不先定义 $\rho_f^{(EM)}$，虚光子和 QED 传播子也会被误放在基础层。QED 中的虚光子、传播子和顶点结构是极其成功的计算工具，但本书不能把它们直接当成底层物理实体。虚光子在本卷中应被理解为电磁频段密度场的涨落谱和线性响应在微扰计算中的有效表象；传播子则应

被理解为 $\rho_f^{(EM)}$ 对局域扰动的响应核。如果没有 $\rho_f^{(EM)}$ 作为先行对象，虚光子就会再次成为难以解释的相互作用媒介，而不是一个由场涨落和响应结构产生的有效量。

第五，如果不先定义 $\rho_f^{(EM)}$，Maxwell 理论和 QED 就无法被正确地放在“极限”位置上。Maxwell 方程应当在弱梯度、高占有数、低噪声、线性响应和宏观平均条件下作为经典极限出现；QED 应当在单激发、涨落响应、微扰耦合和量子读出条件下作为量子有效表象出现。这两个理论都不是本书要否定的对象，而是本书必须回收的标准理论极限。但是，如果本书不先定义 $\rho_f^{(EM)}$，那么 Maxwell/QED 就无法成为极限，只能继续作为起点。这样一来，本书就无法回答“电磁对象如何生成”，而只能说明“EQT 如何解释 Maxwell/QED 已经给出的对象”。

第六，先定义 $\rho_f^{(EM)}$ 也是为了防止术语层级混乱。本卷的核心术语分为基础定义、机制算子和检验工具。$\rho_f^{(EM)}$ 属于基础定义；电荷定义、积分空间、相位场和三态结构是建立在它之上的进一步定义；梯度流、相位锁定、弱禁闭和光子壳层属于机制算子；Maxwell 极限、QED 有效表象和可证伪窗口属于检验工具。若不先定义 $\rho_f^{(EM)}$，后续术语就会失去层级：电荷可能被当成基础对象，Maxwell 方程可能被当成推导前提，QED 传播子可能被当成机制算子，弱禁闭可能被当成未经说明的类比。为了避免这种混乱，$\rho_f^{(EM)}$ 必须在本章开端获得明确地位。

第七，先定义 $\rho_f^{(EM)}$ 也有助于区分电磁卷与弱力—强力主线。弱力—强力卷同样从 ρ_f 出发，但其关注的是高频区的短程、强耦合、频率凝结、快速衰变和强弱过渡区。电磁卷则关注电磁频段中低耗散传播、相位可持续、双极性、可屏蔽性和 Maxwell/QED 有效极限。二者共享 A1–A4，但不能共享未经推导的结果。只有先定义 $\rho_f^{(EM)}$，本卷才能说明电磁频段为什么不同于高频强弱区，为什么不会主要表现为强禁闭或弱衰变，而是表现为光子自由态、可屏蔽电荷结构和连续场极限。

因此，本节的中心论断是：本书不是先有电荷和电场，再解释 ρ_f；而是先有 $\rho_f^{(EM)}$，再生成电荷、电场、磁场和光子。这个顺序不能倒置。若倒置，电磁卷就会变成对已有电磁理论对象的本体化注释；若保持这一顺序，后续每一章都必须承担明确推导任务：电荷章必须从 $\rho_f^{(EM)}$ 推出 q 的结构定义；相位章必须从 θ_f 和 V_{int} 推出 $q = e_0 n$；三态章必须从 $\rho_f^{(EM)}$ 的传播和束缚条件定义光子、束缚态和凝聚态；场结构章必须从梯度与能流推出 $\mathbf{E}$ 和 $\mathbf{B}$；标准理论极限章必须回收 Maxwell/QED；最后的可证伪章必须说明这些推导在什么条件下失败。

本节得到的定义和推论是：$\rho_f^{(EM)}$ 是电磁卷的第一对象；电荷、电场、磁场、光子、虚光子、Maxwell 方程和 QED 传播子都不能先于 $\rho_f^{(EM)}$ 出现为理论起点；本书的推

导方向必须是

$$\rho_f^{(EM)} \to \text{电荷、电场、磁场、光子},$$

而不是相反。

本节尚未解决的问题是：虽然已经说明为什么必须先定义 $\rho_f^{(EM)}$，但尚未说明电磁频段本身如何被选择，以及 $\rho_f^{(EM)}$ 与其他频段的 ρ_f 有何区别。下一节必须处理电磁频段的选择与物理含义：为什么电磁频段能够支持低耗散传播、相位相干、双极性、可屏蔽性和长程有效场，而不表现为强力式强禁闭、弱力式短寿命变频、引力式低频统计吸引或暗物质式电磁弱耦合。

3.2 电磁频段的选择与物理含义

本节的问题是：电磁频段为什么不是一个随意标签，而是一个由传播、耗散、自耦、相位、极性和宏观场表现共同限定的频率区域？上一节已经说明，本卷必须先定义 $\rho_f^{(EM)}$，因为电荷、电场、磁场、光子和虚光子都不能作为理论起点。但仅仅写出“电磁频段能量子密度场”还不够。若电磁频段只是一个未经说明的名称，那么本书仍然可能把需要解释的电磁性质偷偷放入标签之中。因此，本节必须说明：什么样的频谱区域可以被称为电磁频段？它为什么不同于强力—弱力高频区、低频引力区和暗物质相关中频区？

本节依赖 A1、A2、A3、A4 与元规范 M。A1 要求电磁频段只是按频率分族的能量子密度场 ρ_f 的一个区域，而不是独立本体。A2 要求频率具有能量意义，因此电磁频段必须通过 $E = h\nu$ 所规定的谱量结构获得物理位置。A3 要求电磁频段的传播、扩散、耗散、非线性自持、源项和涨落都服从 EQT 主方程，而不能由额外的电磁专属规则决定。A4 要求电磁频段与质量子、束缚态、凝聚态和其他频段之间的耦合受洛伦兹共振核约束。M 则要求电磁频段的定义必须具有后续可检验含义，不能只是为了得到已知电磁性质而设置的任意区间。

本节要推出的结论是：电磁频段不是“所有可以产生电磁现象的频率”的循环定义，而是满足一组动力学条件的频谱区域。它应当具有较低传播耗散、自耦弱于强力、不属于低频引力统计场、能够支持相位传播、能够形成双极性结构，并能够在宏观极限中表现为长程有效场。只有在这些条件下，$\rho_f^{(EM)}$ 才能成为电荷、光子、电场、磁场、Maxwell 极限和 QED 有效表象的共同基础。

第一，电磁频段必须具有较低的传播耗散。这里的“低耗散”不是说耗散项 $\Gamma(f)\rho_f$ 可以忽略不计，而是说在电磁频段中，耗散、扩散、对流和相位保持之间形成一种允许长距离传播的平衡。若耗散过强，自由态能量子无法形成稳定传播，光子也无法作为可读出的自由态激发出现；若耗散极低但无相位结构，场也只能表现为无组织扩散，而不能形成电磁波、干涉和相干传播。电磁频段必须位于这样一种区间：$\Gamma(f)$ 不足以迅速抹除自由态传播，$D(f)$ 和对流项又能够支持有限速度、有限响应尺度和可观测传播结构。

这一条件为光子自由态和 Maxwell 极限提供基础。光子之所以能作为自由态激发出现，是因为电磁频段允许能量子在无局域闭合的条件下传播；电磁波之所以能在宏观上由连续场方程描述，是因为大量自由态激发在低耗散、相干和高占有数条件下形成可平均的场结构。因此，低耗散传播不是电磁频段的装饰性特征，而是后文定义光子、解释电磁波和回收 Maxwell 极限的前提之一。

第二，电磁频段的自耦必须弱于强力区。强力区的核心特征是高频、强自耦、非线性反馈、局域密度峰和强禁闭。若电磁频段也具有同样强的自耦结构，那么电磁能量子会更容易进入不可释放的局域禁闭状态，而不是形成自由传播的光子、可屏蔽的电荷结构和长程场。因此，电磁频段必须处在一种非线性自持仍然存在、但不足以形成强力式强禁闭的区域。也就是说，A3 中的 $k(f)\rho_f^m$ 项在电磁频段中不能被完全抹去，但其作用必须弱于高频强力区的局域凝结和强禁闭条件。

这一点对于"电磁弱禁闭"非常重要。电磁相互作用并非完全没有局域束缚结构，电荷周围可以存在局域重排、屏蔽层、极化云或光子壳层；但这种束缚必须是可扰动、可重排、可释放的弱禁闭，而不是强力中的不可分离强禁闭。换言之，电磁频段必须允许局域束缚和远程传播同时存在：局域上能够形成束缚态，远场上仍可表现为自由态传播和长程有效场。这种平衡正是电磁频段区别于强力区的核心。

第三，电磁频段不同于低频引力统计场。低频引力区的机制重点是大尺度统计累积、总能量密度梯度、单向有效吸引和宏观几何化。低频场的特征不是双极性，不是可屏蔽性，也不是自由态光子的相位传播，而是弱场极限中的远场累积效应和几何表述。电磁频段虽然也可以产生长程作用，但它的长程性不是低频统计累积的结果，而是低耗散传播、相位相干、双极结构和连续场极限共同形成的结果。

因此，本卷不能把电磁长程场简单类比为引力远场，也不能把电磁密度梯度直接等同于引力密度梯度。电磁频段必须支持正负分支、屏蔽、局域极化和传播相位；引力区则主要表现为总能量密度的单向读出。若某一区域只具有统计累积和单向吸引，而不能支持双极性和相位传播，它就不属于本书所讨论的电磁频段。这个区分使电磁卷保持自身对象，而不滑入引力机制卷。

第四，电磁频段必须能够支持相位传播。相位传播是电磁区区别于许多其他频段的关键条件。电磁波、干涉、偏振、相干态、量子光学现象、相位锁定和后文的电荷量子化，都要求 θ_f 不只是局域瞬时变量，而能够在一定尺度上保持、传播并参与边界闭合。若一个频段的相位结构迅速退相干，或者只在局域凝结中被锁死，那么它就不能支持典型电磁现象。

相位传播在本卷中承担双重功能。第一，它为光子自由态和电磁波提供基础：自由态不是单纯密度团块的运动，而是具有相位结构的传播激发。第二，它为电荷量子化和极性稳定提供基础：后文将通过相位绕数

$$\oint_{\partial V} \nabla\theta_f \cdot d\mathbf{l} = 2\pi n$$

来解释电荷量值离散性。没有相位传播和相位闭合，就无法从 $\rho_f^{(EM)}$ 推出 $q = e_0 n$。因此，电磁频段必须被理解为一个相位结构可传播、可闭合、可读出的频谱区域。

第五，电磁频段必须能够形成双极性结构。电磁力最重要的特征之一，是存在正负电荷以及同号相斥、异号相吸。若这种双极性被直接当作电荷属性，就会重新把电荷作为公设。本书必须采取另一种顺序：电磁频段应允许 $\rho_f^{(EM)} - \rho_0$ 出现两类稳定偏差分支，并允许这些分支通过相位拓扑和积分空间形成可守恒、可量子化的电荷结构。也就是说，双极性不是先验电荷标签，而是电磁频段中密度偏差和相位分支共同稳定后的结果。

这一区分也说明电磁频段不同于低频引力区和暗物质相关区。低频引力区通常不表现为正负引力荷的双极结构；

暗物质相关频段则强调电磁弱耦合和引力读出，而不是形成普通电磁可见的正负电荷结构。电磁频段必须恰好允许密度偏差进入普通电磁读出窗口，使正负分支成为可观测电荷，而不是隐藏暗成分或单向引力源。

第六，电磁频段必须能够在宏观上表现为长程场。这里的长程性也不能作为公设，而应作为频段条件与有效极限的结果。微观层面，电磁频段支持自由态光子和相位传播；介观层面，它支持电荷周围的局域重排、屏蔽和弱禁闭；宏观层面，在大量激发、高占有数、弱梯度和线性响应条件下，它表现为连续电磁场。只有这三层能够衔接，Maxwell 方程才有可能作为有效极限出现。

因此，电磁频段必须同时容纳局域和远程两种结构。若只有局域束缚，就会接近强禁闭机制；若只有无结构传播，就无法解释电荷、屏蔽和相互作用；若只有宏观场而无微观自由态，就无法接入 QED；若只有量子激发而无宏观平均，就无法回收 Maxwell 理论。电磁频段的独特性正在于它能够把自由态、束缚态、局域电荷结构和宏观连续场连接起来。

可以将电磁频段的物理含义初步概括为：它是 ρ_f 的一个频率区域，在该区域中，传播耗散较低，自耦强度不足以导致强力式强禁闭，密度场不同于低频引力统计场，θ_f 能够支持相位传播和拓扑闭合，$\rho_f^{(EM)} - \rho_0$ 能够形成双极性电荷结构，并且大量激发在宏观平均下能够表现为长程连续场。这个定义不是最终结论，而是后续推导的工作性定位。它告诉读者：本书所说的“电磁频段”不是经验命名，而是一组需要在后文中不断接受检验的动力学条件。

本节与弱力—强力主线的关系在于：电磁频段与强弱力区共享同一 A1–A4 公设体系，却呈现不同机制结果。强力—弱力主线中，高频区更容易形成短程、强耦合、变频衰变、凝结和强禁闭；电磁区则要求自耦较弱、传播耗散较低、相位可持续、双极性可稳定、远场可平均。这个差异不能靠新增公设说明，而必须来自频率、演化项、耗散项和共振耦合条件的不同。由此，电磁卷不是强弱力卷的附属延伸，而是同一理论框架在另一个频段上的独立展开。

本节得到的定义和推论是：电磁频段不是随意标签，而是由六个条件限定的频谱区域：传播耗散较低；自耦弱于强力区；不同于低频引力统计场；能够支持相位传播；能够形成双极性结构；能够在宏观上表现为长程场。只有满足这些条件，$\rho_f^{(EM)}$ 才能成为后续电荷、光子、电场、磁场、Maxwell 极限和 QED 有效表象的共同基础。

本节尚未解决的问题是：虽然电磁频段的选择条件已经明确，但还没有写出电磁频段中的具体演化方程。下一节必须进入电磁频段 EQT 主方程，说明 $\rho_f^{(EM)}$ 在非线性自持、扩散、对流、耗散、源项和量子涨落项共同作用下如何演化，并为后续电荷定义、局域守恒、自由态光子和连续场极限奠定动力学基础。

3.3 电磁频段 EQT 主方程

本节的问题是：在电磁频段中，$\rho_f^{(EM)}$ 如何演化？上一节已经说明，电磁频段不是任意标签，而是一个能够支持低耗散传播、相位传播、双极性结构、可屏蔽性和长程有效场的频谱区域。但是，仅仅给出这些选择条件仍然不够。若没有明确的动力学方程，$\rho_f^{(EM)}$ 就只能停留在概念层面；电荷、电场、磁场、光子、屏蔽和 Maxwell/QED 极限也会缺少共同的生成基础。因此，本节必须在 A3 的约束下写出电磁频段的 EQT 主方程，并说明各项在电磁机制中的功能。

本节依赖 A1、A2、A3、A4 与元规范 M。A1 规定 $\rho_f(\mathbf{x}, t)$ 是唯一基础对象，因此电磁频段中的基本动力学对象只能是 $\rho_f^{(EM)}(\mathbf{x}, t)$。A2 规定 $E = h\nu$，使频率 f 或 ν 成为具有能量意义的谱量变量，因此方程中的系数 $k(f)$、$D(f)$、$\Gamma(f)$ 等必须被理解为频率依赖函数。A3 规定 ρ_f 的演化由统一主方程控制，因此本节不能为电磁力另造独立动力学。A4 规定跨频耦合受洛伦兹共振核约束，因此源项、束缚态、凝聚态和外部响应不能任意设定。M 则要求本节给出的主方程必须为后续可证伪性留下空间，不能成为可以任意拟合一切现象的保护性公式。

在电磁频段中，EQT 主方程可以写为：

$$\frac{\partial \rho_f^{(EM)}}{\partial t} = k(f)\left(\rho_f^{(EM)}\right)^m + D(f)\nabla^2\rho_f^{(EM)} - \nabla\cdot\left(\rho_f^{(EM)}\mathbf{v}_f\right) - \Gamma(f)\rho_f^{(EM)} + S_f + \mathcal{N}(f). \quad (2.3.1)$$

其中，$\rho_f^{(EM)} = \rho_f^{(EM)}(\mathbf{x}, t)$ 表示电磁频段中频率 f 分量的能量子密度场；$k(f)$ 是频率依赖的非线性自持系数；m 是非线性阶数；$D(f)$ 是频率依赖的扩散系数；$\mathbf{v}_f$ 是能量子流的有效速度或输运速度；$\Gamma(f)$ 是频率依赖的耗散系数；S_f 是源项；$\mathcal{N}(f)$ 是量子涨落项。这个方程不是 Maxwell 方程，也不是 QED 方程；它是本卷处理电磁现象的生成性动力学起点。Maxwell 方程和 QED 有效结构只能在后续特定极限中出现。

第一项是非线性自持项：

$$k(f)\left(\rho_f^{(EM)}\right)^m.$$

这一项描述电磁频段能量子密度场在局域条件下的自增强、自组织或局域维持能力。若没有任何非线性自持，$\rho_f^{(EM)}$ 只能作为被动扩散场存在，难以解释局域电荷结构、束缚态、屏蔽层和光子壳层的稳定性；但若非线性自持过强，系统又会趋向强力式强禁闭或凝聚，而不再表现为电磁区的低耗散传播和可释放弱束缚。因此，电磁频段中的 $k(f)$ 必须处于一个受限区间：它足以支持局域结构，但不足以导致强力式不可释放禁闭。

这一区分对于本卷至关重要。电荷不是任意密度偏差，而是能够保持稳定的局域偏差结构；束缚态不是瞬时扰动，而是能够在相位、边界和频率匹配条件下维持的局域状态；光子壳层也不是单纯图像，而是局域 $\rho_f^{(EM)}$ 重排的结果。这些结构都需要一定的非线性自持。然而，本卷必须同时说明为什么电磁自持较弱，为什么它形成的是电磁弱禁闭而不是强力强禁闭。后文关于弱禁闭和屏蔽长度的讨论，都将依赖这一项的频率依赖性质。

第二项是扩散项：

$$+D(f)\nabla^2\rho_f^{(EM)}.$$

这里采用标准 Fick / 热扩散方程的符号约定：扩散项前的正号表示密度场向均化方向演化。扩散项描述能量子密度场在空间中趋向均化的动力。它是电磁传播、场扩展和局域扰动恢复的基础之一。若扩散项过弱，局域结构难以向外传播，电磁场无法形成长程有效影响；若扩散项过强，局域电荷结构、束缚态和相位闭合又可能无法保持。因此，$D(f)$ 在电磁频段中必须同时支持传播和局域结构稳定。

扩散项也是后文电场定义的重要来源。电场将被解释为能量子密度梯度的有效表象，而密度梯度的形成、扩展和恢复都与扩散项密切相关。电磁波传播、屏蔽长度、局域响应时间、真空极化的空间尺度，也都必须与 $D(f)$ 联系起来。换言之，扩散项不仅控制“场如何扩展”，也控制“局域扰动如何被读出”。若后文无法把电场、屏蔽或传播尺度与 $D(f)$ 联系起来，电磁频段主方程就没有发挥真正机制作用。

第三项是对流项：

$$-\nabla \cdot \left(\rho_f^{(EM)} \mathbf{v}_f\right).$$

对流项描述能量子密度随有效流速 $\mathbf{v}_f$ 的定向输运。它与扩散项不同：扩散项表达密度不均匀性引起的趋平过程，对流项则表达能量子流的方向性迁移。对流项是定义电磁能量子流 $\mathbf{J}_f^{(EM)}$ 的基础：

$$\mathbf{J}_f^{(EM)} = \rho_f^{(EM)} \mathbf{v}_f.$$

后文中，磁场将不被直接设为基础变量，而要从能量子流的旋度、相位滞后和运动响应中获得解释。对流项正是这一推导所需的动力学基础。没有对流项，$\rho_f^{(EM)}$ 只能作为扩散密度场存在，难以解释磁效应、环流结构、动量转移、横向力和矢势的有效出现。

对流项还为连续性关系提供基础。若将主方程中的若干局域生成、耗散、源项暂时分离，$\rho_f^{(EM)}$ 的守恒性结构可以写为密度变化与流散度之间的关系。后文的电荷守恒、电流定义、Ampère–Maxwell 极限和电磁波传播，都需要这种局域流结构。因此，对流项不是数学补充，而是电磁场从

“密度分布”过渡到“流动结构”的关键项。

第四项是耗散项：

$$-\Gamma(f)\rho_f^{(EM)}.$$

耗散项描述电磁频段能量子密度场的衰减、泄漏、退相干或向其他频段转移的有效损失。电磁频段之所以不同于弱力区，一个重要原因就在于耗散结构不同。弱力相关高频过程通常具有短寿命、快速变频或强衰减特征；电磁频段则必须允许较低耗散传播，使自由态光子和连续电磁波成为可能。但“较低耗散”并不等于耗散不存在。电磁吸收、介质损耗、辐射阻尼、真空涨落响应和局域相位解锁，都需要耗散项参与描述。

$\Gamma(f)$ 的频率依赖性也为后文可证伪性提供入口。如果电磁频段的耗散项可以被独立标定，那么光子传播寿命、介质响应、屏蔽恢复时间、腔 QED 中的模式衰减和强场局域响应都应受到约束。若 $\Gamma(f)$ 被任意调节以适配任何现象，则主方程失去可证伪性。因此，本卷必须在后续章节中尽量区分：哪些耗散效应是已有 Maxwell/QED 极限中的有效表现，哪些可能构成 EQT 的可检验偏离。

第五项是源项：

$$S_f.$$

源项表示外部输入、局域激发、边界注入或跨频耦合带来的电磁频段能量子密度增量。电磁过程通常不是孤立发生的。光的发射涉及束缚态向自由态的能量释放；吸收涉及自由态进入局域束缚结构；电离涉及外部输入破坏束缚条件；复合涉及重新建立局域稳定结构并释放能量。这些过程都需要源项描述。

但是，源项不能成为任意添加的解释装置。按照 A4，跨频耦合必须受到洛伦兹共振核约束：

$$A(\nu_B, \nu_F) = \frac{A_0}{(\nu_B - \nu_F)^2 + \gamma^2}.$$

因此，S_f 应被理解为受频率匹配、边界条件和耦合宽度限制的输入项，而不是随意调节的外力项。例如，一个局域质量子结构是否能够吸收特定频率的自由态电磁能量子，取决于频率匹配和相位条件；一个束缚态是否能够辐射释放，也取决于可耦合自由态频段和边界结构。由此，源项与 A4 共同决定电磁过程的选择性。

第六项是量子涨落项：

$$\mathcal{N}(f).$$

量子涨落项描述电磁频段能量子密度场中的随机微扰、真空涨落、局域响应噪声和微观不确定性。它不是为了解释任何不规则现象而加入的任意噪声，而是本卷连接 QED 有效表象的重要入口。后文中，虚光子、真空极化、传播子修正、量子光学涨落和强场非线性响应，都需要通过 $\mathcal{N}(f)$ 或其相关函数获得机制性解释。

在 QED 中，虚光子常作为微扰计算中的内部线出现；在本卷中，虚光子不作为基础实体，而应被理解为 $\rho_f^{(EM)}$ 的涨落谱和线性响应表象。量子涨落项正是这一重定位的动力学基础。它允许本书在不把虚光子设为公设的条件下，讨论局域场响应、真空极化、有效电荷和传播子结构。当然，这也带来严格要求：$\mathcal{N}(f)$ 的统计性质不能任意设定，必须在后续与 QED 低能极限和实验约束比较。

将这些项合在一起，可以看到电磁频段主方程的功能不是直接替代 Maxwell 方程或 QED 方程，而是提供更底层的生成框架。非线性自持项为局域电荷结构、束缚态和弱禁闭提供条件；扩散项为传播、梯度和屏蔽尺度提供基础；对流项为能量子流、磁效应和局域守恒提供基础；耗散项为传播寿命、相位保持和损耗提供限制；源项为吸收、辐射、电离和复合提供输入结构；量子涨落项为 QED 有效表象提供接口。后续所有电磁对象都必须在这些项的约束下出现。

这一主方程也规定了电磁卷与弱力—强力主线的关系。强力—弱力卷同样使用 A3 的统一主方程，但在高频区，不同的 $k(f)$、$D(f)$、$\Gamma(f)$、源项和共振耦合条件会导致强非线性、短程、凝结、衰变和强禁闭。电磁卷则要求在电磁频段中，这些系数组合支持低耗散传播、相位可持续、可屏蔽弱束缚和自由态光子。因此，本卷不是改变主方程，而是在同一主方程的电磁频段中研究不同有效结果。统一性来自公设相同，差异性来自频率依赖的系数和耦合条件不同。

本节也必须强调可证伪性。主方程中的每一项都不能成为无限调参空间。若 $k(f)$、$D(f)$、$\Gamma(f)$、S_f 和 $\mathcal{N}(f)$ 可以任意选择，那么本书可以事后拟合任何现象，却无法形成科学理论。因此，后续章节必须尽可能为这些项提供独立解释、尺度估计和经验接口。例如，扩散项应与传播尺度和屏蔽长度有关；耗散项应与传播寿命和介质损耗有关；涨落项应与 QED 真空涨落和量子光学实验有关；源项应受频率匹配和共振核限制。只有这样，主方程才能成为可审查的生成机制，而不是万能符号框架。

本节得到的定义和推论是：电磁频段 EQT 主方程已在式 2.3.1 中给出。

其中，非线性自持项支持局域结构，扩散项支持传播与梯度恢复，对流项支持能量子流和磁效应，耗散项限制传播寿命和相位保持，源项描述受共振核约束的输入与转换，量子涨落项为 QED 有效表象提供动力学接口。该方程是本卷后续推导电荷、电场、磁场、光子、Maxwell 极限、QED 表象和电磁弱禁闭的共同动力学基础。

本节尚未解决的问题是：虽然主方程已经给出，但尚未定义电磁能量子流和局域守恒关系。下一节必须说明如何从主方程中的对流项和扩散项中定义 $\mathbf{J}_f^{(EM)}$，以及局域守恒如何为后续电荷守恒、电流结构、磁场旋度和 Maxwell 极限提供基础。

3.4 电磁能量子流与局域守恒

本节的问题是：在电磁频段 EQT 主方程中，如何定义电磁能量子流 $\mathbf{J}_f^{(EM)}$，以及这种流结构为什么是后续电荷守恒、电场定义、磁场旋度和 Maxwell 极限的共同基础？上一节已经给出电磁频段主方程，但主方程本身还只是密度演化的总体表达。若要从 $\rho_f^{(EM)}$ 进入电荷、电流、电场、磁场和连续电磁场极限，必须进一步说明密度如何流动，局域变化如何与通量相关，以及哪些项破坏或修正局域守恒。

本节依赖 A1、A2、A3、A4 与元规范 M。A1 要求本节定义的流不是独立实体，而是 $\rho_f^{(EM)}$ 的输运结构；A2 要求流所携带的量具有频率—能量意义，即频率 f 的能量子流对应 $E = hf$ 的谱量流动；A3 要求流结构必须从 EQT 主方程的扩散项和对流项中获得，而不能作为额外电流公设加入；A4 要求源项和跨频注入必须受到共振核约束；M 要求局域守恒结构不能被随意破坏，任何破缺或泄漏都必须具有明确机制和可检验后果。

本节要推出的结论是：电磁能量子流 $\mathbf{J}_f^{(EM)}$ 是 $\rho_f^{(EM)}$ 在空间中的输运结构，可由扩散流与对流流共同组成；局域守恒不是外加定律，而是主方程在适当条件下的连续性结构。电荷守恒、电场梯度定义、磁场旋度结构和 Maxwell 极限，都必须以这一局域流—守恒关系为基础。

在电磁频段中，可以把电磁能量子流定义为：

$$\mathbf{J}_f^{(EM)} = \mathbf{J}_{f,\mathrm{diff}}^{(EM)} + \mathbf{J}_{f,\mathrm{conv}}^{(EM)}.$$

其中，扩散流可写为：

$$\mathbf{J}_{f,\mathrm{diff}}^{(EM)} = -D(f)\nabla\rho_f^{(EM)},$$

对流流可写为：

$$\mathbf{J}_{f,\mathrm{conv}}^{(EM)} = \rho_f^{(EM)}\mathbf{v}_f.$$

因此，

$$\mathbf{J}_f^{(EM)} = -D(f)\nabla\rho_f^{(EM)} + \rho_f^{(EM)}\mathbf{v}_f.$$

这个定义不是新增公设，而是对 A3 主方程中扩散项和对流项的重写。扩散项描述密度不均匀性导致的趋平流动，对流项描述能量子密度随有效速度场的定向输运。二者共同构成电磁频段中的能量子流。

有了 $\mathbf{J}_f^{(EM)}$，电磁频段主方程可以被改写为局域连续性形式：

$$\frac{\partial\rho_f^{(EM)}}{\partial t}+\nabla\cdot\mathbf{J}_f^{(EM)} = k(f)\left(\rho_f^{(EM)}\right)^m-\Gamma(f)\rho_f^{(EM)}+S_f+\mathcal{N}(f),$$

其中右端表示局域生成、自持、耗散、源项和涨落对守恒形式的修正。若在某一近似条件下，非线性自持、耗散、源项和涨落的净效应可以忽略，或在局域平均中相互抵消，则有近似局域守恒关系：

$$\frac{\partial \rho_f^{(EM)}}{\partial t} + \nabla \cdot \mathbf{J}_f^{(EM)} \approx 0.$$

这就是后文电荷守恒和 Maxwell 极限的最小结构基础。它说明，局域密度的变化不是凭空发生的，而是与流入、流出、源项、耗散和涨落共同相关。

电荷将在后文中被定义为物理积分空间内的电磁频段密度偏差；完整形式见式 3.2.1。

若 V_{int} 内的密度偏差变化可以由边界通量和局域源耗项控制，那么电荷的变化就可以写成边界流问题。对积分空间取时间导数，可得到形式上类似：

$$\frac{dq}{dt} = e_0 \int_{V_{\text{int}}} \frac{\partial \rho_f^{(EM)}}{\partial t} dV.$$

代入连续性结构，有：

$$\begin{aligned}\frac{dq}{dt} = -e_0 \oint_{\partial V_{\text{int}}} \mathbf{J}_f^{(EM)} \cdot d\mathbf{A} + \\ e_0 \int_{V_{\text{int}}} \left[k(f)(\rho_f^{(EM)})^m - \Gamma(f)\rho_f^{(EM)} + S_f + \mathcal{N}(f) \right] dV.\end{aligned}$$

这个表达说明，电荷守恒不是凭空给定的，而是依赖于三个条件：第一，积分空间边界通量闭合或可补偿；第二，局域生成和耗散项在电荷定义所涉及的有效频段中相互约束；第三，源项和涨落项不产生未补偿的净偏差。后文讨论电荷守恒时，不能把守恒直接当作 Noether 定理中的外部输入，而必须说明它如何在 $\rho_f^{(EM)}$ 的局域流结构中出现。

其次，电磁能量子流为电场定义提供基础。电场将在后文中被解释为能量子密度梯度的有效表象。扩散流已经表明，$\nabla\rho_f^{(EM)}$ 不是静态数学量，而是驱动局域密度重排的动力学结构：

$$\mathbf{J}_{f,\mathrm{diff}}^{(EM)} = -D(f)\nabla\rho_f^{(EM)}.$$

因此，当后文定义

$$\mathbf{E} \sim -\nabla\rho_f^{(EM)}$$

时，这一定义不是把电场任意等同于梯度，而是把电场理解为局域密度不均匀性驱动能量子流动的有效方向性表达。换言之，电场之所以具有方向和强度，是因为 $\rho_f^{(EM)}$ 的空间梯度具有方向和幅度；电场之所以可以对带电结构产生作用，是因为带电结构本身是对 $\rho_f^{(EM)} - \rho_0$ 的稳定积分偏差，能够响应这种密度梯度。

第三，电磁能量子流为磁场旋度定义提供基础。磁场不能在本书中作为独立基础场出现，而应作为能量子流的旋度结构、相位滞后和运动响应的有效表象。既然 $\mathbf{J}_f^{(EM)}$ 已经定义为电磁频段能量子流，那么其环流或旋度可以成为磁效应的机制入口：

$$\nabla \times \mathbf{J}_f^{(EM)}.$$

如果电场对应密度梯度，那么磁场则应与流的旋转、相位滞后和运动结构有关。运动电荷周围出现磁效应，不应被解释为第二种独立力场的突然出现，而应被解释为局域电磁能量子流在运动边界和相位条件下形成的横向响应。后文中，矢势 **A**、磁场 **B**、Biot–Savart 结构和 Lorentz 力，都必须以这种能量子流旋度为基础。

第四，局域守恒关系为 Maxwell 极限提供基础。Maxwell 方程的核心不只是场方程本身，还包括电荷守恒、电流连续性、电磁波传播和源—场关系。若没有局域连续性结构，就无法从 $\rho_f^{(EM)}$ 进入 Gauss 定律、Ampère–Maxwell 方程或电磁波方程。特别是，在宏观平均和弱梯度极限下，$\rho_f^{(EM)}$ 的局域守恒形式应当对应电荷—电流连续性：

$$\frac{\partial \rho_q}{\partial t} + \nabla \cdot \mathbf{J}_q = 0,$$

其中 ρ_q 和 $\mathbf{J}_q$ 是从电磁能量子密度偏差及其流结构中得到的有效电荷密度和有效电流密度。由此，Maxwell 方程不是突然出现的宏观公设，而是局域密度场、流结构和有效电荷定义共同作用下的宏观极限。

第五，局域守恒也限制了源项和耗散项的使用。若主方程右端中的 S_f、$\Gamma(f)\rho_f^{(EM)}$ 和 $\mathcal{N}(f)$ 可以任意指定，那么任何电荷变化、场变化或辐射过程都可以被事后解释，从而失去可证伪性。因此，本卷必须区分局域守恒条件、边界通量条件和真实源耗条件。吸收、辐射、电离和复合可以通过源项和耗散项描述，但这些项必须受 A4 的频率耦合约束，并应在实验或标准理论极限中接受检验。换言之，局域守恒不是绝对冻结，而是规定了哪些变化需要由边界通量、跨频耦合或可测耗散来承担。

第六，电磁能量子流也为自由态与束缚态的区分提供基础。自由态对应的是能量子流能够离开局域结构并保持低耗散传播的情况；束缚态对应的是能量子流在局域频率匹配、相位锁定和边界条件下形成闭合或准闭合结构的情况。若 $\mathbf{J}_f^{(EM)}$ 在局域区域内形成稳定环流、壳层分布或边界通量平衡，就可能表现为束缚态或弱禁闭结构；若 $\mathbf{J}_f^{(EM)}$ 能够向远场传播，则表现为自由态光子或宏观电磁波。因此，流结构不仅服务于 Maxwell 极限，也服务于后文三态理论和弱禁闭机制。

本节与弱力—强力主线的关系在于：强力—弱力卷同样需要密度流和局域守恒，但其频段结果不同。在强力高频区，强非线性和强自耦可能使流结构进入强局域化和禁闭；在弱力相关高频区，源耗项和跨频耦合可能表现为短寿命变频过程。电磁频段则要求流结构能够支持较低耗散传播、局域可屏蔽束缚和宏观连续场极限。因此，$\mathbf{J}_f^{(EM)}$ 不是一般能量子流的重复命名，而是同一流概念在电磁频段中的特定展开。

本节得到的定义和推论是：电磁能量子流定义为

$$\mathbf{J}_f^{(EM)} = -D(f)\nabla\rho_f^{(EM)} + \rho_f^{(EM)}\mathbf{v}_f.$$

由此，电磁频段主方程可以写成局域连续性形式：

$$\frac{\partial\rho_f^{(EM)}}{\partial t} + \nabla\cdot\mathbf{J}_f^{(EM)} = k(f)(\rho_f^{(EM)})^m - \Gamma(f)\rho_f^{(EM)} + S_f + \mathcal{N}(f).$$

在源耗和涨落可忽略或可补偿的条件下，它给出近似局域守恒。该守恒结构为后文电荷守恒、电场梯度定义、磁场旋度结构、三态转换和 Maxwell 极限提供共同基础。

本节尚未解决的问题是：虽然已经定义了电磁能量子流和局域守恒，但还没有说明连续电磁场如何从大量 $\rho_f^{(EM)}$ 激发中有效出现。下一节必须讨论电磁连续场的有效出现：在高占有数、弱梯度、低噪声和宏观平均条件下，$\rho_f^{(EM)}$ 及其流结构如何成为经典电磁场语言的基础。

3.5 电磁连续场的有效出现

本节的问题是：电磁连续场如何从电磁频段能量子密度场 $\rho_f^{(EM)}$ 中作为有效表象出现？上一节已经定义了电磁

能量子流 $\mathbf{J}_f^{(EM)}$，并说明局域守恒结构如何为电荷守恒、电场定义、磁场旋度和 Maxwell 极限提供基础。但是，局域密度场和能量子流本身还不是经典电磁场。经典电磁场是一种连续场语言，它以 **E**、**B**、势函数、边界条件和波动方程为主要表达方式。本节的任务不是正式推导 Maxwell 方程，而是说明连续电磁场为什么可以在特定条件下成为 $\rho_f^{(EM)}$ 的有效表象。

本节依赖 A1、A2、A3、A4 与元规范 M。A1 要求连续电磁场不能成为与 $\rho_f^{(EM)}$ 并列的基础本体，而只能作为 $\rho_f^{(EM)}$ 的宏观有效描述。A2 要求连续场所携带的能量仍然服从频率—能量关系 $E = h\nu$，因此连续场不能脱离频率谱量结构。A3 要求连续场的出现必须能够追溯到 $\rho_f^{(EM)}$ 的演化方程及其流结构，而不能通过直接假定 Maxwell 方程获得。A4 要求连续场与物质、束缚态、凝聚态或其他频段的耦合仍受共振核约束。M 则要求本节只说明连续场作为有效表象的条件，而不提前把 Maxwell 方程作为结论写入。

本节要推出的结论可以概括为：

$$\rho_f^{(EM)} \text{ 的高占有数、弱梯度、宏观平均} \Rightarrow \text{连续电磁场表象}.$$

这里的“连续电磁场表象”不是新的本体层，而是 $\rho_f^{(EM)}$ 在大量能量子激发、空间变化足够平滑、相位关系可平均、局域涨落被统计压低的条件下形成的宏观描述语言。换言之，连续场不是被否定的对象，而是被重新定位为有效极限。

首先，连续场的出现依赖于高占有数条件。若某一电磁模式中只有少数能量子激发，或者单个激发的离散性在观测中不可忽略，那么更适合使用光子、单模激发或量子光学语言。相反，当某一频段、空间区域或模式中存在大量电磁能量子激发时，单个激发的离散性在宏观平均中被压低，$\rho_f^{(EM)}$ 可以被视为平滑密度场。此时，观测到的不是单个能量子的离散交换，而是大量激发共同形成的平均场强、平均能流和连续波动结构。

高占有数条件解释了为什么同一电磁频段既可以表现为光子，又可以表现为经典波。光子语言适用于单激发、低占有数或离散交换显著的情形；连续场语言适用于高占有数、相干叠加和宏观平均情形。二者不是两个相互竞争的本体，而是 $\rho_f^{(EM)}$ 在不同占有数和观测尺度下的两种有效表象。这样，波粒二象性不需要被写成两个并列实体的冲突，而可以被理解为同一密度场在不同读出条件下的表现差异。

第二，连续场的出现依赖于弱梯度条件。若 $\rho_f^{(EM)}$ 在空间中变化剧烈，局域结构、相位绕数、边界层、屏蔽壳层或强场非线性响应就不能被宏观连续场完全吸收。此时，必须保留密度梯度的局域结构，甚至要进入束缚态、弱禁闭或量子响应描述。相反，当 $\rho_f^{(EM)}$ 的空间变化足够平滑，梯度在观测尺度上可以被连续函数近似表示时，就可以引入

类似 **E** 和 **B** 的场变量来描述有效方向性和旋度结构。

弱梯度条件并不是说梯度不存在。恰恰相反，电场的有效定义正依赖于梯度；但在连续场极限中，梯度不是高度离散、局域突变或拓扑边界主导的结构，而是可微、可平均、可连续追踪的空间变化。此时，可以把 $\nabla\rho_f^{(EM)}$ 的宏观表现写成有效电场，把 $\mathbf{J}_f^{(EM)}$ 的旋度或相位滞后结构写成有效磁场。第6章将正式处理这一点；本节只说明这种处理需要弱梯度和可平均条件。

第三，连续场的出现依赖于宏观平均条件。电磁频段的 $\rho_f^{(EM)}$ 本身可以包含微观涨落、局域相位结构、频率分布、边界扰动和量子噪声项 $\mathcal{N}(f)$。这些微观结构在特定实验中可能非常重要，例如单光子探测、腔 QED、强场真空极化或相位拓扑实验。但在宏观电磁学中，许多微观涨落被平均掉，只剩下稳定的场强、能流、波动和边界响应。因此，连续电磁场应被理解为对 $\rho_f^{(EM)}$ 的空间、时间和频率局部平均结果。

可以用形式化方式表示这一点。设 $\langle\cdot\rangle_{\Delta V,\Delta t,\Delta f}$ 表示在空间尺度 ΔV、时间尺度 Δt 和频率带宽 Δf 上的局部平均，则连续场表象中的有效密度可以写成：

$$\bar{\rho}^{(EM)}(\mathbf{x},t)=\left\langle \rho_f^{(EM)}(\mathbf{x},t)\right\rangle_{\Delta V,\Delta t,\Delta f}.$$

类似地，有效能量子流可以写成：

$$\bar{\mathbf{J}}^{(EM)}(\mathbf{x},t)=\left\langle \mathbf{J}_f^{(EM)}(\mathbf{x},t)\right\rangle_{\Delta V,\Delta t,\Delta f}.$$

连续场变量不直接等同于这些平均量本身，但它们必须从这些平均密度、平均流、平均梯度和平均相位结构中获得物理意义。这样，经典场语言就不再是本体起点，而是宏观读出语言。

第四，连续场的出现依赖于相位可平均与相干条件。若相位完全随机，宏观上可能只剩下无相干噪声或热辐射背景，而难以形成稳定电磁波、干涉或偏振结构。若相位在一定尺度内保持稳定或具有可统计描述的相关性，则大量能量子激发可以形成相干场。电磁波、激光、偏振光和相干辐射都依赖这种相位结构。因此，连续电磁场不是单纯的密度平均，也需要相位场 θ_f 的有序性或可平均性。

这说明，连续场表象并不排斥相位拓扑。相反，连续场只是相位结构在宏观尺度上的一种平滑表现。在局域边界或拓扑条件重要时，相位绕数、电荷量子化和束缚态稳定必须被单独处理；在远离这些局域结构的宏观传播区域，相位关系可以表现为连续波的相位、频率和偏振。由此，后文的相位拓扑与 Maxwell 波动极限并不冲突，它们对应不同尺度和不同有效描述。

第五，连续场的出现依赖于低噪声或噪声可平均条件。

A3 主方程中的量子涨落项 $\mathcal{N}(f)$ 是电磁频段的重要组成部分，它为 QED 有效表象、虚光子、真空涨落和量子光学现象提供接口。但如果研究的是经典宏观场，则许多微观涨落不直接进入主导描述，而是在统计平均中表现为噪声背景、有效响应修正或微小涨落。只有当这些涨落相对于平均密度和平均流较小，或可以通过统计方法处理时，连续场表象才有效。

这也意味着连续场极限有边界。强场真空极化、单光子效应、极端短时标响应、局域屏蔽重排、相位绕数实验和腔 QED 精密测量，都可能使连续场近似失效或需要修正。在这些情况下，必须回到 $\rho_f^{(EM)}$、$\mathcal{N}(f)$、相位结构和局域流的更底层描述。连续场是有效而非绝对的，这一点对本卷的可证伪性非常重要。

第六，连续场的出现还依赖于尺度分离条件。宏观电磁学之所以能够使用连续场，是因为观测尺度通常远大于微观激发尺度、局域相位闭合尺度和积分空间边界尺度。在这种尺度分离下，许多局域结构可以被看作有效源项或边界条件，而不需要逐一解析每个能量子激发。若尺度分离不成立，例如在极端局域强场、纳米结构、单光子器件或拓扑量子系统中，连续场描述就需要补充或修正。

因此，本节所说的连续电磁场有效出现，包含五个条件：高占有数、弱梯度、宏观平均、相位可平均和噪声可控。也可以加上第六个条件，即尺度分离。只有在这些条件下，$\rho_f^{(EM)}$ 的密度、流、相位和涨落结构才能被压缩成经典电磁场语言。若这些条件不满足，连续场表象就不应被强行使用。

这一区分也规定了 Maxwell 理论在本书中的地位。Maxwell 方程将不会在本节被正式推导，因为那需要先定义电荷、电场、磁场、有效电流和相位结构。正式推导应留到第7章。本节只说明：Maxwell 理论为什么有可能作为 $\rho_f^{(EM)}$ 的宏观极限出现。换言之，本节是连续场表象的前提说明，不是 Maxwell 方程的完整论证。这样安排可以避免过早把 Maxwell 方程放入前提，又能为后续推导保留清楚路径。

本节与弱力—强力主线的关系在于：高频强弱力区通常不以稳定长程连续场作为主要有效表象。强力区的强自耦和局域禁闭使其难以形成类似电磁场的长程连续自由场；弱力区的短寿命中介和变频衰变也不以宏观连续传播场为主要表现。电磁频段的独特性在于，它能够在高占有数、低耗散、相位相干和宏观平均条件下形成连续场表象。因此，连续电磁场不是所有频段的普遍结果，而是电磁频段的特定有效结果。

本节得到的定义和推论是：连续电磁场不是基础本体，而是 $\rho_f^{(EM)}$ 在高占有数、弱梯度、宏观平均、相位可平均、低噪声和尺度分离条件下形成的有效表象。其基本关系可以写成：

$$\rho_f^{(EM)} \text{ 的高占有数、弱梯度、宏观平均} \Rightarrow \text{连续电磁场表象}.$$

这一表象为后文定义 **E**、**B** 和回收 Maxwell 方程提供可能性，但本节不正式推导 Maxwell 方程。

本节尚未解决的问题是：虽然已经说明连续场表象如何可能出现，但第二章还需要对本章已完成的对象定义、频段选择、主方程、能量子流和连续场近似进行收束。下一节必须总结：$\rho_f^{(EM)}$ 已被确立为本卷第一对象；电磁频段已被限定为低耗散、相位传播、双极性和长程有效场区域；主方程、能量子流和连续场近似已经为下一章的电荷定义奠定基础。

3.6 本章小结：电磁对象的最低层基础

本章的任务，是在正式定义电荷之前，先确立电磁对象的最低层基础。这个顺序不能倒置。电荷、电场、磁场、光子、虚光子、Maxwell 方程和 QED 有效表象，都是本书必须处理的对象；但是，它们不能在本书一开始就作为理论前提出场。按照 A1，本卷唯一可以作为基础对象使用的，是按频率分族的能量子密度场在电磁频段中的具体形式，即

$$\rho_f^{(EM)}(\mathbf{x}, t).$$

因此，本章得到的第一项结论是：本卷的底层对象已经确定为 $\rho_f^{(EM)}$。从本章之后，所有电磁对象都必须接受这一顺序约束：

$$\rho_f^{(EM)} \to \text{电荷} \to \text{相位拓扑} \to \text{电荷量子化} \to \text{三态} \\ \to \mathbf{E}, \mathbf{B} \to \text{Maxwell/QED 极限}.$$

这意味着，后续章节不能把电荷、光子或场变量直接当作未说明的基础对象使用。它们可以出现，但必须以定义、推论、有效表象或检验极限的形式出现。

本章首先说明了为什么电磁力卷必须先定义 $\rho_f^{(EM)}$。如果不先定义这一对象，后文的电荷就会重新变成粒子属性，电场和磁场就会重新变成基础场，光子就会重新变成独立基本粒子，虚光子和传播子也会被误放在基础层。这样一来，本书就无法回答“电磁力如何生成”，只能变成对既有电磁理论语言的重新解释。本章由此确立了基本方向：

$$\text{不是先有电荷和电场，再解释 } \rho_f;$$

而是：

$$\rho_f^{(EM)} \to \text{电荷、电场、磁场、光子}.$$

这一路线规定了后续全书的推导纪律。

其次，本章界定了电磁频段的物理含义。电磁频段不是任意标签，也不是把“能产生电磁现象的频率”循环地命名为电磁频段。它是由一组动力学条件限定的频谱区域：传播耗散较低，自耦弱于强力区，不同于低频引力统计场，能够支持相位传播，能够形成双极性结构，并且能够在宏观上表现为长程有效场。这些条件使电磁频段区别于高频强弱力区、低频引力区和暗物质相关中频区。高频强弱力区更接近短程、强耦合、凝结、衰变和禁闭机制；低频引力区更接近统计累积、单向吸引和宏观几何化；暗物质相关频段则强调电磁弱耦合但引力读出。电磁频段的特殊性，在于它能够同时支持自由态传播、相位相干、双极结构、屏蔽和连续场极限。

第三，本章在式 2.3.1 中给出了电磁频段 EQT 主方程。

式 2.3.1 是本卷的动力学基础。非线性自持项、扩散项、对流项、耗散项、源项和量子涨落项分别为局域结构、传播与梯度恢复、能量子流、传播寿命、受共振核约束的输入转换以及 QED 有效表象提供机制接口。这里不再重抄主方程，以避免把同一公式在正文中多次作为新的起点。

第四，本章定义了电磁能量子流：

$$\mathbf{J}_f^{(EM)} = -D(f)\nabla\rho_f^{(EM)} + \rho_f^{(EM)}\mathbf{v}_f.$$

这个定义把扩散流和对流流统一起来，使 $\rho_f^{(EM)}$ 不再只是静态密度，而成为具有空间输运、通量边界和局域连续性的动力学对象。由此，主方程可以写成局域连续性形式：

$$\frac{\partial \rho_f^{(EM)}}{\partial t}+\nabla\cdot\mathbf{J}_f^{(EM)}=k(f)(\rho_f^{(EM)})^m-\Gamma(f)\rho_f^{(EM)}+S_f+\mathcal{N}(f).$$

在源项、耗散项和涨落项可忽略或可补偿的条件下，它给出近似局域守恒关系：

$$\frac{\partial \rho_f^{(EM)}}{\partial t}+\nabla\cdot\mathbf{J}_f^{(EM)}\approx 0.$$

这一局域守恒结构为后续电荷守恒、电流结构、电场定义、磁场旋度和 Maxwell 极限提供了共同基础。尤其重要的是，电荷守恒在本书中不能作为外加原则直接出现，而必须与积分空间内的密度偏差、边界通量和局域源耗平衡联系起来。

第五，本章说明了连续电磁场如何作为有效表象出现。连续电磁场不是基础本体，而是 $\rho_f^{(EM)}$ 在高占有数、弱梯度、宏观平均、相位可平均、低噪声和尺度分离条件下形成的有效描述。其基本关系可以写成：

$$\rho_f^{(EM)}\text{ 的高占有数、弱梯度、宏观平均}\Rightarrow\text{连续电磁场表象}.$$

这一节的意义在于把经典连续场放在正确位置：它不是本书的起点，而是后续 Maxwell 极限的前提。连续场语言可以极其有效，但它属于宏观读出层。若进入单光子、强场、短时标、相位拓扑、局域屏蔽或 QED 精密响应区域，就必须回到 $\rho_f^{(EM)}$、相位、能量子流和涨落项的更底层描述。

由此，本章完成了四个基础铺垫。第一，它确立了本卷的第一对象：$\rho_f^{(EM)}$。第二，它限定了电磁频段的物理含义：低耗散传播、相位传播、双极性、可屏蔽性和长程有效场。第三，它给出了电磁频段的 EQT 主方程，并解释了各项的机制功能。第四，它定义了电磁能量子流和连续场表象的有效出现条件。没有这些铺垫，下一章就不能严肃地定义电荷。

本章与弱力—强力主线的关系也已经明确。强力—弱力卷同样使用 A1–A4，但在高频区，非线性自持、耗散、源项和共振耦合的组合会导致强耦合、凝结、短程相互作用、强禁闭或弱衰变。电磁卷则在电磁频段中使用同一主方程，研究另一组有效结果：低耗散传播、相位相干、自由态光子、双极电荷结构、可屏蔽弱束缚和连续场极限。因此，本卷不是强力—弱力机制的简单延伸，而是同一公设体系在不同频段中的独立展开。

本章得到的定义和推论可以概括为三点。第一，$\rho_f^{(EM)}$ 是本卷电磁对象的最低层基础。第二，电磁频段由一组动力学条件限定，而不是经验命名。第三，电磁能量子流、局域守恒和连续场近似已经为后续电荷定义、相位拓扑、电场磁场推导和 Maxwell/QED 极限建立了必要前提。

本章尚未解决的问题是：$\rho_f^{(EM)}$ 已经被定义为基础对象，但电荷尚未被定义。换言之，本章只说明了“电磁对象从什么出发”，还没有说明“电荷如何从这一基础中产生”。如果电荷仍然作为粒子内禀属性被直接引入，那么前两章建立的公设化顺序就会被破坏。下一章因此必须出现：它要在 $\rho_f^{(EM)}$、ρ_0、V_{int} 和局域守恒结构的基础上，定义电荷为电磁能量子密度场相对于背景密度的局域偏差积分，并说明电荷守恒为何依赖积分空间、边界通量和局域连续性条件。

第二部分

电荷、相位与量子化

第四章　电荷作为能量子密度偏差：积分空间与守恒

4.1　传统电荷概念的本体不足

本节的问题是：传统电荷概念为什么不足以满足本书的生成性要求？这个问题必须在正式给出电荷的 EQT 定义之前处理。因为如果不先说明传统电荷概念的解释边界，后文将电荷重新定义为 $\rho_f^{(EM)}$ 的局域偏差积分，就容易被误解为单纯改名。事实上，本书并不否定传统电荷概念的有效性。电荷作为源、守恒量、规范耦合参数和粒子属性，在经典电磁学、相对论场论和量子电动力学中都具有高度成功的使用方式。本节要指出的是：这些使用方式说明了电荷如何进入既有理论，却没有说明电荷如何在更底层机制中生成。

本节依赖 A1、A2、A3、A4 与元规范 M。A1 要求电荷不能作为与 ρ_f 并列的基础对象出现；A2 要求电荷所关联的能量交换、相互作用强度和频率响应必须最终进入谱量结构；A3 要求电荷相关现象不能脱离 $\rho_f^{(EM)}$ 的密度演化、流结构、耗散、源项和涨落；A4 要求带电结构与光子、束缚态、凝聚态或其他频段之间的耦合受到频率匹配与共振核约束；M 要求本书不能把“电荷存在”作为特设假设，而必须给出电荷生成的失败条件。本节要推出的结论是：传统电荷概念是有效的描述性和计算性概念，但不是本书所需的生成性本体起点。

首先，在经典电磁学中，电荷通常作为电场的源出现。Coulomb 定律、Gauss 定律和 Maxwell 方程都把电荷密度 ρ_q 和电流密度 $\mathbf{J}_q$ 放在源的位置上。给定电荷分布，就可以求解电场；给定电流分布，就可以求解磁场；给定边界条件，就可以确定电磁场的空间结构。这种用法极其成功，也构成了经典电磁学的基本框架。然而，作为源的电荷仍然是被给定的对象。理论可以告诉我们电荷如何产生场，却没有说明电荷为何首先能够作为源存在，为什么电荷有正负号，为什么电荷具有离散单位，为什么电荷在许多过程中保持守恒。

换言之，“电荷作为源”回答的是：若电荷存在，电磁场如何响应？但本书要问的是：电荷如何从电磁频段能量子密度场中生成？这两个问题属于不同层级。前者属于描述层和计算层，后者属于生成层和本体层。若本书直接继承“电荷作为源”的表述，而不说明源本身的生成条件，那么电荷仍然是隐藏公设。这样的理论无法完成从 $\rho_f^{(EM)}$ 到 q

的推导。

第二，在场论和连续介质表述中，电荷也常被理解为守恒量。电荷守恒通过连续性方程表达：

$$\frac{\partial \rho_q}{\partial t} + \nabla \cdot \mathbf{J}_q = 0$$

这一表达说明，局域电荷密度的变化必须由电流的流入或流出补偿。在更抽象的表述中，电荷守恒还可以与对称性和 Noether 定理联系起来：某种全局 $U(1)$ 对称性对应电荷守恒。这种理解比“电荷作为源”更深一步，因为它把电荷放入守恒结构和对称性结构中。然而，它仍然没有完全回答本书的问题。它说明了电荷一旦存在，为何在某些条件下守恒；但它没有说明电荷为何是可积分的结构，为什么守恒的正是这种量，为什么存在电荷单位，以及为什么正负电荷属于同一守恒结构的相反分支。

从本书角度看，电荷守恒不能作为起点。它应当在后文中从 $\rho_f^{(EM)}$ 的局域连续性、积分空间 V_{int}、边界通量和源耗平衡中获得说明。上一章已经定义了电磁能量子流：

$$\mathbf{J}_f^{(EM)} = -D(f)\nabla\rho_f^{(EM)} + \rho_f^{(EM)}\mathbf{v}_f,$$

并给出局域连续性结构。下一步应当说明，当电荷被定义为 V_{int} 内的密度偏差积分时，电荷守恒如何成为边界流、局域源耗项和相位稳定条件共同约束的结果，而不是外加守恒律。

第三，在量子场论中，电荷常被理解为规范耦合参数。带电场通过协变导数与规范场耦合，电荷决定相互作用强度。QED 中，电荷不仅是粒子属性，也是与光子场耦合的参数；重整化进一步说明，不同尺度下观测到的有效电荷会受到真空极化和量子涨落影响。这种表述具有高度精密的计算能力，并成功解释了大量实验结果。然而，对于本书而言，“电荷作为规范耦合参数”仍然不是最终生成性解释。它说明了电荷如何进入相互作用顶点，如何决定散射振幅，如何在不同能标下表现为有效耦合；但它没有说明为什么这个耦合参数本身具有特定离散单位，为什么带电结构能够稳定存在，为什么正负电荷对应相反耦合方向，以及为什么电荷可以与相位拓扑联系起来。

本书不否认规范理论的有效性。相反，规范结构应当在后文中作为相位自由度、冗余描述和有效场语言的一部分被回收。但本书不能把规范耦合参数直接作为基础对象。若 q 只是被规定为规范耦合强度，那么电荷量子化、相位绕数和积分空间之间的关系就无法从 A1–A4 中推出。电荷必须先作为 $\rho_f^{(EM)} - \rho_0$ 的局域偏差积分被定义，再通过相位拓扑和边界条件获得离散性，最后才可能在 Maxwell/QED 极限中表现为源项或耦合参数。这样，规范耦合不是起点，而是后续有效表象中的角色。

第四，在粒子物理和普通物理语言中，电荷常被看作粒子的属性。电子带负电，质子带正电，中子总体电中性，夸克带分数电荷。这样的说法在经验和分类上非常方便，也与实验高度一致。但若把电荷直接看作粒子内禀属性，本书的生成性问题就被搁置了。粒子为什么具有这种属性？这种属性为何具有固定单位？为什么存在正负号？为什么电荷在粒子产生和湮灭过程中保持守恒？为什么复合粒子的有效电荷可以由内部结构组合出来？这些问题不能通过“粒子本来如此”得到机制性回答。

按照 A1，本书不能把粒子作为与 ρ_f 并列的原初存在物。因此，电荷不能作为粒子内禀标签直接进入理论。更合适的顺序是：带电粒子或带电结构是某种凝聚态、束缚态或局域稳定结构；电荷是该结构中电磁频段能量子密度相对于背景的积分偏差；电荷的符号来自偏差方向和相位分支；电荷的量子化来自相位绕数和积分空间稳定性。这样，粒子“带电”不是基础事实，而是局域结构与电磁频段密度场耦合后的结果。

以上四种传统表述——电荷作为源、作为守恒量、作为规范耦合参数、作为粒子属性——各有成功之处。它们分别适用于不同理论层级：经典电磁学需要电荷作为源，守恒理论需要电荷作为连续性量，QED 需要电荷作为耦合参数，粒子分类需要电荷作为量子数或属性。但是，从生成性角度看，它们共同存在一个不足：它们都在不同程度上把电荷当作已经可以使用的对象，而没有说明电荷如何从更底层的频率—密度—梯度—相位结构中出现。

这一不足可以更精确地表述为四个问题。第一，传统理论通常不解释电荷的本体来源：为什么某一局域结构能够被称为带电？第二，传统理论通常不解释电荷的量子化来源：为什么电荷以固定单位出现，而不是任意连续偏差？第三，传统理论通常不解释电荷极性的生成条件：为什么存在正负两个稳定分支？第四，传统理论通常不解释电荷守恒与局域密度流之间的更底层联系：为什么守恒的是这种偏差积分，而不是其他量？

本书的任务不是否定这些传统表述，而是重排它们的层级。电荷作为源，应当是后续 Maxwell 极限中的角色；电荷作为守恒量，应当是局域密度流和积分空间稳定后的结果；电荷作为规范耦合参数，应当是 QED 有效表象中的角色；电荷作为粒子属性，应当是局域凝聚态或束缚态结构与电磁频段耦合后的表面描述。它们都可以被保留，但都不能作为最初的公设。

下一节将把这一最小形式正式写成式 3.2.1。

但这个定义本身也只是第一步。后续还必须说明 V_{int} 如何选择，ρ_0 如何作为背景参照，电荷守恒如何从局域流中获得，电荷量子化为何需要相位拓扑，以及正负电荷如何成为两个稳定分支。

本节与弱力—强力主线的关系在于：强力—弱力卷同样不能把弱荷、色荷、W/Z 中介或强禁闭直接作为不可解释的属性或公设。那些对象必须在高频区的频率、耦合、凝结和反馈机制中获得说明。电磁卷采取同样的公设化方法，但对象不同：这里要处理的是电荷如何从电磁频段密度场中生成。共享的方法是：不把标准理论中的成功变量直接升级为基础本体；不同的结果是：电磁卷最终要回收电荷、Maxwell 源项、QED 耦合和光子响应，而不是强弱力的短程衰变或强禁闭。

本节得到的定义和推论是：传统电荷概念在经典电磁学中作为源，在守恒理论中作为守恒量，在 QED 中作为规范耦合参数，在粒子物理中作为粒子属性；这些表述都有效，但它们主要说明电荷如何被使用，而没有说明电荷如何生成。因此，本书不能从电荷作为源、守恒量、耦合参数或粒子属性开始，而必须在 $\rho_f^{(EM)}$ 的基础上重新定义电荷。

本节尚未解决的问题是：电荷若不能作为传统意义上的预设对象出现，那么它究竟应如何定义？下一节必须给出电荷的 EQT 定义，把电荷表述为电磁频段能量子密度场相对于背景密度的局域偏差在积分空间中的稳定表达，并说明这一表达为什么只是电荷生成链条的第一步，而不是完整的电荷量子化理论。

4.2 电荷的 EQT 定义

本节的问题是：如果电荷不能作为源、守恒量、规范耦合参数或粒子内禀属性被直接设为公设，那么它在 EQT 框架中应当如何定义？上一节已经说明，传统电荷概念的主要功能是说明电荷如何被使用，而不是说明电荷如何生成。本节因此必须给出电荷的最低层结构定义。这个定义必须从前两章已经确立的对象出发：电磁频段能量子密度场 $\rho_f^{(EM)}$、宇宙背景密度 ρ_0、积分空间 V_{int}、电磁能量子流 $\mathbf{J}_f^{(EM)}$ 和局域守恒结构。

本节依赖 A1、A2、A3、A4 与元规范 M。A1 规定唯一基础对象是按频率分族的能量子密度场，因此电荷不能被规定为粒子属性，而必须由 $\rho_f^{(EM)}$ 的局域结构定义。A2 规定频率—能量关系 $E = h\nu$，因此电荷所涉及的密度偏差不是抽象数量，而是具有频谱能量含义的电磁频段偏差。A3 规定 ρ_f 的演化由 EQT 主方程控制，因此电荷的形成、维持和变化必须与密度演化、能量子流、源项、耗散项和涨落项相关。A4 规定跨频耦合受洛伦兹共振核约束，因此电荷结构与质量子、束缚态、凝聚态及自由态光子之间的相互作用不能任意设定。M 要求电荷定义不能成为保护性假设，它必须具有后续可检验和可失败条件。

在这一约束下，电荷的 EQT 定义可以写为：

$$q = e_0 \int_{V_{\rm int}} \left(\rho_f^{(EM)} - \rho_0\right) dV. \tag{3.2.1}$$

这里，q 表示可观测电荷；e_0 是把电磁频段能量子密度偏差积分转换为电荷量纲的比例常数；$\rho_f^{(EM)}$ 是电磁频段能量子密度场；ρ_0 是相应电磁背景密度；$V_{\rm int}$ 是使局域偏差成为稳定可观测结构的积分空间。这个定义的核心含义是：电荷不是粒子的内禀属性，而是电磁频段能量子密度场相对于背景态的局域偏差积分。

这一公式首先完成了一个本体重排。传统语言常说“电子带负电”“质子带正电”，仿佛电荷是粒子自带的属性。本书采取相反方向：所谓带电结构，是某种局域稳定结构中 $\rho_f^{(EM)}$ 相对于背景密度 ρ_0 出现可积分偏差，并且该偏差在 $V_{\rm int}$ 内能够被稳定读出。换言之，不是粒子先有电荷，然后通过电荷作用于电磁场；而是局域结构首先改变电磁频段能量子密度分布，这种改变在适当积分空间内表现为电荷。

公式中的第一项 $\rho_f^{(EM)}$ 是本卷的基础对象。它不是电荷密度，也不是经典电磁场强，而是电磁频段中按频率分辨的能量子密度场。电荷并不是 $\rho_f^{(EM)}$ 本身，而是它相对于背景态的偏差。这个区分非常重要。若把 $\rho_f^{(EM)}$ 直接等同于电荷，就会把所有电磁能量分布都误认为带电结构；而本书要说明的是，只有在某些局域边界、频率、相位和积分条件下，密度偏差才表现为电荷。

公式中的第二项 ρ_0 是背景参照。任何“偏差”都必须相对于某个参照态定义。若没有 ρ_0，电荷就只能被写成某种绝对密度积分，这不仅会造成量纲和物理意义的不清楚，也无法解释电中性区域、正负分支和局域补偿。 ρ_0 的作用是提供电磁频段背景状态，使电荷成为相对于背景的局域偏离，而不是任意密度总量。正电荷和负电荷的初步区别，也可以从 $\rho_f^{(EM)} - \rho_0$ 的符号差异开始理解。

更具体地说，当某一局域结构中

$$\rho_f^{(EM)} - \rho_0 > 0$$

在 V_{int} 内形成稳定偏差时，它对应一种极性分支；当

$$\rho_f^{(EM)} - \rho_0 < 0$$

在 V_{int} 内形成稳定偏差时，它对应另一种极性分支。本节只给出正负性的密度偏差基础，而不立即完成正负电荷的相位解释。真正的正负电荷稳定性，还必须在后文中通过相位分支、相位拓扑、边界闭合和极性冻结来说明。也就是说，本节定义的是电荷的密度基础，不是完整的电荷量子化或极性理论。

公式中的 V_{int} 是积分空间。它是电荷定义中最容易被误解的一项。若 V_{int} 被看成任意数学体积，那么电荷定义

就会失去物理约束，因为不同体积会给出不同积分值。这里的 V_{int} 不是任意区域，而是使 $\rho_f^{(EM)} - \rho_0$ 成为稳定、可读出、可耦合结构的物理积分空间。它应当由局域边界、频率—空间共振、相位闭合、能量子流通量和可观测耦合条件共同确定。

因此，电荷的定义不是简单的体积分。它包含三个必要条件。第一，必须存在局域密度偏差；第二，偏差必须处在可选择的积分空间内；第三，积分空间必须对应稳定读出结构。若只有局域密度起伏，但不能形成稳定积分空间，它可能只是涨落，而不是电荷；若有积分空间但无稳定相位和边界条件，电荷可能无法量子化或守恒；若偏差不能与外部电磁响应耦合，它也不能成为可观测电荷。

公式中的 e_0 是量纲转换常数。它不应被直接理解为电子电荷本身，也不能被任意设定为使公式成立的拟合参数。在本节中，e_0 的功能是把能量子密度偏差积分映射到传统电荷量纲上。后文若要推出 $q = e_0 n$，就必须说明 e_0 如何与相位绕数、积分空间和最小稳定偏差单位相关。本节只规定 e_0 是转换因子，不把电荷量子化提前放入定义。否则，电荷量子化会被偷放进比例常数中，而不是作为后续推论出现。

这一点非常关键：式 3.2.1 本身还不能证明电荷量子化，它只说明电荷是何种结构。

若要说明离散性，还必须在下一章引入相位场 θ_f、相位拓扑和相位绕数：

$$\oint_{\partial V} \nabla\theta_f \cdot d\mathbf{l} = 2\pi n.$$

也就是说，本节回答“电荷是什么”，后续章节回答“为什么电荷离散”。这两个问题不能混在一起。若在本节直接声称电荷量子化已经完成，就会削弱推导顺序。

从 A3 的角度看，电荷定义还必须具有动力学意义。由于 $\rho_f^{(EM)}$ 服从 EQT 主方程，电荷不是静态标签，而是局域密度偏差在演化方程约束下形成的稳定结构。电荷的形成取决于非线性自持项是否能够维持局域偏差，扩散项是否会抹平偏差，对流项是否导致偏差流出边界，耗散项是否使偏差衰减，源项是否提供输入，涨落项是否造成不稳定扰动。换言之，电荷不是任意定义出来的量，而是 $\rho_f^{(EM)}$ 动力学在某些条件下形成的稳定可观测结果。

从局域守恒角度看，电荷的变化也可以由上一章定义的能量子流控制。对 q 取时间导数，有：

$$\frac{dq}{dt} = e_0 \int_{V_{\text{int}}} \frac{\partial \rho_f^{(EM)}}{\partial t} dV.$$

利用局域连续性形式，可得到：

$$\frac{dq}{dt} = -e_0 \oint_{\partial V_{\text{int}}} \mathbf{J}_f^{(EM)} \cdot d\mathbf{A} + \\ e_0 \int_{V_{\text{int}}} \left[k(f)(\rho_f^{(EM)})^m - \Gamma(f)\rho_f^{(EM)} + S_f + \mathcal{N}(f) \right] dV.$$

这说明，电荷是否守恒取决于边界通量、局域自持与耗散、源项和涨落项的综合平衡。若边界通量闭合或成对补偿，且局域源耗项不产生净偏差，则 q 可以保持守恒。若边界开放、源项不对称或跨频泄漏显著，电荷结构可能发生变化。本节不完整展开电荷守恒，但已经说明电荷守恒应当从 $\rho_f^{(EM)}$ 的局域流结构中获得解释，而不是作为外部公设加入。

从 A4 的角度看，电荷结构还涉及与其他频段或状态的耦合。电荷往往不是悬浮在抽象空间中的孤立偏差，而是与质量子、束缚态、凝聚态或自由态光子发生耦合的局域结构。这种耦合必须受洛伦兹共振核约束：

$$A(\nu_B, \nu_F) = \frac{A_0}{(\nu_B - \nu_F)^2 + \gamma^2}.$$

这意味着，一个局域密度偏差是否能成为可观测电荷，不仅取决于它自身是否存在，还取决于它能否与相应频段的读出模式、场响应和物质结构发生有效耦合。频率匹配增强可读出性，频率失配削弱耦合。这一点将在后文讨论吸收、辐射、屏蔽和电磁弱禁闭时变得重要。

本节的定义还重新安排了传统电荷概念的层级。电荷作为源，将在后续 Maxwell 极限中出现；电荷作为守恒量，将在局域流和积分空间稳定后出现；电荷作为规范耦合参数，将在 QED 有效表象中出现；电荷作为粒子属性，将被理解为某些局域凝聚态或束缚态结构的表面描述。它们都不是错误的，但都不是本书的起点。本节给出的 EQT 定义，是它们能够被重新组织的基础。

本节与弱力—强力主线的关系在于：强力—弱力卷也必须避免把色荷、弱荷或中介粒子属性直接作为不可解释的公设。那些对象需要在高频区的密度、耦合、凝结和相位结构中获得位置。电磁卷采取同样的方法，但处理对象是电荷。不同之处在于，电荷必须最终能够进入 Maxwell 源项和 QED 耦合结构，而强弱力对象则进入短程衰变、强禁闭或强弱过渡区机制。因此，本节既保持了系列公设的一致性，也为电磁卷建立了自身的对象定义。

本节得到的定义和推论是：电荷在 EQT 中定义为式 3.2.1。

它不是粒子的内禀属性，而是电磁频段能量子密度场相对于背景密度的局域偏差在物理积分空间中的稳定表达。这个定义给出了电荷的密度基础、背景参照、积分结构和动力学约束，但尚未完成电荷量子化，也尚未完整说明正负极性与守恒条件。

本节尚未解决的问题是：积分空间 V_{int} 仍然需要进一步说明。若 V_{int} 不能被物理选择，电荷定义就会退化为任意积分。下一节必须专门讨论积分空间的物理意义：它如何由频率—空间共振、边界条件、相位稳定、能量子流通量和可观测耦合共同限定，并为什么是电荷从密度偏差变为可测结构的必要条件。

4.3　积分空间 V_{int} 的物理意义

本节的问题是：电荷定义中的积分空间 V_{int} 究竟是什么？上一节已经给出电荷的 EQT 定义，见式 3.2.1。

这个定义把电荷从粒子内禀属性重定位为电磁频段能量子密度场相对于背景密度的局域偏差积分。但是，这一定义立即引出一个关键问题：积分区域为什么是 V_{int}，而不是任意空间区域？如果 V_{int} 只是任意选取的数学体积，那么电荷定义就会失去物理确定性，因为不同积分区域会给出不同的数值。为了使电荷定义成为物理定义而不是形式表达，本节必须说明 V_{int} 的选择条件。

本节依赖 A1、A2、A3、A4 与元规范 M。A1 要求积分空间不能是脱离 $\rho_f^{(EM)}$ 的独立实体，而必须是电磁能量子密度场中形成稳定局域结构的区域。A2 要求积分空间具有频率意义，因为不同频率的能量子密度场具有不同的空间尺度和可耦合范围。A3 要求 V_{int} 的稳定性必须与主方程中的非线性自持、扩散、对流、耗散、源项和涨落有关。A4 要求可观测电荷必须能够与其他状态或频段发生受限耦合，因此 V_{int} 不能只由几何边界决定，还必须由频率匹配和共振核决定。M 则要求 V_{int} 不能作为任意调参工具使用；若积分空间无法独立限定，电荷定义就不具备可证伪性。

本节要推出的结论是：V_{int} 不是任意数学区域，而是由频率、相位、边界、频率—空间共振半径、局域稳定性和可耦合条件共同决定的物理积分域。可观测电荷必须是在这样一个可稳定、可读出、可耦合的积分域上的密度偏差积分。

首先，V_{int} 不是任意体积。数学上，可以对任意区域积分 $\rho_f^{(EM)} - \rho_0$，但并非任意积分结果都对应物理电荷。若在一个过小区域内积分，可能只得到瞬时涨落、局域噪声或未闭合边界的一部分；若在一个过大区域内积分，正负偏差可能互相抵消，或者把多个不同电荷结构混合在一起；若积分区域穿过不稳定边界，所得数值可能随边界选择任意改变。这样的积分不能被称为电荷。电荷要求的不只是数学积分，而是稳定结构的积分。

因此，V_{int} 的第一项物理要求是边界稳定。所谓边界稳定，不是指存在一堵实体边界，而是指在该区域边界上，能量子流、密度梯度和相位结构满足某种稳定闭合或准闭合条件。若边界通量不断泄漏，积分值无法保持；若边界位置任意移动就显著改变积分结果，电荷也不能成为稳定可观测量。上一章给出的电磁能量子流

$$\mathbf{J}_f^{(EM)} = -D(f)\nabla\rho_f^{(EM)} + \rho_f^{(EM)}\mathbf{v}_f$$

在这里具有直接作用。一个合格的 V_{int} 至少应使边界通量具有可控结构：

$$\oint_{\partial V_{\text{int}}} \mathbf{J}_f^{(EM)} \cdot d\mathbf{A}$$

要么近似为零，要么能够被内部源耗项、外部耦合或成对补偿机制解释。否则，积分值不能保持稳定，也就不能对应可观测电荷。

第二，V_{int} 由频率条件决定。按照 A2，频率具有能量意义，不同频率对应不同传播尺度、耗散尺度和耦合尺度。因此，电荷积分空间不应只由普通空间几何决定，而应由频率—空间关系共同决定。电磁频段中的 $\rho_f^{(EM)}$ 在某一频率或频带附近可能形成稳定局域偏差，而在另一频率下则可能表现为自由传播或快速扩散。电荷结构因此不是“所有频率上的密度偏差总和”，而是特定电磁频段内可稳定耦合的密度偏差结构。

这也是频率—空间共振半径 R_c 的意义。R_c 可以被理解为在给定频率、扩散系数、非线性自持系数、耗散尺度和背景密度条件下，局域偏差能够维持稳定结构的特征空间

尺度。一般地，可以写作：

$$R_c = R_c[D(f), k(f), \Gamma(f), \rho_0, \ldots].$$

在简化近似下，可以采用示意形式：

$$R_c \sim \sqrt{\frac{D(f)}{k(f)\rho_0}}.$$

这类表达的作用不是给出最终定律，而是说明 V_{int} 不能脱离频率和动力学系数随意选择。若积分区域远小于稳定结构尺度，它可能不能覆盖完整电荷结构；若远大于共振尺度，它可能混入无关背景或相反偏差。V_{int} 应与 R_c 同阶或由其限定。

第三，V_{int} 由相位条件决定。仅有密度边界还不足以定义电荷，因为电荷不只是局域偏差，还必须在后续章节中表现为离散、稳定和可守恒结构。相位场 θ_f 虽然将在下一章系统引入，但本节已经需要预告其作用：一个合格的积分空间必须能够容纳相位闭合条件。否则，密度偏差可能是连续扰动，而不是拓扑稳定的电荷结构。

后文将使用相位绕数条件：

$$\oint_{\partial V_{\text{int}}} \nabla\theta_f \cdot d\mathbf{l} = 2\pi n.$$

这说明 V_{int} 不能只是电荷定义中的体积符号，它也是相位拓扑闭合的边界区域。若某一区域无法支持相位闭合，或者相位绕数不稳定，那么其中的密度偏差即使可以积分，也难以形成量子化电荷。由此，V_{int} 既是密度积分空间，也是相位边界空间。

第四，V_{int} 由局域稳定性决定。电荷作为可观测量，必须在相关时间尺度上保持稳定。如果某一区域中的 $\rho_f^{(EM)} - \rho_0$ 只是瞬时涨落，那么它可能参与噪声或虚响应，却不能被定义为稳定电荷。局域稳定性来自 A3 主方程中多项机制的平衡：非线性自持项提供局域维持；扩散项倾向于抹平密度偏差；对流项可能使偏差离开区域；耗散项可能削弱结构；源项可能维持或扰动结构；涨落项可能造成短时偏离。只有当这些作用在 V_{int} 内形成稳定或准稳定平衡时，电荷积分才具有物理意义。

可以说，V_{int} 是一个动力学选择结果，而不是外部指定区域。它必须满足某种稳态或准稳态条件，例如：

$$\frac{d}{dt}\int_{V_{\text{int}}}\left(\rho_f^{(EM)} - \rho_0\right) dV \approx 0$$

在相关观测时间尺度上成立，或者其变化能够由可测边界通量和源耗项解释。若这一条件不成立，那么积分值就是瞬时扰动，而非电荷。

第五，V_{int} 由可耦合条件决定。按照 A4，物理可观测性不仅取决于结构是否存在，还取决于它是否能够与读出模式、物质结构或外部场发生有效耦合。一个局域密度偏差即使稳定，如果完全无法与电磁响应、光子自由态、束缚态或探测过程耦合，也不能表现为可观测电荷。可观测电荷必须处在可耦合积分域中。

这种耦合受洛伦兹共振核约束：

$$A(\nu_B, \nu_F) = \frac{A_0}{(\nu_B - \nu_F)^2 + \gamma^2}.$$

如果局域结构的频率与读出模式或相邻状态频率匹配，耦合增强；如果严重失配，耦合被压制。因此，V_{int} 的物理边界不仅由密度衰减或几何边界确定，还由“哪些部分能够被同一读出过程耦合”确定。这一点对于有效电荷、分数电荷和尺度依赖电荷尤其重要。

由此可以给出 V_{int} 的工作定义：

$$\begin{aligned} V_{\text{int}} = {} & \text{在给定频率、相位、边界、稳定性和耦合条件下，} \\ & \rho_f^{(EM)} - \rho_0 \ \text{能够形成稳定可观测积分结构的区域。} \end{aligned}$$

这个定义强调五个条件：频率条件、相位条件、边界条件、局域稳定性和可耦合性。五者缺一不可。只有密度偏差而无稳定边界，不是电荷；只有稳定边界而无相位条件，无法说明量子化；只有相位闭合而无可耦合读出，难以成为可观测电荷；只有耦合而无局域稳定性，则只是瞬时过程。

这一理解也有助于解释分数电荷的问题。分数电荷不必被理解为对积分空间概念的否定。相反，它说明不同物理系统可能具有不同的可耦合积分域。在强相互作用内部，夸克的分数电荷表现为特定内部结构和可耦合区域的有效读出；在复合粒子或介观系统中，有效分数电荷也可能来自部分积分空间、拓扑边界或集体激发的可读出结构。换言之，分数电荷并不说明电荷不是积分结构，而说明“可观测电荷”依赖于哪个 V_{int} 被物理读出。

这一区分非常重要。若认为电荷总是对整个空间的绝对积分，那么分数电荷会显得异常；若认为电荷是对物理可耦合积分空间的稳定积分，那么整数电荷和分数电荷都可以在不同 V_{int} 条件下得到解释。普通孤立带电粒子的有效电荷可能对应完整、稳定、外部可读出的积分空间；内部组分或准粒子激发的有效分数电荷可能对应受限、局域或拓扑选择的可耦合积分空间。这一思路为后续讨论有效电荷和 QED 尺度依赖留下空间。

不过，本节也必须保持克制。V_{int} 的概念不能被用来任意解释所有电荷数值。若每次遇到不同电荷值，都可以自由更换积分空间，那么理论将失去可证伪性。因此，V_{int} 的选择必须受到独立约束：频率—空间共振半径、边界通量、相位绕数、局域稳定性、可耦合读出和实验尺度都必须共同限制它。只有在这些条件给出相同或相近的积分域时，V_{int} 才是物理定义，而不是调参工具。

从后续推导看，V_{int} 将承担三重功能。第一，它定义电荷大小：只有对 V_{int} 内的密度偏差积分，才得到可观测电荷。第二，它定义电荷守恒：只有当 V_{int} 的边界通量和内部源耗项满足稳定条件时，电荷才守恒。第三，它为电荷量子化准备边界：只有当 ∂V_{int} 支持相位闭合和整数绕数时，电荷才可能表现为 $q = e_0 n$。因此，V_{int} 是电荷定义、电荷守恒和电荷量子化之间的桥梁。

本节与弱力—强力主线的关系在于：强力—弱力卷同样需要区分“局域结构存在”与“可观测读出区域”。在强力中，强禁闭使可耦合区域受到强烈约束；在弱力中，短寿命中介和变频过程限制可观测窗口。电磁卷的 V_{int} 则强调可稳定、可屏蔽、可耦合、可相位闭合的积分域。不同频段共享“结构必须有读出区域”这一方法论，但具体读出条件不同。电磁卷不能直接借用强力的禁闭区域或弱力的衰变窗口，而必须定义自己的电荷积分空间。

本节得到的定义和推论是：V_{int} 不是任意数学区域，而是在给定频率、相位、边界、共振半径、局域稳定性和可耦合条件下，使 $\rho_f^{(EM)} - \rho_0$ 成为稳定可观测积分结构的物理区域。可观测电荷必须是在这样的可耦合积分域上的稳定积分。分数电荷并不否定积分空间概念，而是表明不同可耦合积分域可能决定不同的有效可观测电荷。

本节尚未解决的问题是：虽然已经说明 V_{int} 如何使电荷定义具有物理边界，但电荷守恒尚未正式推出。下一节必须讨论电荷守恒的连续性条件：当电荷被定义为 V_{int} 内的密度偏差积分时，局域能量子流、边界通量、源耗项和涨落项如何共同决定 q 是否保持不变。

4.4 电荷符号的初步定义：高于或低于背景

本节的问题是：在电荷被定义为电磁频段能量子密度场相对于背景密度的局域偏差积分之后，电荷的正负符号应当如何初步定义？上一节已经说明，电荷不是任意密度积分，而是在物理积分空间 V_{int} 中对 $\rho_f^{(EM)} - \rho_0$ 的稳定积分。既然电荷来自相对于背景的偏差，那么偏差方向就自然成为电荷符号的第一层来源。本节的任务，是给出电荷符号的密度基础；但必须强调，这还不是完整的正负电荷理论。正负电荷的稳定性、相位分支、同号相斥和异号相吸，仍需在后续相位拓扑与电场推导中完成。

本节依赖 A1、A2、A3、A4 与元规范 M。A1 要求正负电荷不能作为两类原初实体被直接加入，而必须从 $\rho_f^{(EM)}$ 的结构中区分。A2 要求这种区分具有电磁频段的谱量意义，而不是抽象符号规定。A3 要求正负偏差必须能在密度场演化、局域流、源耗项和涨落项约束下保持稳定或准稳定。A4 要求不同极性分支与外部结构、束缚态、自由态光子或凝聚态的耦合必须受频率匹配约束。M 要求本节不能把正负电荷当作解释不了的标签，而必须把符号定义限制在可推导、可检验的密度偏差结构中。

在 EQT 电磁卷中，电荷符号的最初定义来自：

$$\rho_f^{(EM)} - \rho_0.$$

当某一积分空间 V_{int} 内的电磁频段能量子密度高于背景密度，即

$$\rho_f^{(EM)} > \rho_0,$$

并且这种偏差在 V_{int} 中形成稳定可观测结构时，它对应一种极性分支。相应地，当某一积分空间内的电磁频段能量子密度低于背景密度，即

$$\rho_f^{(EM)} < \rho_0,$$

并且这种偏差也形成稳定可观测结构时，它对应另一种极性分支。也就是说，正负电荷的初步区分，不来自两种不同物质，也不来自两个彼此独立的电荷实体，而来自同一电磁能量子密度场相对于同一背景态的两种偏差方向。

为了避免过早固定命名，本节暂时不必规定哪一类偏差对应传统正电荷，哪一类对应传统负电荷。更严格的做法是先称它们为两种极性分支：

$$\rho_f^{(EM)} - \rho_0 > 0 \Rightarrow \mathcal{P}_+,$$

$$\rho_f^{(EM)} - \rho_0 < 0 \Rightarrow \mathcal{P}_-.$$

其中，$\mathcal{P}_+$ 和 $\mathcal{P}_-$ 表示相对于背景密度的两类稳定偏差分支。它们在后续与传统正负电荷的对应，需要通过电场方向、相位分支、相互作用符号和实验约定来确定。这样处理可以避免把传统符号约定直接放进理论起点。

这一初步定义具有三个直接含义。第一，电荷符号不是额外属性，而是密度偏差方向。第二，正负电荷不是两种不同本体，而是同一 $\rho_f^{(EM)}$ 场的两类稳定偏差。第三，电中性不意味着没有电磁能量子密度，而意味着在相关积分空间内，正负偏差相互补偿，或 $\rho_f^{(EM)}$ 的有效积分接近背景态：

$$\int_{V_{\text{int}}} \left(\rho_f^{(EM)} - \rho_0\right) dV \approx 0.$$

因此，电中性也不应被理解为“没有电磁结构”，而应被理解为在特定积分尺度和读出条件下没有净电荷偏差。

这一点对于复合结构尤其重要。一个复合粒子、原子或宏观物体可以在局部具有复杂的 $\rho_f^{(EM)} - \rho_0$ 分布，但在较大积分空间中表现为电中性。换言之，电荷符号和电中性都依赖积分空间。若选择局域子结构作为 V_{int}，可能读出某种极性分支；若选择更大的整体结构作为 V_{int}，正负偏差可能抵消。这个事实并不削弱电荷定义，而是说明可观测电荷必须总是与物理积分空间和读出尺度一起讨论。

本节还需要说明，密度偏差符号本身尚不足以构成完整电荷符号理论。原因有三。第一，瞬时偏差不等于稳定电荷。某一区域中短暂出现 $\rho_f^{(EM)} > \rho_0$ 或 $\rho_f^{(EM)} < \rho_0$，可能只是涨落，不一定构成电荷。只有当偏差在 V_{int} 内被局域稳定性、边界通量和源耗平衡支持时，它才具有电荷意义。第二，连续偏差不等于量子化电荷。本节只说明偏差方向，不能说明偏差大小为何只能取离散值。第三，偏差方向不自动推出同号相斥和异号相吸。相互作用符号需要通过密度梯度、电场方向、相位结构和能量重排机制进一步推出。

因此，本节的定义必须保持克制。它只能说：

$$\rho_f^{(EM)} > \rho_0 \Rightarrow \text{一种极性分支},$$

$$\rho_f^{(EM)} < \rho_0 \Rightarrow \text{另一种极性分支}.$$

它不能直接说：正电荷和负电荷已经被完整解释。完整解释至少还需要三步。第一，说明这两种偏差分支如何在 V_{int} 中稳定存在。第二，说明相位拓扑如何使它们形成离散、可守恒、可读出的结构。第三，说明两种极性分支在密度梯度场中如何产生吸引或排斥。后两步分别属于相位拓扑章和电场推导章。

从 A3 主方程角度看，两种偏差分支的稳定性必须由动力学项决定。对于 $\rho_f^{(EM)} > \rho_0$ 的区域，非线性自持项可能支持局域高密度结构，但扩散和耗散会倾向于削弱偏差；对

于 $\rho_f^{(EM)} < \rho_0$ 的区域，系统可能表现为局域稀缺、空穴式偏差或相对于背景的负偏离结构。两类分支都不是任意给定的，而必须在非线性自持、扩散、对流、耗散、源项和涨落之间形成可维持的平衡。若某一偏差分支不能稳定存在，它就不能成为电荷符号。

从局域守恒角度看，正负偏差分支也必须受到总偏差补偿的约束。若某一区域形成 $\rho_f^{(EM)} - \rho_0 > 0$ 的可观测偏差，那么在更大系统中，可能需要通过边界通量、相反偏差、源项补偿或跨频耦合来维持整体平衡。同样，$\rho_f^{(EM)} - \rho_0 < 0$ 的区域也不能被理解为“负能量实体”，而应被理解为相对于电磁背景的密度缺额或反向偏差结构。这样处理可以避免把正负电荷重新实体化为两种独立物质。

从 A4 的角度看，两种极性分支的可观测性还依赖耦合条件。某一密度偏差是否能被外部电磁场、自由态光子、束缚态或探测过程读出，取决于它与相应读出模式之间的频率匹配。如果某一偏差分支与普通电磁读出窗口有效耦合，它就表现为可观测电荷；如果严重频率失配，它可能不以普通电磁方式显现。由此，电荷符号不仅是密度偏差方向，也是可耦合电磁读出的偏差方向。

本节与弱力—强力主线的关系在于：强力—弱力卷中也存在“属性是否为原初”的问题。例如色荷、弱荷或中介粒子耦合不能被简单看作不可解释标签，而必须在高频区的密度、相位、耦合和凝结机制中获得说明。电磁卷采取相同方法，但对象是正负电荷。不同之处在于，电磁卷必须解释双极性、电中性、屏蔽和长程场，而强弱力主线主要处理短程、强耦合、衰变或禁闭。因此，本节建立的是电磁卷特有的极性起点，而不是强弱力机制的直接移植。

本节得到的定义和推论是：电荷符号的初步来源是 $\rho_f^{(EM)}$ 相对于背景密度 ρ_0 的偏差方向。在物理积分空间 V_{int} 内，

$$\rho_f^{(EM)} > \rho_0$$

对应一种极性分支；

$$\rho_f^{(EM)} < \rho_0$$

对应另一种极性分支。电中性则对应相关积分空间中净偏差积分近似为零。这个定义只给出电荷符号的密度基础，尚未完成正负电荷的相位机制、量子化机制和相互作用符号推导。

本节尚未解决的问题是：电荷符号已经获得初步密度定义，但电荷是否守恒仍未正式说明。下一节必须讨论电荷守恒的连续性条件：当电荷被定义为 V_{int} 内的密度偏差积分时，边界通量、局域源耗、涨落和补偿机制如何决定电荷是否保持稳定，以及在什么条件下电荷守恒可能被破坏或需要重新解释。

4.5 电荷守恒的局域连续性条件

本节的问题是：当电荷被定义为电磁频段能量子密度场相对于背景密度的局域偏差积分之后，电荷守恒应当如何理解？在传统理论中，电荷守恒通常作为基本守恒律或由 $U(1)$ 对称性导出的 Noether 守恒量出现。这样的表述在标准理论中非常有效，但在本书中不能被直接作为起点。因为本卷的目标是从 $\rho_f^{(EM)}$ 的局域密度结构、能量子流、边界条件和积分空间稳定性中说明电荷守恒如何出现，而不是把“电荷守恒”作为额外公设加入。

本节依赖 A1、A2、A3、A4 与元规范 M。A1 要求电荷守恒不能作为与 ρ_f 并列的独立原则，而必须来自能量子密度场的局域结构。A2 要求电荷相关过程具有频率—能量意义，因而局域守恒不能脱离电磁频段的谱量结构。A3 要求电荷变化必须由 EQT 主方程中的扩散、对流、非线性自持、耗散、源项和涨落共同决定。A4 要求外部注入、吸收、辐射和跨频耦合受到洛伦兹共振核约束。M 则要求电荷守恒不能成为不可检验的保护性声明；如果边界通量、源项或涨落破坏守恒，本书必须能说明守恒在哪些条件下成立，在哪些条件下需要修正。

本节要推出的结论是：电荷守恒来自四个条件的共同作用：局域能量子流守恒、边界通量闭合、成对涨落补偿和积分空间稳定。更准确地说，电荷守恒不是无条件的形而上原则，而是当 V_{int} 内的密度偏差、边界通量、源耗项和涨落项满足特定平衡条件时出现的有效守恒结构。

根据式 3.2.1，电荷是 V_{int} 内的密度偏差积分。

若假定 ρ_0 在相关时间尺度上稳定，且 V_{int} 的边界随时间变化可忽略，则对 q 求时间导数可得：

$$\frac{dq}{dt} = e_0 \int_{V_{\text{int}}} \frac{\partial \rho_f^{(EM)}}{\partial t} dV.$$

由第二章定义的局域连续性结构：

$$\frac{\partial \rho_f^{(EM)}}{\partial t} + \nabla \cdot \mathbf{J}_f^{(EM)} = k(f)(\rho_f^{(EM)})^m - \Gamma(f)\rho_f^{(EM)} + S_f + \mathcal{N}(f),$$

可以得到：

$$\begin{aligned} \frac{dq}{dt} = -e_0 \oint_{\partial V_{\text{int}}} \mathbf{J}_f^{(EM)} \cdot d\mathbf{A} + \\ e_0 \int_{V_{\text{int}}} \left[k(f)(\rho_f^{(EM)})^m - \Gamma(f)\rho_f^{(EM)} + S_f + \mathcal{N}(f) \right] dV. \end{aligned}$$

这个表达式是本节的核心。它说明，电荷是否守恒，取决于两类因素：第一，积分空间边界上的能量子流通量；第二，积分空间内部的非线性自持、耗散、源项和涨落的净效应。若边界通量闭合，且内部源耗项与涨落项的净贡献为零或成对补偿，则

$$\frac{dq}{dt} \approx 0,$$

电荷表现为守恒。

第一项条件是局域能量子流守恒。电荷不是抽象标签，而是 V_{int} 内密度偏差的积分。因此，电荷变化首先来自 $\rho_f^{(EM)}$ 的局域流动。若电磁能量子流从积分空间流出而没有相应补偿，积分偏差会改变；若流入与流出平衡，电荷可以保持稳定。局域能量子流由

$$\mathbf{J}_f^{(EM)} = -D(f)\nabla\rho_f^{(EM)} + \rho_f^{(EM)}\mathbf{v}_f$$

给出，其中扩散流描述密度梯度驱动的重排，对流流描述能量子密度随有效速度场的定向输运。因此，电荷守恒并不是孤立于动力学之外的原则，而是与能量子流的连续性直接相关。

第二项条件是边界通量闭合。即使 V_{int} 内部的密度偏差稳定，如果边界上存在未补偿通量，电荷积分也会随时间变化。因此，电荷守恒要求

$$\oint_{\partial V_{\text{int}}} \mathbf{J}_f^{(EM)} \cdot d\mathbf{A} \approx 0$$

或要求该边界通量能够被相反方向的通量、内部源项或外部耦合过程严格补偿。这里的“闭合”不必理解为实体边界完全封闭，而是指对电荷定义相关的积分空间而言，流入和流出在可观测时间尺度上保持平衡。若边界不断泄漏而没有补偿，该积分空间就不能承载稳定电荷。

边界通量闭合还说明了为什么 V_{int} 的选择如此重要。如果积分空间选得过小，就可能切断一个完整电荷结构，使边界通量不闭合；如果选得过大，就可能把多个相反偏差结构一起积分，导致净电荷被错误抵消。因此，电荷守恒不是任意积分区域上的性质，而是物理积分空间上的性质。只有当 V_{int} 与频率—空间共振半径、局域稳定边界和相位结构相适配时，守恒才具有意义。

第三项条件是成对涨落补偿。A3 主方程包含量子涨落项 $\mathcal{N}(f)$，这意味着局域密度场并非完全平滑或静止。微观尺度上，$\rho_f^{(EM)} - \rho_0$ 可能出现短时正偏差和负偏差；若这些涨落成对出现并在统计平均中互相补偿，则它们不会破坏电荷守恒。可以写作：

$$\left\langle \int_{V_{\mathrm{int}}} \mathcal{N}(f) dV \right\rangle \approx 0$$

在相关平均尺度上成立。

这一定义很重要，因为它允许本书同时处理局域量子涨落和宏观电荷守恒。电荷守恒并不意味着局域密度没有任何涨落，而是意味着这些涨落在电荷积分尺度上成对补偿或不产生净偏差。虚光子、真空涨落、局域极化和短时响应都可以发生，但只要它们不在 V_{int} 内留下未补偿净偏差，电荷仍然守恒。

第四项条件是积分空间稳定。电荷守恒不仅要求流和源项平衡，还要求 V_{int} 本身在相关时间尺度上保持物理意义。如果积分空间的边界不断变化，或者相位闭合条件失效，或者可耦合读出区域发生突变，那么即使密度场局域守恒，电荷读数也可能改变。因此，电荷守恒要求 V_{int} 是稳定或准稳定的物理积分域。其稳定性来自频率—空间共振、相位边界、局域能量子流闭合和可耦合读出条件的共同约束。

从这个角度看，电荷守恒不是单独一条定律，而是四种稳定性的合成结果：密度流的连续性、边界通量的闭合性、涨落的补偿性和积分空间的稳定性。若四者同时满足，电荷表现为守恒；若其中某一条件被破坏，就可能出现有效电荷变化、局域屏蔽重排、极化响应或跨频转换。这样的变化不一定意味着基本守恒律被破坏，但它要求对观测尺度和积分空间重新定义。

本节还可以重新理解粒子产生和湮灭过程中的电荷守恒。在传统表述中，带电粒子产生和湮灭必须满足总电荷守恒。在本书中，这可以被理解为：局域电磁频段密度偏差可以通过源项和跨频耦合发生重组，但这些重组必须以成对偏差、边界补偿或全局通量平衡的方式进行。若某一过程产生一个 $\mathcal{P}_+$ 分支偏差，就必须在同一闭合系统中产生相应补偿分支、边界流或背景重排，使更大积分空间中的净偏差不被任意改变。

这也说明了电中性结构如何可能。一个复合系统内部

可能包含多个正负偏差分支，但在较大的 V_{int} 中，

$$\int_{V_{\mathrm{int}}}(\rho_f^{(EM)}-\rho_0)dV\approx 0.$$

此时系统在外部读出中表现为电中性。电中性不是没有局域电磁结构，而是外部可耦合积分空间中的净偏差被补偿。介质极化、屏蔽效应和原子中性都可以在后续章节中沿此方向解释。

本节与弱力—强力主线的关系在于：强力—弱力卷中也存在局域流、源项、耗散和守恒之间的关系。例如强子化过程、弱衰变过程和强弱过渡区都涉及局域结构重组与守恒量约束。但是，电磁卷的特殊性在于：电荷守恒必须与 V_{int}、电磁能量子流、正负偏差补偿和相位边界联系起来，并最终回收到 Maxwell/QED 中的电荷连续性结构。强弱力卷处理的是高频凝结、衰变和禁闭中的守恒约束；电磁卷处理的是双极电荷结构和长程电磁读出中的守恒约束。

本节得到的定义和推论是：电荷守恒来自局域能量子流守恒、边界通量闭合、成对涨落补偿和积分空间稳定。其形式可由

与局域连续性关系共同推出。在适当条件下，

$$\frac{dq}{dt}\approx 0.$$

这说明电荷守恒不是外加公设，而是电磁频段密度偏差积

分在稳定物理积分空间中的有效守恒结构。

本节尚未解决的问题是：电荷已经被定义为密度偏差积分，电荷符号已经获得初步密度解释，电荷守恒也已经与局域连续性联系起来。但是，电荷量子化尚未得到说明。仅有密度偏差和积分空间，仍然可能允许连续电荷值。下一节必须说明为什么电荷定义需要相位与边界条件，并为下一章的相位拓扑与电荷量子化奠定基础。

4.6 本章小结：电荷从属性转为结构

本章的任务，是在不新增“电荷存在”公设的前提下，给出电荷的最低层结构定义。前两章已经确立，本卷的基础对象不是电荷、电场、磁场或光子，而是电磁频段能量子密度场 $\rho_f^{(EM)}$。因此，本章不能把电荷作为粒子的既有属性直接引入，也不能把电荷作为 Maxwell 方程中的源项直接接受。它必须回答一个更前置的问题：在 A1–A4 和元规范 M 的约束下，电荷如何从 $\rho_f^{(EM)}$ 的局域结构中出现？

本章得到的核心结论是：电荷不是本卷的起点，而是 $\rho_f^{(EM)}$ 在积分空间中的稳定密度偏差结构。它的最低层定义见式 3.2.1。

在式 3.2.1 中，$\rho_f^{(EM)}$ 是电磁频段能量子密度场，ρ_0 是相应背景密度，V_{int} 是物理积分空间，e_0 是量纲转换因子。

这个定义的意义在于：电荷不是粒子"携带"的不可再分析属性，而是电磁频段密度场相对于背景态的可稳定、可积分、可读出的局域偏差。

本章首先指出，传统电荷概念具有明确的理论成功，但其功能主要是描述电荷如何被使用，而不是说明电荷如何生成。在经典电磁学中，电荷作为电场的源；在连续性方程和守恒理论中，电荷作为守恒量；在 QED 中，电荷作为规范耦合参数；在粒子物理中，电荷作为粒子属性。这些表述分别服务于不同理论层级，却都不同程度地接受了"电荷已经存在"。本书并不否定这些用法，而是将其重新定位为后续有效层级：电荷作为源属于 Maxwell 极限，电荷作为耦合参数属于 QED 有效表象，电荷作为粒子属性属于局域凝聚态或束缚态结构的表面描述。生成性层级必须更前置。

其次，本章给出了电荷的 EQT 定义。电荷来自 $\rho_f^{(EM)}-\rho_0$ 的局域偏差，而不是来自粒子标签。若某一局域区域中的电磁频段能量子密度相对于背景态形成稳定偏离，并且这种偏离可以在物理积分空间中被读出，它就表现为电荷。这个定义把电荷从"对象属性"重写为"场结构"。但是，本章也明确指出，这一定义尚未完成电荷量子化。它回答的是"电荷是什么类型的结构"，而不是"为什么电荷只能取离散单位"。

第三，本章说明了积分空间 V_{int} 的物理意义。电荷不是对任意数学体积的积分，而是在满足频率、相位、边界、共振半径、局域稳定性和可耦合条件的区域中形成的稳定积分结构。V_{int} 的作用，是把瞬时密度起伏和真实可观测电荷区分开来。若无稳定积分空间，局域偏差可能只是涨落；若无可耦合条件，偏差可能无法被电磁方式读出；若无边界稳定，电荷值会随积分区域选择而任意变化。因此，电荷定义的物理性取决于 V_{int} 的可限定性。

第四，本章给出了电荷符号的初步密度定义。正负电荷不应被理解为两种不同实体，而应先被理解为同一电磁能量子密度场相对于背景密度的两类偏差分支：

$$\rho_f^{(EM)} > \rho_0 \Rightarrow \text{一种极性分支;}$$

$$\rho_f^{(EM)} < \rho_0 \Rightarrow \text{另一种极性分支.}$$

这种定义只给出电荷符号的密度基础。它尚未推出正负电荷的完整相位机制，也尚未说明同号相斥、异号相吸如何产生。这些问题必须依赖后续相位拓扑、电场定义和能量重排机制来解决。

第五，本章说明了电荷守恒的局域连续性条件。电荷守恒不是外加定律，而是在稳定积分空间内，局域能量子流守恒、边界通量闭合、成对涨落补偿和积分空间稳定共同作用下形成的有效守恒结构。由和局域连续性关系可知，电荷变化取决于边界通量、源项、耗散项、非线性自持项和涨落项。若边界通量闭合，且内部源耗与涨落不产生未补偿净偏差，则

$$\frac{dq}{dt} \approx 0.$$

因此，电荷守恒在本书中不是隐藏公设，而是 $\rho_f^{(EM)}$ 的局域流结构在稳定积分空间中的结果。

本章与弱力—强力主线的关系也可以由此得到说明。强力—弱力卷同样不能把色荷、弱荷、中介粒子或禁闭作为不可解释的前提，而必须在高频密度场、频率耦合、相位锁定和凝结机制中获得说明。电磁卷采用同样的公设化方法，但处理对象是电荷。不同之处在于，电磁电荷最终必须进入 Maxwell 源项、QED 耦合参数、电磁屏蔽和长程场结构，而强弱力对象则进入短程衰变、强禁闭或强弱过渡区机制。因此，本章既保持了系列方法的一致性，也确立了电磁卷自己的对象基础。

本章得到的定义和推论可以概括为四点。第一，电荷不是本卷的基础对象，而是 $\rho_f^{(EM)}$ 的局域偏差积分。第二，V_{int} 是使该偏差成为可观测电荷的物理积分空间，而不是任意数学区域。第三，电荷符号的初步来源是 $\rho_f^{(EM)} - \rho_0$ 的偏差方向。第四，电荷守恒来自局域能量子流、边界通量、涨落补偿和积分空间稳定，而不是外加守恒公设。

本章尚未解决的问题是：密度偏差结构本身仍然允许连续取值。即使已经定义了 q，即使已经说明了 V_{int} 和局域守恒，也还没有解释为什么电荷表现为离散单位，为什么可写为

如果没有进一步机制，电荷仍然可能只是一个连续密度积分。这说明本章完成的是电荷的结构定义，而不是电荷量子化理论。

下一章因此必须出现。为了说明电荷为什么会离散化，必须引入相位场 θ_f、相位拓扑和相位绕数。只有当积分空间 V_{int} 的边界不仅支持密度稳定，而且支持相位闭合条件时，电荷才可能从连续密度偏差变成离散可观测量。下一章的核心任务就是说明：

$$\rho_f^{(EM)},\ V_{\text{int}},\ \theta_f \to \oint_{\partial V_{\text{int}}} \nabla\theta_f \cdot d\mathbf{l} = 2\pi n \to q = e_0 n.$$

由此，电荷将从“稳定密度偏差结构”进一步转化为“相位拓扑约束下的量子化结构”。

第五章　相位拓扑与电荷量子化

5.1　为什么电荷定义必须引入相位

本节的问题是：既然上一章已经把电荷定义为电磁频段能量子密度场相对于背景密度的局域偏差积分，为什么还必须进一步引入相位场 θ_f？这个问题是第四章的起点。上一章完成了电荷从“粒子属性”到“密度偏差结构”的转换，但它并没有完成电荷量子化理论。仅有

只能说明电荷来自多少密度偏差，却不能说明为什么电荷以离散单位出现，为什么存在稳定的正负分支，为什么电荷结构能够在扰动下保持，为什么最小电荷单位不会连续漂移。因此，本章必须把相位场 θ_f 引入电荷理论。

本节依赖 A1、A2、A3、A4 与元规范 M。A1 规定唯一基础对象是按频率分族的能量子密度场，因此相位不能

被理解为与 ρ_f 并列的新本体，而必须是 ρ_f 的结构自由度。A2 规定频率与能量的谱量关系，因此相位必须与频率、周期和能量模态的演化有关，而不能只是形式参数。A3 规定 ρ_f 的演化由 EQT 主方程控制，因此相位结构必须与密度演化、流结构、局域稳定性和涨落相关。A4 规定跨频耦合受洛伦兹共振核约束，因此相位锁定、频率匹配和束缚态形成不能任意设定。M 要求相位场的引入不能成为解释电荷量子化的特设假设，而必须产生可检验、可失败的推论。

本节要推出的结论是：电荷定义必须引入相位场 θ_f，因为密度偏差只能给出电荷的连续结构基础，而不能给出电荷的拓扑离散性、极性稳定性、扰动稳定性和量子化单位保持性。相位场的作用，是为电荷结构提供边界闭合、整数绕数、相位分支和拓扑约束。

首先，仅有密度偏差不能解释为什么电荷离散。根据上一章的定义，电荷是

如果只看这个公式，那么只要 $\rho_f^{(EM)} - \rho_0$ 可以连续变化，q 也应当可以连续变化。即使 V_{int} 是稳定积分空间，密度偏差的大小仍然可能取连续值。这样，本书最多能解释“电荷是某种局域偏差”，却不能解释为什么可观测电荷以固定单位出现，更不能解释为什么不同带电结构共享同一基本电荷单位。密度积分本身没有整数性；要获得整数性，必须引入额外的结构约束。

这种结构约束不能通过新增“电荷量子化公设”获得。按照 M，本书不能因为需要离散电荷，就额外规定电荷只能取 e_0n。量子化必须从已有对象的结构中推出。相位场正是在这里变得必要。若电磁频段能量子密度场不仅具有幅度 $\rho_f^{(EM)}$，还具有相位自由度 θ_f，则局域结构可以受到相位闭合条件约束。闭合路径上的相位变化不再任意连续，而必须满足整数绕数条件：

$$\oint_{\partial V_{\text{int}}} \nabla\theta_f \cdot d\mathbf{l} = 2\pi n.$$

这类整数条件为后续推出

提供了可能。也就是说，密度给出电荷的量，积分空间给出电荷的边界，相位拓扑给出电荷的离散性。

第二，仅有密度偏差不能完整解释为什么存在正负分支。上一章已经给出电荷符号的初步密度定义：

$$\rho_f^{(EM)} > \rho_0 \Rightarrow \text{一种极性分支};$$

$$\rho_f^{(EM)} < \rho_0 \Rightarrow \text{另一种极性分支}.$$

这说明正负电荷可以从相对于背景密度的偏差方向开始理解。但是，仅有“高于背景”与“低于背景”还不足以说明为什么这两类分支稳定存在、为什么它们不是连续过渡的密度状态、为什么它们在相互作用中表现为相反符号。密度偏差可以给出正负方向，却不能给出极性分支的拓扑稳定性。

相位场可以补足这一缺口。若两类密度偏差同时对应不同相位分支、不同绕数方向或不同相位闭合结构，那么正负电荷就不只是“密度多一点或少一点”，而是同一电磁能量子场在不同相位拓扑条件下形成的两个稳定分支。也就是说，正负性不能只靠密度符号解释，还必须靠相位分支解释。密度偏差提供极性的幅度基础，相位结构提供极性的稳定基础。后文将进一步说明，正负电荷的相互作用符号也必须通过密度梯度与相位结构共同决定。

第三，仅有密度偏差不能解释为什么电荷稳定。一个局域密度偏差可能在扩散项作用下被抹平，在对流项作用下流出积分空间，在耗散项作用下衰减，或在涨落项作用下发生扰动。如果没有额外的结构稳定机制，电荷就很难成为长期可读出的物理量。上一章已经说明，积分空间稳定、边界通量闭合和局域流守恒是电荷守恒的必要条件；但这些仍主要是密度和通量层面的条件。要使电荷结构在微扰下保持其身份，还需要相位闭合或相位锁定。

相位场使局域电荷结构可以具有一种额外的稳定性：只要相位绕数 n 不改变，即使密度分布发生小幅局域扰动，电荷的拓扑类别仍然可以保持。换言之，密度分布可以连续变形，但相位绕数不能在不破坏闭合条件或跨越临界边界的情况下连续改变。这种拓扑稳定性能够解释为什么电荷不像普通密度团块那样随扰动连续漂移，而表现为可保持的离散结构。电荷稳定性因此不只是能量最小化或局域平衡问题，也是相位拓扑问题。

第四，仅有密度偏差不能解释为什么量子化单位保持不变。即使某一局域结构偶然形成某个偏差积分值，为什么不同系统中的最小电荷单位相同？为什么电荷在不同粒子、不同反应和不同尺度下能够保持共同单位？如果电荷只是密度偏差积分，那么不同的局域形状、背景条件和积分区域似乎可能产生任意最小单位。要解释共同单位，就必须有一个比局域密度形状更稳定的约束。

相位绕数提供了这种约束。若电荷量子化的核心不在于某个具体密度峰的形状，而在于相位闭合的整数分类，那么不同系统可以在具体密度分布不同的情况下共享同一整数结构。e_0 由最小稳定相位—积分结构确定，n 由绕数确定，局域密度分布只是在该拓扑类别内调整。这样，电荷单位的保持就不再依赖每个系统的密度形状完全相同，而依赖相位闭合结构的共同整数性。

第五，相位场还使电荷定义与电磁场的相干性相连。电磁现象并不只涉及电荷数量，还涉及相干、干涉、传播、偏振、规范结构和波动相位。如果电荷理论只使用密度变量，就很难与后文的光子、连续电磁波、QED 相位因子和规范自由度相连接。引入相位场之后，电荷不再只是密度积分，而是密度幅度与相位结构共同形成的对象。这样，电荷量子化、光子相位、电磁波传播和规范结构可以进入同一套语言。

因此，本章将采用如下形式表示电磁频段能量子场的局域结构：

$$\Psi_f^{(EM)} = \sqrt{\rho_f^{(EM)}} e^{i\theta_f}.$$

这里，$\rho_f^{(EM)}$ 给出密度幅度，θ_f 给出相位自由度。这个表达不是要把 EQT 简单改写为通常波函数理论，而是为了明确：电磁频段能量子密度场不能只有幅度结构，还必须包含相位结构。密度解释“有多少偏差”，相位解释“偏差如何闭合、如何分支、如何稳定、如何量子化”。

第六，相位场的引入也受 A4 约束。相位锁定、频率匹配、束缚态形成和光子吸收辐射都不能任意发生，而必须受共振核限制。若某一局域电荷结构要稳定，它不仅需要密度偏差和边界通量条件，还需要与相关频率模式之间的相位与频率匹配。相位场因此不是孤立自由度，而是频率—耦合结构的一部分。后文关于束缚态、弱禁闭和过程动力学的讨论，都将需要相位锁定与频率共振共同作用。

本节与弱力—强力主线的关系在于：强力—弱力卷也需要相位、频率匹配和锁定机制来解释凝结、短程相互作用或过渡区结构。但电磁卷中相位的核心功能不同：它主要用于解释电荷量子化、正负极性、光子相干、电磁波传播和规范结构的有效出现。强弱力主线中的相位锁定可能导向强凝结、禁闭或快速变频；电磁卷中的相位结构则导向可传播、可屏蔽、可量子化的电磁对象。因此，相位是统一术语，但其频段结果不同。

本节得到的定义和推论是：仅有密度偏差只能说明电荷作为

$$\int_{V_{\text{int}}} (\rho_f^{(EM)} - \rho_0) dV$$

的连续结构基础，不能说明电荷离散性、正负分支稳定性、电荷稳定性和量子化单位保持性。为了解决这些问题，必须引入相位场 θ_f，并将电磁频段能量子结构写作：

$$\Psi_f^{(EM)} = \sqrt{\rho_f^{(EM)}} e^{i\theta_f}.$$

相位场为后续相位闭合、相位绕数和电荷量子化提供必要条件。

本节尚未解决的问题是：相位场已经被证明为必要，但尚未正式定义相位拓扑和相位绕数。下一节必须说明相位场如何在积分空间边界上形成闭合结构，为什么闭合路径上的相位变化必须满足整数条件，以及这如何为后续 $q = e_0 n$ 的推导奠定基础。

5.2 相位场与相位拓扑的定义

本节的问题是：相位场 θ_f 和相位拓扑在电荷量子化问题中应当如何定义？上一节已经说明，仅有密度偏差只能解释电荷的连续结构基础，不能解释电荷为何离散、为何稳定、为何具有正负分支、为何量子化单位能够保持。因此，本节必须正式引入相位场，并说明相位场如何与密度场共同构成电磁频段的局域结构。相位不是附加装饰，而是从密度偏差走向拓扑量子化的必要中介。

本节依赖 A1、A2、A3、A4 与元规范 M。A1 要求相位场不能成为独立于 ρ_f 的第二本体，而必须作为能量子密度场的结构自由度出现。A2 要求相位与频率、周期和能量模态相关，因此相位不是纯粹数学角度，而是频率化能量结构的演化标记。A3 要求相位结构必须与 ρ_f 的局域演化、能量子流、扩散、耗散、源项和涨落共同作用。A4 要求相位锁定与频率匹配受到共振核约束，不能任意设定。M 要求相位拓扑必须导出可检验后果，尤其是电荷量子化、相位绕数和可能的相位实验窗口，而不能只是解释性语言。

本节要推出的结论是：电磁频段能量子结构应被表示为具有幅度和相位的复合局域结构：

$$\Psi_f = \sqrt{\rho_f}, e^{i\theta_f}.$$

其中，ρ_f 表示幅度或密度，θ_f 表示相位自由度，$\nabla\theta_f$ 表示

相位梯度。相位拓扑则指相位场在闭合路径、积分空间边界和稳定局域结构中的全局闭合性质。对于稳定电荷结构而言，相位闭合不是可有可无的附属条件，而是从连续密度偏差走向离散电荷结构的必要条件。

首先，ρ_f 在表达式中表示幅度或密度。由于

$$\Psi_f = \sqrt{\rho_f}, e^{i\theta_f},$$

其模平方对应密度：

$$|\Psi_f|^2 = \rho_f.$$

在电磁卷中，当讨论电磁频段时，ρ_f 应具体理解为 $\rho_f^{(EM)}$。它描述某一频率分量或频带中的能量子密度分布。上一章已经说明，电荷的最低层结构来自 $\rho_f^{(EM)} - \rho_0$ 的局域偏差积分。因此，ρ_f 提供电荷的“量”的基础：哪里有偏差、偏差多大、偏差在什么积分空间中稳定。

但是，ρ_f 本身不包含完整的拓扑信息。两个密度分布可以具有相似的局域积分值，却对应不同的相位闭合结构；一个密度偏差可以连续变形而不改变其积分符号，却仍然不能说明量子化单位为何固定。因此，ρ_f 是必要的，但不是充分的。它告诉我们电荷结构“有多少偏差”，却不能单独告诉我们偏差为何只能形成离散电荷类别。

其次，θ_f 是相位自由度。相位自由度记录的是同一频率能量子密度场在局域结构中的周期状态、相干关系和闭

合行为。它不是传统意义上任意添加的波函数相位，也不是单纯的计算参数，而是电磁频段能量子结构中决定干涉、传播、锁定和拓扑分类的自由度。在连续传播区域，相位决定波动、偏振、相干和干涉；在局域积分空间中，相位决定闭合、绕数、分支和稳定性。

相位自由度的物理意义来自 A2。频率与能量之间满足

$$E = h\nu,$$

而相位是频率模态随过程演化的周期性标记。对于某一频率 f，相位变化与周期、振荡、传播和相干有关。若没有相位，自由态光子只能被描述为密度团块，电磁波也只能被描述为密度扩散；有了相位，$\rho_f^{(EM)}$ 才能够表现为相干波动、干涉结构和可量子化的闭合模态。

第三，$\nabla\theta_f$ 是相位梯度。相位梯度描述相位在空间中的变化方向和变化率。它与相干传播、局域流、相位锁定和拓扑绕数都有关。直观地说，ρ_f 描述“有多少能量子密度”，而 $\nabla\theta_f$ 描述“相位如何在空间中组织”。当相位梯度沿闭合路径积分时，就可能形成整数绕数条件：

$$\oint_{\partial V} \nabla\theta_f \cdot d\mathbf{l} = 2\pi n.$$

这一条件将在下一节正式展开。本节先说明：相位梯度是把局域相位变化转化为全局拓扑性质的桥梁。没有 $\nabla\theta_f$，相位只是局域角度；有了相位梯度及其闭合路径积分，相位

才获得拓扑含义。

第四，相位拓扑指的是相位场在闭合路径或积分空间边界上的全局结构。普通局域相位值可以通过连续变换改变，且其绝对值常常不具有直接可观测意义；但沿闭合路径的相位总变化量却可能受到整数条件约束。这种整数性不是来自密度大小，而是来自相位场必须在闭合路径上保持单值性、连续性和结构一致性。对于电荷量子化而言，真正重要的不是某一点的相位值，而是相位在 V_{int} 边界上的闭合行为。

因此，相位拓扑不是一般相位概念的重复，而是对稳定局域结构的边界条件描述。一个局域密度偏差若要成为稳定电荷结构，不能只要求其积分值稳定，还要求其相位结构在边界上闭合。如果相位在边界上不能自洽，局域结构可能无法保持稳定类别；如果相位绕数可以任意连续改变，电荷也不会表现为固定离散单位。相位拓扑正是把稳定性和离散性联系起来的机制。

上一章已经说明，电荷定义需要 V_{int} 作为物理积分空间，完整电荷定义见式 3.2.1。

但若 V_{int} 只是密度稳定区域，而不支持相位闭合，那么这个积分空间只能给出一个连续偏差结构，不能给出离散电荷。相位闭合要求在 ∂V_{int} 上，相位结构能够回到自身，并满足整数绕数条件。这样，积分空间不再只是体积边界，也是相位边界。

可以将稳定电荷结构的最低条件写成三层。第一层是密度条件：V_{int} 内存在稳定的 $\rho_f^{(EM)} - \rho_0$ 偏差。第二层是流条件：边界通量闭合或可补偿，使电荷积分不随时间任意变化。第三层是相位条件：θ_f 在边界上满足闭合结构，使电荷类别具有拓扑稳定性。只有这三层同时满足，电荷才可能从连续密度偏差结构转化为离散稳定结构。

第六，相位闭合也解释了为什么小扰动不应连续改变电荷类别。如果电荷只由密度积分决定，那么局域扰动似乎可以连续改变 q。但若电荷类别受到相位绕数约束，则局域密度形状的小变化不一定改变绕数 n。只要相位闭合没有被破坏，电荷类别可以保持不变。这种稳定性不是绝对不可破坏，而是需要跨越相位解锁、边界破裂或临界扰动才能改变。因此，相位拓扑为电荷稳定提供比密度平衡更强的结构约束。

第七，相位场与能量子流也有关。虽然本节不展开完整流—相位关系，但应指出，相位梯度通常与流动方向、相干传播和局域响应相关。上一章定义了电磁能量子流：

$$\mathbf{J}_f^{(EM)} = -D(f)\nabla\rho_f^{(EM)} + \rho_f^{(EM)}\mathbf{v}_f.$$

在更细致的相位描述中，$\mathbf{v}_f$ 或流的相干部分应与相位梯度存在关系。也就是说，相位不是静态边界标签，而会影响能量子流如何组织、束缚态如何形成、光子自由态如何传播。这一点将在后续三态、磁场和 QED 有效表象中继续发挥作用。

第八，相位拓扑必须受频率和共振条件限制。按照 A4，相位锁定不能任意发生，而必须与频率匹配、耦合宽度和局域稳定条件相关。一个积分空间能否支持相位闭合，取决于该区域内的频率模式是否能够形成稳定相位关系。如果频率严重失配，或者耗散过强，或者涨落项破坏相干，相位闭合就可能失效。由此，相位拓扑不是纯几何结构，而是频率—密度—边界—耦合共同决定的物理拓扑结构。

第九，相位场的引入也为后续规范结构的有效出现做准备。电磁理论中的规范自由度与相位变换有深刻关系。本书不把规范结构作为公设，但可以在后续说明：当相位场 θ_f 及其梯度成为电磁能量子结构的重要自由度时，某些规范形式可以作为相位描述冗余和有效场语言出现。也就是说，规范结构不是本章的起点，但相位场为其后续有效出现提供了必要基础。

本节与弱力—强力主线的关系在于：相位场和相位锁定并非电磁卷独有。强力—弱力卷中，高频凝结、强禁闭、弱衰变和强弱过渡区也可能涉及相位同步、频率匹配和局域锁定。但电磁卷中相位拓扑的主要任务，是解释电荷量子化、极性分支、自由态光子相干和 Maxwell/QED 有效结构。相同术语在不同频段中承担不同机制功能。电磁卷不能把强力凝结中的相位锁定直接移植为电荷量子化，也不能把弱力短寿命过程中的相位结构直接当作电磁传播相位。它必须在电磁频段中独立建立相位拓扑。

本节得到的定义和推论是：电磁频段能量子结构可以表示为

$$\Psi_f = \sqrt{\rho_f}, e^{i\theta_f}.$$

其中，ρ_f 是幅度或密度，θ_f 是相位自由度，$\nabla\theta_f$ 是相位梯度。相位拓扑是相位场在闭合路径和积分空间边界上的全局闭合结构；相位闭合是稳定电荷结构的必要条件。没有相位闭合，电荷只能是连续密度偏差；有了相位闭合，电荷才可能受到整数绕数约束并走向量子化。

本节尚未解决的问题是：相位场与相位拓扑已经定义，但整数性尚未正式推出。下一节必须进入相位闭合与拓扑绕数，说明为什么闭合路径上的相位变化必须满足

$$\oint_{\partial V_{\rm int}} \nabla\theta_f \cdot d\mathbf{l} = 2\pi n,$$

以及为什么这个整数 n 将成为电荷量子化的关键。

5.3 相位绕数与拓扑闭合条件

本节的问题是：相位场 θ_f 如何从局域自由度转化为能够约束电荷量子化的拓扑结构？上一节已经定义了电磁频段能量子结构：

$$\Psi_f = \sqrt{\rho_f}e^{i\theta_f}.$$

其中，ρ_f 表示幅度或密度，θ_f 表示相位自由度，$\nabla\theta_f$ 表示相位梯度。但是，仅仅引入相位场还不够。相位场只有在闭合路径、边界条件和积分空间上形成全局约束时，才能为电荷量子化提供结构来源。因此，本节必须进一步定义相位绕数，并说明为什么闭合路径上的相位变化必须满足整数条件。

本节依赖 A1、A2、A3、A4 与元规范 M。A1 要求相位绕数不能被理解为独立于 ρ_f 的新本体，而必须是能量子密度场相位结构的全局性质。A2 要求相位与频率、周期和谱量结构相关，因此绕数不是抽象数学装饰，而是频率化能量模态在闭合边界上的周期性约束。A3 要求相位闭合必须与局域稳定性、能量子流、耗散和涨落共同作用。A4 要求相位锁定与频率匹配受共振核限制，不能在任意频段和任意边界上自动成立。M 要求相位绕数必须导出可检验后果，尤其是电荷量子化，而不能只是用来事后解释已知电荷单位。

本节要推出的结论是：对于稳定电荷结构，积分空间边界上的相位变化必须满足拓扑闭合条件：

$$\oint_{\partial V} \nabla\theta_f \cdot d\mathbf{l} = 2\pi n.$$

其中，n 是相位绕数，且必须为整数。这个整数性是电荷量子化的拓扑来源。换言之，电荷之所以不能任意连续变化，不仅因为密度偏差在积分空间内稳定，还因为该积分空间边界上的相位闭合只能落入离散绕数类别。

首先，需要说明为什么要沿闭合路径积分相位梯度。局域相位值 $\theta_f(\mathbf{x}, t)$ 本身可以随参考选择、局域变换或描述方式发生变化，因此单点相位通常不是稳定物理量。但是，相位沿闭合路径的总变化量具有不同性质。若 $\Psi_f = \sqrt{\rho_f} e^{i\theta_f}$ 在闭合路径 ∂V 上是单值的，那么绕行一周后，物理状态必须回到自身。由于相位以 2π 为周期，闭合路径上的相位总变化量只能是 2π 的整数倍：

$$\Delta\theta_f(\partial V) = \oint_{\partial V} \nabla\theta_f \cdot d\mathbf{l} = 2\pi n.$$

这里的整数 n 就是相位绕数。它记录相位场在闭合路径上绕过相位周期的次数。

其次，n 必须为整数。这不是额外假设，而是相位周期性与单值性共同要求的结果。由于 $e^{i\theta_f}$ 在 $\theta_f \to \theta_f + 2\pi$ 下不变，闭合路径结束时的物理状态可以允许相位增加或减少 2π 的整数倍，但不能允许任意非整数倍。如果相位变化

不是 $2\pi n$，则闭合路径终点处的 Ψ_f 将与起点不一致，稳定闭合结构无法成立。由此，整数性来自相位场的拓扑闭合，而不是来自电荷定义的手工离散化。

第三，相位绕数不同于局域相位扰动。局域扰动可以改变 θ_f 在某些点上的数值，也可以改变 $\nabla\theta_f$ 的局部分布，但只要闭合路径没有断裂、相位场没有出现奇点、边界条件没有被破坏，整数绕数 n 就不能连续改变。要改变 n，系统必须经历相位解锁、边界断裂、穿越临界点或发生拓扑重组。正因如此，相位绕数能够为电荷稳定性提供比密度平衡更强的结构约束。

第四，相位绕数必须与积分空间 V_{int} 联系起来。上一章已经说明，电荷不是对任意空间区域的积分，而是对物理积分空间中的密度偏差积分，其完整表达见式 3.2.1。

现在需要进一步要求：若该积分结构要成为量子化电荷，那么 V_{int} 的边界 ∂V_{int} 必须同时支持相位闭合：

$$\oint_{\partial V_{\text{int}}} \nabla\theta_f \cdot d\mathbf{l} = 2\pi n.$$

也就是说，V_{int} 既是密度积分域，也是相位闭合域。只有当密度偏差与相位闭合发生在同一个物理积分空间中，电荷才可能从连续偏差变为离散结构。若某一区域有稳定密度偏差但无相位闭合，它可能是连续极化或局域扰动，而不是量子化电荷；若有相位闭合但无稳定密度偏差，它也不能被读出为电荷。

上一章的电荷定义本身允许连续取值，见式 3.2.1。

若没有进一步约束，积分值可以随着密度分布连续变化。相位闭合条件提供了额外限制：稳定可观测电荷结构必须落在某个整数绕数类别中。由此，电荷量不再由任意连续密度形状单独决定，而由密度偏差和相位绕数共同决定。后续章节将把这一关系推进到

在这一推导中，n 不是人为加入的电荷数，而是相位绕数；e_0 不是任意拟合常数，而应对应最小稳定相位—积分结构的电荷单位。

第六，相位绕数也为正负极性提供进一步基础。上一章已经用密度偏差方向给出两种极性分支：

$$\rho_f^{(EM)} > \rho_0 \Rightarrow \text{一种极性分支},$$

$$\rho_f^{(EM)} < \rho_0 \Rightarrow \text{另一种极性分支}.$$

但是，仅有密度符号不能完整解释极性稳定。相位绕数使极性分支可以具有拓扑方向。例如，不同符号的绕数、不同相位闭合方向或不同相位分支，可以与密度正负偏差结合，形成稳定的正负电荷类别。这样，正负电荷不再只是“多于背景”或“少于背景”的连续差异，而是密度偏差方向与相

位拓扑方向共同形成的结构类别。

第七，相位绕数与局域稳定性有关。A3 主方程中的扩散、对流、耗散、源项和涨落都可能扰动局域结构。如果电荷只是密度峰，扩散和涨落会使其连续变形；如果电荷同时具有相位绕数，那么小扰动只要不改变闭合路径的拓扑类别，就不会改变 n。这说明，电荷稳定性不能仅靠密度自持项解释，还需要相位拓扑保护。相位绕数越稳定，电荷类别越不容易被小扰动连续改变。

当然，相位拓扑并不意味着电荷结构绝对不可变。若系统受到足够强的外部扰动，或者边界通量打开，或者相位闭合被破坏，或者跨频耦合导致结构解锁，相位绕数可能发生跃迁。这样的跃迁不应被视为普通连续变化，而应被视为拓扑重组或相位解锁过程。后文在讨论电离、复合、强场释放和非平衡临界态时，可以利用这一思想。

第八，相位绕数必须受频率—空间条件限制。不是任意闭合路径都能承载稳定整数绕数，也不是任意积分空间都能形成电荷。相位闭合必须与频率—空间共振半径 R_c、局域稳定性和可耦合条件共同成立。若积分空间太小，可能无法容纳完整相位绕行；若太大，可能包含多个绕数结构或相反分支；若频率失配严重，相位不能稳定锁定；若耗散过强，闭合结构会迅速衰减。因此，相位绕数是物理拓扑量，而不是任意曲线积分。

这一点也防止相位绕数成为任意解释工具。若每一个电荷都可以事后指定一个路径和一个 n，理论就失去约束。相反，本书要求 ∂V_{int} 必须由密度稳定、边界通量、频率—空间共振、相位闭合和可耦合读出共同限定。只有在这些条件同时成立时，相位绕数才具有物理意义。否则，所谓 n 只是数学标记，而不是电荷量子化的来源。

第九，相位绕数为后续 Maxwell/QED 接口提供远期基础。Maxwell 极限中，电荷作为源项出现；QED 中，电荷作为耦合参数出现；量子相位结构则与规范自由度密切相关。本书不在这里推导规范理论，但相位绕数已经表明：电荷与相位结构之间存在更深联系。后文若要说明规范结构如何作为有效表象出现，就必须依赖本章建立的相位场、相位梯度和相位闭合框架。由此，电荷、相位、规范结构和 QED 耦合不再是彼此无关的概念，而可在同一生成链中获得位置。

本节与弱力—强力主线的关系在于：相位绕数和拓扑闭合并非只有电磁卷使用。高频强弱力区也可能存在相位锁定、拓扑结构或频率匹配条件。但在强力—弱力主线中，这些结构主要服务于凝结、短程耦合、禁闭或变频过程；在电磁卷中，它们服务于电荷量子化、极性稳定和后续光子/场结构。因此，本节的相位绕数不能被看作强力禁闭绕数或弱力过渡机制的简单复制，而是电磁频段中与电荷定义相结合的拓扑条件。

本节得到的定义和推论是：对于稳定电荷结构，相位场在积分空间边界上必须满足拓扑闭合条件：

$$\oint_{\partial V} \nabla\theta_f \cdot d\mathbf{l} = 2\pi n.$$

其中，n 是相位绕数，并且必须为整数。这个整数性来自相位周期性和闭合路径单值性，是电荷量子化的拓扑来源。相位绕数把连续密度偏差结构限制在离散拓扑类别中，为后续推出 $q = e_0 n$ 奠定基础。

本节尚未解决的问题是：虽然相位绕数已经给出了整数性来源，但还没有说明积分空间的尺度如何与频率、扩散、非线性自持和背景密度共同确定。下一节必须讨论频率—空间共振半径 R_c，说明什么样的空间尺度能够同时支持密度偏差、相位闭合和电荷量子化。

5.4 频率—空间共振半径 R_c

本节的问题是：稳定电荷结构的空间尺度如何确定？前几节已经说明，电荷不能只由密度偏差定义，还必须引入相位场、相位拓扑和相位绕数。上一节进一步指出，稳定电荷结构要求积分空间边界满足：

$$\oint_{\partial V_{\text{int}}} \nabla\theta_f \cdot d\mathbf{l} = 2\pi n.$$

但是，这仍然留下一个关键问题：什么样的积分空间能够同时支持密度偏差、相位闭合和局域稳定性？如果积分空间 V_{int} 仍然可以任意选取，那么相位绕数和电荷量子化也会失去物理约束。因此，本节必须引入频率—空间共振半径 R_c，用来说明积分空间的尺度不是任意数学选择，而是由频率、扩散、非线性自持、背景密度和耗散共同限定的物理尺度。

本节依赖 A1、A2、A3、A4 与元规范 M。A1 要求 R_c 不能作为独立空间本体引入，而必须是 $\rho_f^{(EM)}$ 的局域结构尺度。A2 要求 R_c 与频率—能量关系相关，因为不同频率模态具有不同传播、耗散和局域化条件。A3 要求 R_c 从 EQT 主方程中的扩散项、非线性自持项、耗散项和背景密度条件中获得意义。A4 要求 R_c 还受到跨频耦合和频率匹配条件限制。M 要求 R_c 不能成为任意调参半径；它必须限制 V_{int} 的选择，并产生可检验或可失败的后果。

本节要推出的结论是：积分空间 V_{int} 的尺度必须受到频率—空间共振条件限制。可以在简化情形下写出示意性关系：

$$R_c \sim \sqrt{\frac{D(f)}{k(f)\rho_0}},$$

也可以保留更一般形式：

$$R_c = R_c[D(f), k(f), \rho_0, \Gamma(f)].$$

这里，R_c 表示电磁频段能量子密度偏差能够形成稳定局域结构、支持相位闭合并成为可观测积分空间的特征半径。它不是新公设，而是对 V_{int} 的尺度约束。

首先，为什么需要 R_c？因为电荷定义中的 V_{int} 不能任意选择。若没有尺度约束，电荷定义见式 3.2.1。

就会产生任意性。选择不同大小的积分区域，可能得到不同的 q。相位绕数条件也会出现类似问题：若闭合路径任意选择，n 就可能成为事后指定的整数。为了避免这种任意性，必须说明：哪些空间尺度能够容纳稳定密度偏差和相位闭合，哪些尺度不能。R_c 的作用正是提供这一限制。

其次，R_c 来自扩散与非线性自持之间的平衡。在 A3 主方程中，扩散项

$$+D(f)\nabla^2\rho_f^{(EM)}$$

倾向于抹平局域密度偏差，而非线性自持项

$$k(f)(\rho_f^{(EM)})^m$$

倾向于维持或增强局域结构。若扩散远强于自持，密度偏差难以保持，积分空间无法稳定；若自持远强于扩散，局域结构可能趋向过度凝结，接近强禁闭式局域化，而不再表现为电磁弱束缚。稳定电荷结构需要二者之间形成平衡。简单量纲估计下，这种平衡可以给出类似

$$R_c \sim \sqrt{\frac{D(f)}{k(f)\rho_0}}$$

的特征尺度。

这个表达不应被理解为最终严格公式，而是一个最低阶尺度关系。它说明：扩散系数 $D(f)$ 越大，稳定结构需要更大的空间尺度；非线性自持系数 $k(f)$ 或背景密度 ρ_0 越大，局域结构可能在较小尺度上维持。具体形式还可能受到非线性阶数 m、耗散项 $\Gamma(f)$、源项 S_f、边界条件和相位结构影响。因此，更稳妥的表达是：

$$R_c = R_c[D(f), k(f), \rho_0, \Gamma(f)].$$

第三，R_c 还受到耗散项限制。耗散项

$$-\Gamma(f)\rho_f^{(EM)}$$

决定局域结构的寿命和相位保持能力。即使扩散与非线性自持达到某种平衡，如果耗散过强，密度偏差和相位闭合也可能无法在相关时间尺度上保持。此时，即使形式上存在某个积分区域，它也不能成为稳定 V_{int}。因此，R_c 不只是空间尺度，也是与时间尺度和耗散尺度相关的动态半径。稳定电荷结构要求在 R_c 内，密度偏差、相位闭合和边界通量至少在观测时间尺度上维持。

第四，R_c 必须与相位闭合条件相容。前一节已经指出，稳定电荷结构要求：

$$\oint_{\partial V_{\text{int}}} \nabla\theta_f \cdot d\mathbf{l} = 2\pi n.$$

这意味着 V_{int} 的边界不能只由密度衰减决定，还必须能够支持完整相位绕行。如果积分空间半径远小于相位闭合所需尺度，绕数结构无法形成；如果远大于稳定相位区域，边界上相位可能失锁或混入多个拓扑结构。于是，R_c 同时是密度稳定半径和相位闭合半径的交叠尺度。只有当密度稳定尺度与相位闭合尺度相容时，电荷量子化才有可能成立。

第五，R_c 使 V_{int} 的选择具有可检验约束。一个合理的电荷积分空间不应被任意指定，而应满足：

$$V_{\text{int}} \sim \mathcal{O}(R_c^3)$$

或在几何上由 R_c 所限定的局域结构决定。实际结构未必是球形，但其特征尺度应受 R_c 约束。若某一模型为了得到期望电荷值而任意扩大或缩小 V_{int}，它就违反了元规范 M。相反，如果 R_c 可以通过 $D(f)$、$k(f)$、$\Gamma(f)$、ρ_0 和相位条件独立估计，那么电荷定义就具有可检验性。

第六，R_c 也帮助解释为什么电荷结构可以具有尺度稳定性。若电荷只是任意积分，那么局域扰动、边界微调或观测尺度变化都可能连续改变 q。但若 V_{int} 被 R_c 限定，并且相位绕数 n 在该边界上保持稳定，那么小尺度扰动不会任意改变电荷类别。密度分布可以在 R_c 内重排，边界也可以有小幅波动，但只要频率—空间共振和相位闭合保持，电荷结构仍然处于同一类别。这为电荷稳定性提供了空间尺度基础。

第七，R_c 与分数电荷和有效电荷问题也有关。不同可耦合积分域可能对应不同有效电荷读出，而这些积分域的尺度不能任意选择，必须受各自频率—空间共振条件限制。某些内部结构或受限系统中，可观测电荷可能对应部分积分空间或拓扑受限区域；这不否定 V_{int}，反而说明 V_{int} 必须根据可耦合频率和空间尺度确定。R_c 因此为不同尺度下的有效电荷提供了约束工具，而不是任意解释工具。

第八，R_c 与电磁弱禁闭存在远期联系。电荷结构周围的局域光子壳层、屏蔽长度和弱束缚范围，都需要某种特征尺度。虽然这些内容将在后文展开，但可以提前指出：若 R_c 是电荷结构稳定的最低尺度，那么电磁弱禁闭的壳层尺度、屏蔽尺度和局域响应尺度都应与 R_c 或其派生尺度相关。这样，电荷量子化、局域屏蔽和光子壳层不再是分散概念，而可能共享同一频率—空间结构基础。

第九，R_c 还体现了电磁卷与强力—弱力主线的区别。强力高频区的局域化尺度可能由更强非线性自持、更小扩散长度和更强禁闭条件决定；弱力相关高频区的尺度可能由短寿命中介、耗散和变频宽度决定。电磁频段的 R_c 则应体现低耗散传播和弱束缚之间的平衡。也就是说，不同频段都可能存在特征尺度，但其机制来源不同。电磁卷不能借用强禁闭尺度，也不能借用弱衰变尺度，而必须在 $\rho_f^{(EM)}$ 的扩散、自持、耗散和相位闭合条件中确定自己的 R_c。

本节还必须说明 R_c 的失败条件。如果无法为 R_c 给出任何独立约束，V_{int} 就会退化为任意积分域；如果 R_c 与电荷稳定尺度、相位闭合尺度或可观测电荷单位没有关系，那么频率—空间共振半径就只是装饰性参数；如果 R_c 只能在每个案例中事后调整，电荷量子化推导也会失去可证伪性。因此，本书必须在后续尽可能把 R_c 与可比较的尺度、屏蔽长度、束缚半径、强场响应或数值模拟联系起来。

本节得到的定义和推论是：积分空间 V_{int} 的尺度不是任意选择，而应受到频率—空间共振半径 R_c 限制。在简化情形下，可以写作：

$$R_c \sim \sqrt{\frac{D(f)}{k(f)\rho_0}},$$

更一般地应写作：

$$R_c = R_c[D(f), k(f), \rho_0, \Gamma(f)].$$

R_c 表示电磁频段密度偏差能够稳定、相位结构能够闭合、边界通量能够受控、可观测电荷能够被读出的特征尺度。它使 V_{int} 从任意数学区域转变为受动力学和相位条件共同限定的物理积分空间。

下一节必须把密度偏差积分、物理积分空间、相位绕数和最小电荷单位连接起来，说明如何从式 3.2.1 推出式

4.5.1。

与

$$\oint_{\partial V_{\text{int}}} \nabla\theta_f \cdot d\mathbf{l} = 2\pi n$$

共同得到

5.5 电荷量子化的推导：$q = e_0 n$

本节的问题是：如何从电磁频段能量子密度场、物理积分空间和相位拓扑共同推出电荷量子化关系 $q = e_0 n$。

前几节已经分别完成了三个准备步骤。第一，电荷被定义为电磁频段能量子密度场相对于背景密度的局域偏差积分，见式 3.2.1。

第二，积分空间 V_{int} 被限定为由频率、边界、局域稳定性、频率—空间共振半径 R_c 和可耦合条件共同决定的物理积分域，而不是任意数学区域。第三，相位场 θ_f 及其拓扑闭合条件已经被定义：

$$\oint_{\partial V_{\text{int}}} \nabla\theta_f \cdot d\mathbf{l} = 2\pi n.$$

本节的任务，就是把这三条线合并起来，说明电荷为什么不只是连续密度偏差，而是在相位拓扑约束下表现为离散单位。

本节依赖 A1、A2、A3、A4 与元规范 M。A1 要求电荷量子化不能来自外加粒子属性，而必须来自 $\rho_f^{(EM)}$ 的结构。A2 要求量子化结构具有频率—能量意义，而不能只是形式整数。A3 要求电荷量子化必须与局域稳定性、扩散、自持、耗散、能量子流和涨落项相容。A4 要求相位闭合、频率匹配和可耦合读出受共振核限制。M 要求 $q = e_0 n$ 不能作为公设加入，而必须作为推导结果出现；如果无法推出，本卷关于电荷量子化的机制就必须被视为未完成。

本节要推出的结论是：

$$\rho_f^{(EM)} \to V_{\text{int}} \to \theta_f \to \oint \nabla\theta_f \cdot d\mathbf{l} = 2\pi n \to q = e_0 n.$$

这条链条的核心含义是：密度场提供电荷的量，积分空间提供电荷的边界，相位场提供电荷的拓扑闭合，相位绕数提供整数 n，最小稳定相位—积分结构提供单位 e_0，最终得到离散电荷 $q = e_0 n$。

第一步，从 $\rho_f^{(EM)}$ 到电荷密度偏差。按照 A1，电磁卷的基础对象是电磁频段能量子密度场，而不是电荷。因此，电荷不能先验存在，而必须从

$$\rho_f^{(EM)} - \rho_0$$

这样的局域偏差结构开始。若某一区域的 $\rho_f^{(EM)}$ 高于或低

于背景密度 ρ_0，并且这种偏差能够在一定空间范围内保持，它就提供了电荷结构的密度基础。但是，此时电荷仍然只是潜在结构。单纯密度偏差可以连续变化，尚不能保证离散性。

第二步，从密度偏差到 V_{int}。不是任意密度偏差都构成电荷。为了成为可观测电荷，偏差必须处在物理积分空间中：

$$V_{\text{int}}.$$

这个积分空间必须由频率—空间共振、边界通量、局域稳定性、可耦合读出和相位闭合条件共同限制。若缺少 V_{int}，电荷定义会变成任意体积分；若 V_{int} 不稳定，电荷值会随边界漂移；若 V_{int} 不能被外部读出，偏差就不能成为可观测电荷。因此，电荷量子化的第一道筛选不是相位，而是物理积分空间的选择。只有稳定积分空间中的偏差，才有资格进入相位拓扑约束。

第三步，从 V_{int} 到相位场 θ_f。即使密度偏差在 V_{int} 中稳定，电荷仍可能连续取值。要获得离散性，必须引入相位自由度：

$$\Psi_f^{(EM)} = \sqrt{\rho_f^{(EM)}} e^{i\theta_f}.$$

这里，$\rho_f^{(EM)}$ 给出密度幅度，θ_f 给出相位结构。相位场的作用不是替代密度场，而是为密度偏差增加拓扑边界条件。换言之，电荷不是单纯由“多少密度偏差”决定，而是由“偏差在什么相位闭合类别中稳定”决定。没有 θ_f，电荷定义只能停留在连续积分；有了 θ_f，积分空间可以被分成离散拓扑类别。

第四步，从相位场到相位绕数。对于稳定电荷结构，积分空间边界上的相位必须闭合：

$$\oint_{\partial V_{\text{int}}} \nabla\theta_f \cdot d\mathbf{l} = 2\pi n.$$

这里，n 是相位绕数。由于 $e^{i\theta_f}$ 的相位以 2π 为周期，闭合路径绕行一周后，物理状态必须回到自身。因此，相位总变化量只能是 2π 的整数倍。这个整数 n 不是电荷数的预设，而是相位拓扑的结果。它把原本可能连续变化的局域结构分成不同拓扑类别。

第五步，从相位绕数到电荷量子化。若稳定可观测电荷结构必须同时满足密度偏差积分和相位闭合条件，那么 q 的有效取值不再由任意连续密度形状单独决定，而由相位绕数类别限制。最小稳定闭合结构对应 $n = 1$ 或 $n = -1$ 的基本单位，多个绕数或多个相位闭合单元对应整数倍结构。于是电荷表现为：

$$q = e_0 n. \tag{4.5.1}$$

正文到此只保留电荷量子化的主推导链。附录 C 后续应改为补充推导，集中说明边界稳定性、V_{int} 的物理选择条件，以及 e_0 与最小稳定相位—积分单元的关系，而不再重复本节已经完成的主链。

这里，e_0 表示最小稳定相位—积分单元对应的电荷单位；$n \in \mathbb{Z}$ 表示相位绕数。由此，电荷量子化的来源不是外加电荷单位，而是密度偏差积分与相位拓扑闭合共同作用的结果。

需要强调的是，e_0 不能被简单当作人为设定的拟合常数。它应被理解为最小稳定电磁频段密度偏差结构在满足 V_{int}、R_c、相位闭合和可耦合条件后对应的电荷单位。在完整理论中，e_0 应当由最小稳定相位—积分结构确定。若 e_0 只能被外加指定，而不能与最小稳定结构联系起来，那么本书关于电荷量子化的推导仍然不完整。因此，本节可以提出 $q = e_0 n$，但必须承认 e_0 的更深计算需要后续参数标定和更严格模型。

这个推导也解释了为什么密度形状的连续变化不必导致电荷的连续变化。在同一个绕数 n 下，$\rho_f^{(EM)} - \rho_0$ 的局部分布可以发生连续重排，但只要积分空间、相位闭合和拓扑类别不变，电荷仍然保持同一个量子化类别。只有当相位闭合被破坏、绕数发生跃迁、边界结构重组或积分空间发生拓扑变化时，电荷才可能跃迁到另一个整数类别。这就是电荷量子化的稳定性来源。

这一点也说明了为什么电荷量子化与电荷守恒相互关

联但并不相同。电荷守恒要求在给定 V_{int} 中，密度偏差积分随时间保持不变或在更大系统中补偿；电荷量子化则要求稳定电荷结构落入整数相位绕数类别。前者主要依赖局域流守恒、边界通量闭合、成对涨落补偿和积分空间稳定；后者主要依赖相位闭合和拓扑绕数。一个结构可以在短时内守恒但未必量子化；只有同时满足相位拓扑条件，守恒电荷才成为离散电荷。

这个推导还可以重新解释正负电荷。上一章已经把正负分支初步定义为

$$\rho_f^{(EM)} > \rho_0$$

和

$$\rho_f^{(EM)} < \rho_0$$

两类偏差。现在可以进一步说，正负分支不仅与密度偏差方向有关，也与相位绕数方向或相位分支有关。正负电荷可以对应不同符号的 n，不同相位闭合方向，或密度偏差方向与绕数方向的特定组合。于是，电荷符号不再只是“高于背景”或“低于背景”，而是密度偏差与相位拓扑共同给出的极性类别。

这一路径也为分数电荷和有效电荷留下空间。若可观测积分空间不是完整外部电荷结构，而是某一内部可耦合子域、拓扑受限区域或集体激发区域，则可观测电荷可能表现为相对于外部单位的分数结构。这并不必然否定 $q = e_0 n$，

而可能说明不同层级的 V_{int}、相位闭合边界和可耦合读出方式不同。普通孤立电荷对应完整外部可读出的整数绕数结构；内部或受限系统中的有效分数电荷则可能对应部分积分域、拓扑约束或集体态的有效读出。关键在于，这些情况不能任意解释，必须由可耦合积分空间和相位边界独立限定。

从 A3 的角度看，电荷量子化还必须与动力学稳定相容。相位绕数本身给出整数类别，但要使该类别成为物理电荷，还需要密度结构在主方程下稳定。扩散项不能迅速抹平偏差；非线性自持项必须维持局域结构；耗散项不能破坏相位闭合；源项不能引入未补偿偏差；涨落项不能持续改变绕数。若主方程动力学不支持稳定结构，即使形式上存在相位绕数，也未必构成可观测电荷。因此，量子化来自相位拓扑，但物理实现还需要动力学稳定。

从 A4 的角度看，量子化电荷还必须是可耦合结构。一个拓扑闭合的密度偏差若无法与电磁读出、自由态光子、束缚态或物质结构耦合，就不能表现为可观测电荷。因此，$q = e_0 n$ 不只是内部数学关系，还必须能够进入外部电磁响应。频率匹配增强可观测性，频率失配削弱耦合。这一点将在后续 Maxwell/QED 极限中体现：量子化电荷最终必须表现为 Maxwell 源项和 QED 耦合参数。

本节还需要说明 $q = e_0 n$ 的失败条件。第一，如果 V_{int}

无法被物理限定，电荷量子化推导失败。第二，如果相位闭合条件不能与电荷积分空间对应，推导失败。第三，如果 n 只是事后指定的整数，而不能由相位场闭合得到，推导失败。第四，如果 e_0 无法与最小稳定相位—积分结构关联，推导不完整。第五，如果实验上存在不受积分空间和拓扑条件约束的任意连续孤立电荷，本书的电荷量子化机制将受到根本挑战。

本节与弱力—强力主线的关系在于：强力—弱力卷也需要说明某些量子数、耦合结构或稳定态为何离散，但其机制重点不同。强力中，离散结构可能与高频凝结、色结构和强禁闭相关；弱力中，离散结构可能与短寿命中介、变频规则和质量稳定相关。电磁卷中，离散性集中体现在电荷量子化上，其机制是密度偏差积分、物理积分空间和相位绕数的协同。因此，本节保持了系列方法的一致性，同时给出了电磁卷特有的量子化路径。

本节得到的定义和推论是：电荷量子化来自以下推导链：

$$\rho_f^{(EM)} \to V_{\text{int}} \to \theta_f \to \oint_{\partial V_{\text{int}}} \nabla\theta_f \cdot d\mathbf{l} = 2\pi n \to q = e_0 n.$$

其中，$\rho_f^{(EM)}$ 提供密度基础，V_{int} 提供物理积分边界，θ_f 提供相位自由度，相位绕数 $n \in \mathbb{Z}$ 提供整数性，e_0 表示最小稳定相位—积分结构对应的电荷单位。由此，电荷量子化不是公设，而是密度偏差、积分空间和相位拓扑共同作用的结果。

本节尚未解决的问题是：电荷量子化已经获得推导形式，但正负电荷的极性稳定仍需进一步说明。下一节必须讨论正负电荷的相位分支与极性冻结：为什么两类密度偏差不仅能够存在，而且能够稳定为相反极性；相位分支如何与密度偏差方向共同决定电荷符号；以及极性如何在扰动下保持。

5.6 正负电荷的相位分支与极性冻结

本节的问题是：在电荷已经被定义为密度偏差积分，并且电荷量子化已经通过相位绕数获得拓扑来源之后，正负电荷的极性应当如何理解？上一章已经给出正负电荷的初步密度基础：

$$\rho_f^{(EM)} > \rho_0 \Rightarrow \text{一种极性分支};$$

$$\rho_f^{(EM)} < \rho_0 \Rightarrow \text{另一种极性分支}.$$

但是，仅有密度偏差方向还不足以说明正负电荷的稳定性。若正负电荷只是密度高于或低于背景，那么极性似乎可以随着密度连续变化而连续转化。实际电荷则表现为稳定的正负类别，并且其量值受 $q = e_0 n$ 约束。因此，本节必须说明：正负电荷不是两种实体，而是同一电磁频段能量子密度场在不同相位—密度条件下形成的两类稳定分支。

本节依赖 A1、A2、A3、A4 与元规范 M。A1 要求正负电荷不能被设定为两种原初物质或两类独立本体，而必须从 $\rho_f^{(EM)}$ 的结构中区分。A2 要求极性分支具有频率—能量意义，不能只是符号约定。A3 要求极性分支必须能在主方程所描述的扩散、对流、非线性自持、耗散、源项和涨落作用下保持稳定。A4 要求极性分支与外部读出、束缚态、凝聚态或自由态光子的耦合受到频率匹配约束。M 要求正负电荷不能作为新公设加入，而必须作为密度偏差、相位分支和边界稳定共同作用的结果。

本节要推出的结论是：正负电荷不是两种实体，而是同一 $\rho_f^{(EM)}$ 场的两类稳定相位—密度分支。密度偏差方向给出极性的幅度基础，相位分支和相位绕数给出极性的拓扑基础，局域稳定性和边界闭合给出极性的动力学基础。只有这三者共同成立，正负电荷才不是连续扰动，而是稳定可读出的极性类别。

首先，正负电荷的密度基础来自 $\rho_f^{(EM)} - \rho_0$ 的符号。若在物理积分空间 V_{int} 内，电磁频段能量子密度高于背景，即

$$\rho_f^{(EM)} - \rho_0 > 0,$$

则该结构属于一种密度偏差分支；若

$$\rho_f^{(EM)} - \rho_0 < 0,$$

则属于另一种密度偏差分支。这个区分说明正负电荷不是两种不同材料，而是同一场相对于同一背景态的两种偏离

方式。然而，这仍然只是极性的第一层定义。它不能单独解释极性为何稳定，也不能说明极性为何与量子化电荷单位结合。

其次，正负电荷的拓扑基础来自相位分支。一个稳定电荷结构不仅要有密度偏差，还要满足相位闭合条件：

$$\oint_{\partial V_{\rm int}} \nabla\theta_f \cdot d\mathbf{l} = 2\pi n.$$

在这里，不同符号的 n、不同方向的相位绕行，或不同相位分支与密度偏差方向的组合，可以对应不同极性类别。也就是说，正负电荷不是单纯由“密度多”或“密度少”决定，而是由密度偏差方向与相位拓扑方向共同决定。可以概括为：

$$(\rho_f^{(EM)} - \rho_0,\ n) \Rightarrow \text{极性类别}.$$

这一表达比单纯的 $\rho_f^{(EM)} - \rho_0$ 更强，因为它说明极性不仅有幅度基础，还有拓扑类别基础。

第三，正负电荷的稳定性来自极性冻结。所谓极性冻结，不是说电荷永远不能变化，而是说一旦局域密度偏差、积分空间边界和相位绕数共同稳定，系统就进入一个极性分支；在没有相位解锁、边界破裂或跨越临界扰动的情况下，该分支不能连续转化为相反极性。换言之，正负电荷之间不是普通连续参数的平滑变形，而是不同相位—密度分支之间的结构跃迁。

这一点对于避免“连续穿越零点”的误解很重要。如果只看密度偏差，似乎可以从正偏差连续降到零，再变成负偏差。但对于稳定电荷而言，极性改变不仅要求密度积分穿过零，还要求相位绕数、边界闭合和局域稳定结构发生重组。电荷极性不是单一数值的符号，而是一个相位—密度—边界结构的类别。因此，极性改变更接近非平衡相变或相位解锁，而不是普通连续调节。

第四，极性冻结需要局域动力学支持。A3 主方程中的非线性自持项可以维持局域偏差，扩散项倾向于抹平偏差，对流项可能移动偏差边界，耗散项可能削弱结构，源项和涨落项可能触发扰动。一个极性分支要稳定，必须在这些项之间形成平衡。若非线性自持不足，极性结构会被扩散抹平；若耗散或涨落过强，相位闭合可能失效；若源项改变边界条件，极性可能解锁。因此，极性冻结不是纯拓扑概念，也必须是动力学稳定结构。

第五，极性分支还必须具有可耦合性。按照 A4，一个局域相位—密度分支是否成为可观测正电荷或负电荷，取决于它是否能与外部电磁读出、自由态光子、束缚态或凝聚态接口发生有效耦合。若某一分支不能被普通电磁窗口读出，它可能只是内部结构或暗性偏差，而不是可观测电荷。因此，正负电荷作为经验对象，必须同时满足极性分支稳定和可耦合读出两个条件。

这一框架也可以解释电荷—反电荷结构。反电荷不应被理解为另一种基本实体，而是同一 $\rho_f^{(EM)}$ 场的相反极性分支。两者在密度偏差方向、相位绕数方向或相位闭合类别上相反，并且在合适边界条件下可以发生补偿、湮灭或重组。所谓湮灭过程，在本框架中应理解为两个相反相位—密度分支在更大积分空间中重新组织，使净电荷偏差和相位拓扑结构发生抵消或转换，同时释放能量到自由态或其他可耦合频段。这一解释将在后续过程动力学中进一步展开。

本节还说明，电中性也不是没有结构，而是极性分支在相关积分空间中的补偿。一个复合系统可以包含多个局域相位—密度分支，但在外部可读出的 V_{int} 上，净偏差和净绕数可能相互抵消：

$$\sum_i q_i = e_0 \sum_i n_i \approx 0.$$

此时，系统外部表现为电中性，但内部仍可能存在极性结构、局域屏蔽和相位组织。这为后文解释介质极化、原子电中性和屏蔽效应提供了基础。

本节与弱力—强力主线的关系在于：强力—弱力卷中也存在分支稳定、锁定和跃迁问题，但其结果不同。在强力高频区，分支稳定可能导向强禁闭或强子化；在弱力相关高频区，分支变化可能表现为短寿命中介和变频衰变。电磁卷中的相位—密度分支则导向正负电荷、双极性、屏蔽和长程场。相同的公设和部分机制词在不同频段中产生不同结果，这正是系列结构的意义。

本节得到的定义和推论是：正负电荷不是两种实体，而是同一电磁频段能量子密度场的两类稳定相位—密度分支。密度偏差方向给出极性基础，相位绕数或相位分支给出拓扑类别，局域动力学和边界闭合给出稳定性。极性冻结表示，在没有相位解锁、边界破裂或临界扰动的情况下，一种极性分支不能连续转化为另一种极性分支。

本节尚未解决的问题是：电荷定义、量子化和极性稳定已经获得基本机制，但电荷守恒、相位守恒和规范结构之间的关系尚未统一。下一节必须说明，相位守恒、电荷守恒和规范结构的有效出现如何关联起来，并为后续从电荷结构进入自由态、束缚态、凝聚态以及 $\mathbf{E}, \mathbf{B}$ 的推导做好准备。

5.7 本章小结：电荷量子化不是公设，而是结果

本章首先保留第3章给出的电荷定义，见式 3.2.1。

但是，这一定义本身只能说明电荷的密度基础，不能单独说明电荷为什么量子化。本章因此引入相位场 θ_f、相位拓扑、相位绕数和频率—空间共振半径 R_c，并将它们与积分空间 V_{int} 结合起来，形成电荷量子化的推导链。

本章得到的第一项结论是：电荷定义来自密度偏差。电荷不是本卷的起点，而是 $\rho_f^{(EM)}$ 相对于背景密度 ρ_0 的局域偏差在物理积分空间中的稳定表达。这一层说明电荷“是什么”：它不是粒子不可再分析的内禀属性，也不是直接外加给 Maxwell 方程的源项，而是电磁频段密度场的一种局域可读出结构。没有这一层，电荷量子化就没有承载对象；但只有这一层，电荷仍可能连续取值。

本章得到的第二项结论是：电荷量子化来自相位拓扑。为了把连续密度偏差转化为离散结构，必须引入相位场：

$$\Psi_f = \sqrt{\rho_f}, e^{i\theta_f}.$$

其中，ρ_f 给出幅度或密度，θ_f 给出相位自由度。相位场在积分空间边界上必须满足拓扑闭合条件：

$$\oint_{\partial V_{\text{int}}} \nabla\theta_f \cdot d\mathbf{l} = 2\pi n.$$

这里，n 是相位绕数，并且必须为整数。这个整数性不是新增公设，而是相位周期性和闭合路径单值性的结果。它使电荷结构不能在稳定闭合条件下任意连续变化，而必须落入离散拓扑类别。

本章得到的第三项结论是：电荷量子化的推导链为：

$$\rho_f^{(EM)} \to V_{\text{int}} \to \theta_f \to \oint_{\partial V_{\text{int}}} \nabla\theta_f \cdot d\mathbf{l} = 2\pi n \to q = e_0 n.$$

这条链条说明，$\rho_f^{(EM)}$ 提供密度基础，V_{int} 提供物理积分边界，θ_f 提供相位自由度，相位绕数 n 提供整数性，e_0 表示最小稳定相位—积分结构对应的电荷单位。因此，$q = e_0 n$ 不是被直接设为电荷公设，而是密度偏差、积分空间和相位拓扑共同作用的结果。

本章得到的第四项结论是：电荷极性来自密度分支与相位分支的稳定化。正负电荷不是两种不同实体，而是同一电磁频段能量子密度场的两类稳定相位—密度分支。密度偏差方向给出极性的幅度基础：

$$\rho_f^{(EM)} > \rho_0 \quad \text{或} \quad \rho_f^{(EM)} < \rho_0,$$

相位绕数方向、相位闭合类别或相位分支给出极性的拓扑基础。极性冻结意味着，在没有相位解锁、边界破裂或临界扰动的条件下，一种极性分支不能连续转化为另一种极性分支。

本章还说明，积分空间 V_{int} 不是任意选取的数学区域，而是由频率、相位、边界、局域稳定性和可耦合条件共同限定。频率—空间共振半径 R_c 用来约束这一积分空间的尺度。在简化情形下，可以写作：

$$R_c \sim \sqrt{\frac{D(f)}{k(f)\rho_0}},$$

更一般地可以写作：

$$R_c = R_c[D(f), k(f), \rho_0, \Gamma(f)].$$

这说明 V_{int} 不能为了得到某个电荷值而任意调节。电荷量子化的有效性依赖于积分空间、相位闭合和动力学稳定三者的共同约束。

本章与弱力—强力主线的关系也由此得到明确。强力—弱力卷同样不能把量子数、耦合常数或中介结构直接作为不可解释公设，而必须在对应频段的密度场、相位结构、耦合机制和稳定条件中获得说明。电磁卷采取同样的公设化方法，但其核心结果是电荷量子化、正负极性和后续 Maxwell/QED 接口，而不是强力式禁闭或弱力式短寿命衰变。

本章尚未解决的问题是：电荷已经获得定义、量子化和极性稳定机制，但电荷还不是完整电磁理论。下一步必须说明，电磁频段能量子在不同条件下如何表现为自由态、束缚态和凝聚态。没有三态结构，就无法定义光子，无法解释局域光子层，无法处理吸收、辐射、电离和复合，也无法从量子化电荷进入电场、磁场和 Maxwell/QED 极限。

下一章因此必须出现。它将把电磁频段能量子的存在模式分为自由态、束缚态和凝聚态，并说明光子为什么应被理解为 $\rho_f^{(EM)}$ 的自由态激发，局域电磁结构为什么对应束缚态，质量子接口为什么属于凝聚态相关结构。由此，电磁理论将从“电荷如何形成”推进到“电磁对象如何以不同状态存在”。

第三部分

电磁对象的存在模式与场结构

第六章　电磁频段能量子的三种存在模式：自由态、束缚态与凝聚态

6.1　为什么必须先定义三态

本节的问题是：在已经完成电荷定义、电荷量子化和正负极性机制之后，为什么还不能直接进入电场、磁场或 Maxwell 方程，而必须先定义电磁频段能量子的三种存在状态？这个问题决定了第三篇的理论位置。前两篇已经说明，电荷来自 $\rho_f^{(EM)}$ 的局域密度偏差，电荷量子化来自相位拓扑，正负电荷来自密度分支与相位分支的稳定化。但是，电磁力不仅涉及电荷本身，还涉及光子、局域电磁结构、带电粒子附近的束缚模式、吸收、辐射、电离、复合以及后续的电磁场表象。若不先区分自由态、束缚态和凝聚态，这些对象就会在同一层级中混杂出现，导致推导顺序再次变得模

糊。

本节依赖 A1、A2、A3、A4 与元规范 M。A1 要求光子、局域光子层和质量子接口不能作为与 ρ_f 并列的新本体，而必须作为 $\rho_f^{(EM)}$ 的不同状态出现。A2 要求这些状态具有频率—能量意义，不能只是经验分类。A3 要求三态差异来自主方程中非线性自持、扩散、对流、耗散、源项和涨落项的不同平衡。A4 要求自由态、束缚态和凝聚态之间的转换受到频率匹配和洛伦兹共振核约束。M 要求三态划分必须为后续光子定义、弱禁闭、过程动力学和可证伪性提供具体条件，而不能成为松散分类。

本节要推出的结论是：在进入 **E**、**B**、Maxwell 极限和 QED 有效表象之前，必须先定义电磁频段能量子的三态结构。自由态用于定义光子；束缚态用于定义局域光子层、屏蔽结构和电荷附近的局域电磁结构；凝聚态用于说明质量子接口和带电物质结构；三态转换则为吸收、辐射、电离和复合提供动力学基础。

因此，本章在全书中的功能应被限定为“状态中介层”：它不重新定义电荷，也不提前推导场方程，而是在电荷量子化之后、场结构之前，说明电磁频段能量子以何种状态参与传播、局域束缚和物质接口。这样，第5章便成为第6章有效场表象和第7章 Maxwell 极限之间的必要桥梁。

首先，若不区分三态，就无法定义光子。光子不能在本卷中作为原初粒子直接出现。按照 A1，基础对象是 $\rho_f^{(EM)}$，因此光子必须是这一密度场在特定条件下的状态结果。它既不是任意局域密度偏差，也不是束缚在电荷附近的电磁结构，更不是质量子凝聚态。光子应被定义为电磁频段能量子密度场的自由态量子激发。所谓自由态，指的是 $\rho_f^{(EM)}$ 在无局域闭合、低耗散传播、相位可持续并可被量子化读出的条件下形成的传播模式。若没有自由态概念，光子就会被迫作为基础粒子或传统 QED 对象直接引入，从而破坏本书的推导顺序。

其次，若不区分三态，就无法定义局域光子层。电荷结构周围并不只有自由传播的光子，也可能存在被局域边界、相位条件和频率匹配限制的电磁能量子分布。这样的结构既不同于远场自由态光子，也不同于质量子本身。它更适合被理解为束缚态电磁能量子结构。后文所谓光子壳层、电磁弱禁闭、屏蔽长度、局域极化和虚光子云的有效对应，都需要以束缚态为前提。若没有束缚态概念，电荷周围的局域电磁结构就会在“真实光子”“虚光子”“电场”或“粒子属性”之间摇摆，无法形成清楚机制。

第三，若不区分三态，就无法说明电子、质子或其他带电结构附近的束缚结构。带电结构并不是抽象点源。按照本书前文，电荷是 $\rho_f^{(EM)} - \rho_0$ 在 V_{int} 中的稳定偏差结构，并受相位拓扑约束。这样的电荷结构通常依附于某种局域物质结构或质量子接口。电子、质子等对象附近的电磁结构，不应被简单看作“粒子自带的场”，而应被分析为电磁频段束缚态与凝聚态接口之间的关系。束缚态说明电磁能量子如何被局域结构锁定；凝聚态说明质量子或物质结构如何为电荷和束缚态提供稳定边界。

第四，若不区分三态，就无法说明质量子接口。电磁卷不以质量生成为主线，但电磁相互作用几乎总是在带质量结构、带电结构或凝聚边界附近发生。若没有凝聚态概念，电荷似乎悬浮在抽象空间中，光子吸收和辐射似乎没有局域接口，电子和质子附近的电磁结构也无法被纳入统一框架。凝聚态在本卷中的作用，是提供电磁结构与质量子或物质稳定结构之间的接口。它不取代强力—弱力卷或引力卷中的质量机制，但为电磁卷说明“电磁能量子如何与局域物质结构耦合”提供必要位置。

第五，若不区分三态，就无法解释吸收、辐射、电离和复合。电磁过程不是静态对象的排列，而是状态转换。吸收可以理解为自由态电磁能量子进入束缚态或局域结构；辐射可以理解为束缚态或局域激发向自由态释放；电离可以理解为束缚态被外部输入破坏并导致局域结构解锁；复合可以理解为自由或准自由结构重新进入束缚态并释放能量。若没有三态结构，这些过程只能被分别描述为“吸收光子”“发射光子”“打出电子”“重新结合”，而无法形成统一动力学。

三态划分也使 A3 主方程的不同项获得更清楚的解释。自由态主要对应低耗散传播、弱局域闭合和相位可传播条件；束缚态主要对应非线性自持、边界稳定、相位锁定和受限流结构；凝聚态则对应更强局域稳定、质量子接口和长期驻留结构。扩散项、对流项、耗散项、源项和涨落项在三态中发挥不同作用。也就是说，三态不是现象分类，而是 A3 主方程在不同平衡条件下的状态类型。

三态划分还使 A4 的作用变得明确。自由态、束缚态和凝聚态之间不能任意转换。吸收、辐射、电离和复合都要求频率匹配、相位关系和耦合宽度满足特定条件。洛伦兹共振核

$$A(\nu_B, \nu_F) = \frac{A_0}{(\nu_B - \nu_F)^2 + \gamma^2}$$

规定了不同状态或频段之间的耦合强度。若频率匹配，转换更容易发生；若频率失配，转换被压制。因此，三态转换不是任意叙述，而是受 A4 约束的过程。

本节与强弱力卷的边界只需保留一点：三态是系列通用状态语言，但在本卷中只服务于电磁频段的自由光子、局域束缚结构和质量子接口；它不能被理解为把强禁闭或弱衰变机制移植到电磁力中。

本节得到的定义和推论是：在进入电场、磁场、Maxwell

极限和 QED 有效表象之前，必须先区分电磁频段能量子的自由态、束缚态和凝聚态。没有自由态，就无法定义光子；没有束缚态，就无法定义局域光子层和电磁弱禁闭；没有凝聚态，就无法说明质量子接口；没有三态转换，就无法统一解释吸收、辐射、电离和复合。

本节尚未解决的问题是：虽然已经说明必须定义三态，但尚未正式定义自由态。下一节必须首先定义自由态，说明光子为什么应被理解为 $\rho_f^{(EM)}$ 的自由态量子激发，以及自由态必须满足哪些低耗散、无局域闭合、相位可传播和可量子化读出条件。

6.2 自由态：光子的 EQT 定义

本节的问题是：在 EQT 电磁卷中，光子应当如何定义？在标准量子理论中，光子是电磁场的量子；在实验读出中，光子表现为可被吸收、发射、散射和探测的离散能量包。这些表述具有充分的物理有效性，但在本卷中仍不能直接作为公设使用。按照 A1，基础对象不是光子，而是按频率分族的能量子密度场 $\rho_f(\mathbf{x},t)$。因此，光子必须被重新放置在推导顺序中：它不是电磁理论的起点，而是电磁频段能量子密度场在特定条件下的自由态量子激发。

本节依赖 A1、A2、A3、A4 与元规范 M。A1 要求光子不能作为独立于 ρ_f 的基本实体出现，而必须作为 $\rho_f^{(EM)}$

的一种状态。A2 要求光子的能量由谱量关系给出：

$$E = h\nu.$$

因此，光子不是任意能量团块，而是频率标记明确的电磁自由态激发。A3 要求光子的传播、稳定性、耗散和涨落都要与电磁频段主方程有关。A4 要求光子的吸收、辐射和束缚态转换受频率匹配与洛伦兹共振核约束。M 要求光子定义不能成为为了回收 QED 而添加的特设假设；若光子不能作为 $\rho_f^{(EM)}$ 的自由态结果获得，本卷的量子电磁接口就不能成立。

本节要推出的结论是：光子是电磁频段能量子密度场 $\rho_f^{(EM)}$ 的自由态量子激发。更完整地说，光子是在无局域闭合、低耗散传播、相位可持续、频率可标记并可被离散读出的条件下，$\rho_f^{(EM)}$ 所表现出的自由传播激发。它不是公设，不是独立于 ρ_f 的实体，也不是任意电磁扰动；它是电磁频段自由态的量子读出。

首先，光子不是公设。若本卷一开始就规定“光子存在”，那么吸收、辐射、QED 传播子和虚光子等对象就会重新进入传统量子场论的起点，$\rho_f^{(EM)}$ 只能成为对光子的另一种解释语言。这样的顺序与本书的生成性目标相反。本书必须先有 $\rho_f^{(EM)}$，再有自由态，再有光子。推导顺序应写为：

$$\rho_f^{(EM)} \to 自由态 \to \gamma.$$

这里的 γ 表示作为自由态量子激发读出的光子。这个顺序保证光子不是本体起点，而是由电磁频段密度场在特定状态下表现出来的对象。

其次，光子不是独立于 ρ_f 的实体。它不应被理解为漂浮在场之外的微小粒子，也不应被理解为与电磁能量子密度场并列的第二种存在物。光子是 $\rho_f^{(EM)}$ 的自由态激发方式。所谓自由态，指的是该激发不被局域电荷结构、质量子接口或束缚态边界锁定，可以在电磁频段中以低耗散方式传播，并保持可读出的频率和相位结构。也就是说，光子的“粒子性”来自自由态激发的离散读出，光子的“波动性”来自 $\rho_f^{(EM)}$ 的场结构和相位传播。

这种定义可以自然容纳波粒二象性。若观察条件强调传播、干涉、偏振和相位相干，则光子表现出波动特征；若观察条件强调吸收、发射、探测事件和能量交换，则光子表现为离散激发。二者不是两种本体的竞争，而是同一 $\rho_f^{(EM)}$ 自由态在不同读出条件下的表现。光子不在场之外，光子就是电磁频段能量子密度场的一种自由态读出。

第三，光子是无局域闭合的传播模式。上一章讨论电荷时，局域稳定结构需要积分空间 V_{int}、相位闭合和相位绕数。光子则不同。光子作为自由态，不要求形成局域电荷积分空间，也不要求在某一 V_{int} 内闭合为带电结构。它可以具有频率和相位，但不被局域边界固定为电荷或束缚态。

可以说，电荷是局域闭合结构，光子是自由传播激发。二者都来自 $\rho_f^{(EM)}$，但状态条件不同。

无局域闭合并不意味着没有相位结构。光子仍然可以具有相位、偏振、波矢和相干性。这里的“无局域闭合”只表示它没有被固定在某个积分空间中形成稳定电荷或束缚态结构。光子可以穿过空间、与物质相互作用、被吸收或散射；但在自由态中，它不属于某个局域 V_{int} 的稳定闭合结构。正是这种无局域闭合，使光子成为传播而非静态束缚对象。

第四，光子是低耗散传播模式。电磁频段之所以能够产生自由态光子，关键在于该频段满足低耗散传播条件。A3 主方程中的耗散项

$$-\Gamma(f)\rho_f^{(EM)}$$

必须足够小，或者在相关传播尺度上不致迅速抹除自由态激发。若耗散过强，自由态激发会很快衰减，难以形成可传播光子；若非线性自持过强，自由态可能被局域锁定，趋向束缚态或凝聚态。光子的存在要求传播、耗散和相位保持之间形成特定平衡。

这种平衡也说明了为什么光子不同于弱力短寿命中介。弱力相关高频激发常表现为短寿命、强耗散或变频过程；电磁自由态则表现为相对稳定、可长程传播的低耗散激发。二

者都可以是频率化能量结构，但在 A3 主方程中对应不同的耗散和耦合条件。电磁卷必须明确这一点，以避免把所有量子中介都混同为同一类对象。

第五，光子具有频率标记和能量量纲。按照 A2，光子的能量满足

$$E = h\nu.$$

因此，光子不是连续场中任意大小的能量包，而是频率确定的自由态量子激发。频率 ν 决定其能量尺度，也决定其与束缚态、凝聚态和物质结构的耦合条件。吸收和辐射不是任意能量交换，而是特定频率模式之间的转换。因此，光子的 EQT 定义必须同时包含自由态条件和频率标记条件：

$$\gamma_\nu = \text{电磁频段 } \rho_f^{(EM)} \text{ 在频率 } \nu \text{ 上的自由态量子激发}.$$

这里的 γ_ν 表示频率为 ν 的光子自由态。

第六，光子的吸收和辐射必须受 A4 约束。自由态光子可以与束缚态或凝聚态结构发生转换，但这种转换不能任意发生。根据 A4，跨状态或跨频段耦合由洛伦兹共振核约束：

$$A(\nu_B, \nu_F) = \frac{A_0}{(\nu_B - \nu_F)^2 + \gamma^2}.$$

若自由态光子的频率 ν_F 与某一束缚态或局域结构频率 ν_B 匹配，则吸收或耦合增强；若频率失配，则转换被压制。因此，光子不是随意进入物质结构的粒子，而是受频率匹配、

相位条件和边界结构约束的自由态激发。后文讨论吸收、辐射、电离和复合时，必须以这个转换条件为基础。

第七，光子的自由态定义为 QED 有效表象奠定基础。QED 中，光子作为电磁场量子出现；在本书中，这一对象将被解释为 $\rho_f^{(EM)}$ 的自由态量子激发。这样，QED 的光子并没有被否定，而是被重新定位。QED 保留其计算有效性；EQT 则尝试说明光子为什么能够作为自由态对象出现。后续 QED 有效表象章节将进一步说明，真实光子对应自由态激发，虚光子对应涨落谱和线性响应表象，二者都不需要被放在 A1 之前。

第八，光子的自由态定义也为 Maxwell 极限奠定基础。单个或少数自由态激发表现为光子；大量自由态激发在高占有数、相位可平均和弱梯度条件下，则表现为连续电磁波和经典电磁场。由此，光子和 Maxwell 波不是两个不相容的层级，而是同一 $\rho_f^{(EM)}$ 在不同占有数和平均尺度下的表现。可以写作：

$$\text{低占有数自由态} \Rightarrow \gamma,$$

$$\text{高占有数自由态平均} \Rightarrow \text{连续电磁波}.$$

这个关系将在后续 Maxwell 极限推导中进一步展开。

第九，光子的定义必须包含失败条件。若无法从 $\rho_f^{(EM)}$ 的自由态条件中区分光子与束缚态，光子定义失败；若光

子的能量不能与 $E = h\nu$ 对应，A2 接口失败；若自由态无法在低耗散条件下保持传播，电磁频段定义失败；若光子吸收和辐射不能受共振核约束，A4 接口失败；若 QED 中的光子对象无法在该定义下获得有效位置，本卷的量子电磁接口不完整。因此，光子的 EQT 定义不是单纯命名，而是带有明确理论风险的状态定义。

与强弱力卷相比，本节只强调光子的电磁特征：低耗散、相位可传播、可长程读出。强力区的禁闭激发和弱力区的短寿命中介不应被直接等同于本卷的自由态光子。

本节得到的定义和推论是：光子是电磁频段 $\rho_f^{(EM)}$ 的自由态量子激发。它不是公设，不是独立于 ρ_f 的实体，而是无局域闭合、低耗散传播、频率可标记、相位可持续并可被离散读出的传播模式。其基本生成链为：

$$\rho_f^{(EM)} \to \text{自由态} \to \gamma_\nu, \qquad E = h\nu.$$

本节尚未解决的问题是：光子作为自由态已经定义，但电磁现象中还存在大量局域束缚结构，例如电荷附近的电磁分布、局域光子层、屏蔽结构和电磁弱禁闭的前身。下一节必须定义束缚态，说明电磁能量子如何在局域频率匹配、相位锁定和边界稳定条件下形成非自由传播结构。

6.3 束缚态：局域光子层与

电磁相互作用

本节的问题是：如果光子是电磁频段 $\rho_f^{(EM)}$ 的自由态量子激发，那么电荷结构附近那些不表现为远场自由传播、却又明显参与电磁相互作用的局域电磁结构应当如何定义？上一节已经说明，光子不是公设，而是无局域闭合、低耗散传播、频率可标记并可被离散读出的自由态激发。但是，电磁相互作用并不只包含自由传播光子。带电结构附近存在局域电磁响应、屏蔽、极化、近场作用和束缚能量分布。若这些结构不被区分出来，就会被混同为“虚光子”“电场本身”或“粒子自带属性”。本节因此必须定义束缚态。

本节依赖 A1、A2、A3、A4 与元规范 M。A1 要求束缚态不能作为独立实体出现，而必须是 $\rho_f^{(EM)}$ 的一种状态。A2 要求束缚态具有频率—能量意义，即其形成依赖特定电磁频段或频带的能量子结构。A3 要求束缚态的稳定性来自主方程中非线性自持、扩散、对流、耗散、源项和涨落项之间的平衡。A4 要求束缚态与质量子、电荷结构、自由态光子或凝聚态接口之间的耦合受到洛伦兹共振核约束。M 要求束缚态必须具有可区分的条件和失败标准，不能成为对所有局域电磁现象的泛化称呼。

本节要推出的结论是：束缚态是电磁能量子在质量子或电荷结构附近，被局域频率—相位条件锁定后形成的非自由传播结构。它不同于自由态光子，也不同于凝聚态质量子接口。束缚态为后文的局域光子层、屏蔽结构、电磁弱禁闭、QED 虚光子云有效表象和电磁相互作用近场机制提供必要基础。

首先，束缚态不是自由态。自由态的核心特征是无局域闭合、低耗散传播和可远程读出；束缚态的核心特征则是局域锁定。所谓局域锁定，是指某些电磁频段能量子不再以自由态方式向远场传播，而是在电荷结构、质量子接口或局域边界附近形成受限分布。这样的结构具有频率选择性、相位相关性和空间局域性。它可以参与相互作用、屏蔽和能量交换，但不等同于一个自由传播光子。

可以将束缚态写作一种状态关系：

$$\rho_f^{(EM)} \xrightarrow{\text{局域频率—相位锁定}} \rho_{f,\text{bound}}^{(EM)}.$$

这里，$\rho_{f,\text{bound}}^{(EM)}$ 表示电磁频段能量子密度场在局域束缚条件下的分布。它不是新的基础场，而是 $\rho_f^{(EM)}$ 的一种状态。它也不是传统意义上单个粒子的“附属云”，而是局域频率—相位条件下形成的能量子结构。

其次，束缚态通常发生在质量子或电荷结构附近。电荷结构已经在前两章中被定义为 $\rho_f^{(EM)} - \rho_0$ 在 V_{int} 中的稳定密度偏差，并受到相位绕数约束。这样的结构会改变周围电磁频段的密度分布、相位分布和能量子流。质量子或凝聚态接口则提供更强的局域边界和能量驻留条件。电磁能量子在这些结构附近可能被局域吸引、锁定、延迟或重排，从而形成束缚态。

这里需要避免把束缚态理解为强力式禁闭。电磁束缚态不是不可分离的强禁闭结构，而是可扰动、可屏蔽、可释放、可重排的局域结构。它可以在外部扰动、频率匹配变化、相位解锁或能量输入下转化为自由态。正是这种“局域可束缚但不绝对封闭”的特点，使束缚态成为第9章电磁弱禁闭的前提。

第三，束缚态由局域频率条件决定。按照 A2，能量与频率相关；按照 A4，耦合强度由频率匹配决定。电磁能量子能否在某一电荷结构或质量子附近形成束缚态，取决于其频率是否与局域结构的可耦合模式匹配。若自由态频率 ν_F 与局域束缚模式 ν_B 接近，则耦合增强：

$$A(\nu_B, \nu_F) = \frac{A_0}{(\nu_B - \nu_F)^2 + \gamma^2}.$$

若 $|\nu_B - \nu_F|$ 很大，耦合被压制，自由态更可能穿过或散射，而不是被束缚。因此，束缚态不是任意光子停留在电荷附近，而是频率匹配、边界条件和相位条件共同满足时形成的局域状态。

第四，束缚态由相位条件决定。频率匹配只是必要条件之一，还必须有相位锁定或相位相容。若局域结构不能维持稳定相位关系，电磁能量子即使短时停留，也难以形成束缚态。相位锁定可以被理解为自由态或准自由态电磁能量子在局域边界附近与已有相位结构形成稳定关系，使其不再自由传播，而进入受限模式。后文的局域光子层、屏蔽和弱禁闭都需要这种相位锁定。

这说明束缚态与电荷量子化章节具有连续关系。电荷本身依赖相位绕数和积分空间闭合；束缚态则依赖局域相位锁定和频率匹配。二者不是同一对象，但都使用相位结构。电荷是相位—密度结构在 V_{int} 中形成的量子化偏差；束缚态是电磁能量子在该结构附近形成的局域受限分布。

第五，束缚态由边界条件决定。一个束缚态必须有某种局域边界，使电磁能量子不再自由逃逸。这种边界可以来自电荷结构的密度梯度，可以来自质量子或凝聚态接口，可以来自相位闭合区域，也可以来自介质或外部场形成的有效势结构。边界条件不一定是硬边界，而可以是频率—相位—密度共同形成的软约束。束缚态的空间范围因此通常与频率—空间共振半径、屏蔽长度或局域响应长度相关。

若边界太弱，能量子不能保持局域结构，束缚态退化为自由态散射；若边界太强，结构可能趋向凝聚态或强禁闭式局域化，不再属于电磁弱束缚。电磁束缚态位于二者之间：它足够稳定，可以形成局域结构；又足够可释放，可以参与辐射、吸收、屏蔽和动态响应。

第六，束缚态由 A3 主方程中的项共同维持。非线性自持项支持局域结构；扩散项倾向于使束缚分布向外展开；对流项决定能量子是否流入、流出或形成环流；耗散项决定束缚态寿命；源项可以补充或触发束缚；涨落项可能扰动束缚结构。束缚态存在的条件，可以概括为这些项之间在局域区域内达到准稳态平衡：

$$\frac{\partial \rho_{f,\mathrm{bound}}^{(EM)}}{\partial t} \approx 0$$

在相关观测尺度上成立，或者其变化可以由边界通量和源耗项解释。这样，束缚态不是静态对象，而是动态维持的局域结构。

第七，束缚态为局域光子层提供定义基础。所谓局域光子层，可以理解为电荷或质量子附近束缚态电磁能量子的空间分布。它不是自由态光子的堆积，也不是电荷的附加属性，而是 $\rho_f^{(EM)}$ 在局域频率—相位锁定条件下形成的壳层式或近场式分布。可以示意写作：

$$\rho_{f,\mathrm{shell}}^{(EM)}(r) \subset \rho_{f,\mathrm{bound}}^{(EM)}.$$

这里的“壳层”不必预设为几何球壳，而是指围绕局域带电或凝聚结构形成的受限分布。其形状取决于边界、频率、相位、介质和电荷结构本身。后文第9章将进一步把它发展为电磁弱禁闭机制。

第八，束缚态为电磁相互作用提供近场机制。传统表述中，电磁相互作用可以通过场、势或虚光子交换描述。本书不是否定这些描述，而是尝试给它们更底层的状态结构。自由态光子解释远场传播和量子辐射；束缚态解释近场作用、局域屏蔽、极化结构和非传播响应。QED 中的虚光子云，在本卷中可以被重新理解为某种涨落—响应表象，而束缚态和局域光子层则为这种表象提供机制背景。也就是说，近场电磁相互作用不必被理解为大量真实自由光子的交换，而可以理解为电磁频段能量子在局域结构附近的束缚、涨落和响应。

第九，束缚态为吸收和辐射过程提供中介状态。吸收可以理解为自由态电磁能量子在频率匹配和相位锁定条件下进入束缚态：

$$\text{自由态} \to \text{束缚态}.$$

辐射则可以理解为束缚态在相位解锁、能级转换或局域结构重组后释放为自由态：

$$\text{束缚态} \to \text{自由态}.$$

电离可以理解为束缚态被破坏，导致局域结构解锁；复合则可以理解为自由或准自由结构重新进入束缚态并释放自由态光子。这些过程将在第10章系统展开，但必须以本节定义的束缚态为基础。

第十，束缚态也具有失败条件。若无法区分束缚态和自由态，光子定义与局域光子层定义都会模糊；若束缚态无法由频率匹配、相位锁定和边界条件约束，而只是被任意指定，那么它就会成为解释性标签；若束缚态无法与屏蔽长度、近场响应、吸收辐射过程或 QED 有效表象产生联系，第9章的电磁弱禁闭机制也将失去基础。因此，束缚态必须在后续章节中接受物理约束，而不能作为万能概念使用。

与强弱力卷相比，电磁束缚态的核心特征是弱束缚、可屏蔽、可释放和可响应；它不是强禁闭的低能版本，也不是弱力中介的长期形式。

本节得到的定义和推论是：束缚态是电磁能量子在质量子或电荷结构附近，被局域频率—相位条件锁定形成的非自由传播结构。它不是光子自由态，也不是独立实体，而是 $\rho_f^{(EM)}$ 的局域受限状态。它为局域光子层、电磁弱禁闭、屏蔽结构、近场电磁相互作用、吸收辐射过程和 QED 有效表象奠定基础。

本节尚未解决的问题是：束缚态已经说明局域电磁结构如何形成，但电磁卷仍需说明这些结构与质量子或物质稳定边界的接口。下一节必须定义凝聚态，说明质量子接口如何为电荷结构和束缚态提供更稳定的局域边界，同时避免把电磁卷转化为质量生成理论。

6.4 凝聚态：质量子接口与局域稳定结构

本节的问题是：在电磁卷中，为什么需要讨论凝聚态？前两节已经定义了自由态和束缚态。自由态用于说明光子作为电磁频段 $\rho_f^{(EM)}$ 的低耗散传播激发；束缚态用于说明电磁能量子如何在电荷结构或局域边界附近被频率—相位条件锁定。但是，电磁相互作用通常并不发生在完全抽象的空域中，而是发生在带质量结构、带电结构、原子、分子、凝聚介质或局域物质边界附近。若没有凝聚态概念，本卷就无法说明电荷结构依附何处、束缚态边界如何形成、吸收和辐射过程在哪里发生。因此，本节必须引入凝聚态，但同时要明确：电磁卷不重新写质量生成理论。

本节依赖 A1、A2、A3、A4 与元规范 M。A1 要求凝聚态不能作为独立于 ρ_f 的新本体，而必须是能量子密度场在特定频率、边界和稳定条件下形成的局域稳定结构。A2 要求凝聚态与频率—能量结构相关，不能只是普通物质对象的名称。A3 要求凝聚态的稳定性来自非线性自持、扩散、对流、耗散、源项和涨落项之间的长期平衡。A4 要求电磁频段与凝聚态或质量子接口之间的耦合受到洛伦兹共振核约束。M 要求本节不能把“质量子接口存在”作为保护性前提，而必须限定其在电磁卷中的功能和边界。

本节要推出的结论是：凝聚态在电磁卷中不是质量生成理论的主线，而是电磁相互作用的局域接口。它的作用主要有三项：第一，提供电荷结构的锚点；第二，提供束缚态边界；第三，提供吸收、辐射和电离过程的局域接口。电磁卷只需要在这些功能范围内讨论凝聚态，不能滑向关于质量本源、粒子谱或物质生成的总论。

首先，凝聚态为电荷结构提供锚点。前文已经定义，电荷是 $\rho_f^{(EM)} - \rho_0$ 在物理积分空间 V_{int} 内的稳定偏差结构，并且其量子化来自相位拓扑和相位绕数。然而，现实中的电荷通常并不是漂浮在无结构空间中的抽象积分，而是与电子、质子、离子、原子核、缺陷态、准粒子或其他局域物质结构相关。换言之，电荷结构需要一个相对稳定的局域背景或锚点，使 V_{int}、相位闭合和边界条件能够保持。

在本书中，这一锚点可由凝聚态或质量子接口提供。所谓凝聚态，不是简单指固体物理中的凝聚物质，而是指能量子密度场在某些频段和局域条件下形成的稳定驻留结构。它可以为电磁频段的偏差积分提供边界、中心、尺度和耦合对象。没有这样的锚点，电荷结构就可能被扩散项抹平、被对流项带走，或在涨落中失去可观测稳定性。

其次，凝聚态为束缚态提供边界。上一节已经说明，束缚态是电磁能量子在质量子或电荷结构附近被局域频率一相位条件锁定形成的非自由传播结构。这里的“附近”

并不是随意空间位置，而是由局域稳定结构提供边界。质量子接口或凝聚态结构可以形成频率匹配条件、相位锁定区域和密度梯度边界，使电磁能量子从自由态转入束缚态。

因此，凝聚态不是束缚态本身，而是束缚态形成的局域边界条件。可以写成：

$$\rho_f^{(EM)} + \text{凝聚态接口} \to \rho_{f,\text{bound}}^{(EM)}.$$

这表示，当自由或准自由的电磁频段能量子遇到合适的凝聚态边界，并满足频率匹配、相位锁定和局域稳定条件时，它可能形成束缚态。若没有凝聚态或质量子接口，某些束缚态就缺少边界来源，局域光子层和屏蔽结构也难以成立。

第三，凝聚态为吸收、辐射和电离提供局域接口。吸收不是抽象地“光子消失”，而是自由态电磁能量子进入某个局域结构，并转化为束缚态、激发态或内部能量重排。辐射也不是抽象地“光子产生”，而是局域结构中的束缚态或激发态释放能量，转化为自由态光子。电离则是外部输入破坏局域束缚，使电荷结构、束缚态或相位闭合发生解锁。所有这些过程都需要发生在某种局域接口上，而凝聚态正是这一接口的理论位置。

例如，吸收过程可以抽象写作：

$$\text{自由态 } \gamma_\nu + \text{凝聚态接口} \to \text{束缚态或局域激发}.$$

辐射过程可以写作：

$$\text{束缚态或局域激发} \to \text{自由态 } \gamma_\nu + \text{凝聚态接口重排}.$$

电离过程则可以写作：

$$\text{束缚态} + \text{外部能量输入} \to \text{解锁结构} + \text{自由态或准自由结构}.$$

这些表达不是完整动力学方程，但它们说明：凝聚态在本卷中承担过程接口功能。没有这一接口，电磁过程就会变成自由态和束缚态之间的抽象切换，而缺少实际发生位置。

第四，凝聚态必须受 A4 频率匹配约束。自由态光子能否被某个局域结构吸收，束缚态能否释放为自由态，电离能否发生，均取决于电磁频段与凝聚态内部模态之间的频率匹配。洛伦兹共振核

$$A(\nu_B, \nu_F) = \frac{A_0}{(\nu_B - \nu_F)^2 + \gamma^2}$$

规定了这种耦合强度。若自由态频率与局域接口的可激发频率匹配，吸收或转化更容易发生；若频率失配，电磁能量子更可能透射、反射或散射，而不形成稳定束缚。由此，凝聚态接口不是任意吸收器，而是受频率谱结构约束的耦合边界。

第五，凝聚态必须与 A3 动力学稳定相容。一个局域接口之所以能长期存在，是因为主方程中的自持、扩散、耗

散、源项和涨落在该结构中达到稳定或准稳定平衡。若接口本身不稳定，电荷结构和束缚态也难以稳定。若接口过于强烈地吸收或耗散电磁能量子，则自由态传播被抑制；若接口耦合过弱，则无法形成束缚态或吸收过程。因此，凝聚态接口必须位于一个适当的稳定区间：足以提供边界，弱于强力式不可释放禁闭，并能允许可逆或部分可逆的状态转换。

第六，凝聚态不应被误解为电磁卷的新基础对象。它在本卷中的地位是接口，而不是起点。本卷不重新推导质量如何形成，不讨论全部物质谱结构，也不把凝聚态作为独立公设。凝聚态之所以被引入，是因为电磁现象需要局域稳定边界。它服务于电荷锚定、束缚态形成和过程动力学，而不是替代 $\rho_f^{(EM)}$ 成为新的基础对象。全书仍然必须保持如下顺序：

$$\rho_f^{(EM)} \to \text{电荷} \to \text{相位拓扑} \to \text{三态} \to \text{电磁场与过程动力学}.$$

凝聚态只能出现在“三态”层级中，不能倒置为电磁理论的本体起点。

第七，凝聚态与电荷结构之间存在双向关系。一方面，凝聚态为电荷提供锚点；另一方面，电荷结构也会改变凝聚态附近的电磁能量子分布。带电结构周围的束缚态、电磁屏蔽、极化重排和局域光子层，都可能是电荷结构与凝聚态接口共同作用的结果。这种双向关系并不意味着电荷和凝聚态彼此循环定义，因为二者在推导层级上不同：电

荷先由 $\rho_f^{(EM)}$ 的偏差积分定义，凝聚态则提供其稳定读出的局域边界和过程接口。

第八，凝聚态也为后续电场和磁场推导提供现实背景。电场和磁场虽然最终要从密度梯度、能量子流、相位滞后和旋度结构中推出，但这些结构在现实中往往由带电物质、导体、介质、原子、等离子体或局域边界产生和调制。凝聚态接口因此不是场推导的公设，而是场结构发生、被调制和被读出的物理背景。后文讨论 Maxwell 极限时，源项、边界条件和介质响应都可在这一接口概念下获得更清楚的位置。

第九，凝聚态也具有失败条件。如果凝聚态接口无法与电荷结构、束缚态边界或吸收辐射过程产生明确关系，那么它在电磁卷中就是多余概念；如果凝聚态被扩大为质量生成总论，就会破坏电磁卷的聚焦；如果所有电磁过程都被任意归入凝聚态接口，而无频率匹配和边界条件约束，则该概念失去可证伪性。因此，本节必须把凝聚态的作用限制在三个方面：电荷锚点、束缚态边界、过程接口。

与强弱力卷相比，本节只保留凝聚态的接口功能：为电荷锚定、束缚态边界和吸收—辐射过程提供局域条件；质量生成或物质谱结构不在本卷展开。

本节得到的定义和推论是：凝聚态在电磁卷中指为电

磁结构提供局域稳定边界的质量子接口或稳定驻留结构。它不是电磁卷的基础对象，也不是质量生成理论的重新展开。它的主要作用是：提供电荷结构的锚点，提供束缚态边界，提供吸收、辐射和电离的局域接口。由此，电磁三态中的凝聚态为自由态与束缚态的转换提供现实发生位置。

本节尚未解决的问题是：自由态、束缚态和凝聚态已经分别定义，但三者之间的关系尚未统一。下一节必须给出三态转换的基本图式，说明吸收、辐射、电离和复合如何分别对应自由态、束缚态和凝聚态之间的转换，并为后续过程动力学奠定结构基础。

6.5 三态转换的基本图式

本节的问题是：自由态、束缚态和凝聚态之间如何相互转换？前几节已经分别定义了三种状态。自由态是电磁频段 $\rho_f^{(EM)}$ 的低耗散传播模式，光子是其量子化读出；束缚态是电磁能量子在电荷结构或质量子接口附近，被局域频率—相位条件锁定形成的非自由传播结构；凝聚态则是在本卷中作为质量子接口或局域稳定边界出现，为电荷结构、束缚态和电磁过程提供锚点。现在必须进一步说明：这些状态不是静态分类，而是可以相互转换的动力学结构。没有三态转换，吸收、辐射、电离和复合就只能作为现象名称出现，不能成为本书内部的机制结果。

本节依赖 A1、A2、A3、A4 与元规范 M。A1 要求自由态、束缚态和凝聚态都不能作为独立本体，而必须是 ρ_f 在不同频率、边界、相位和稳定条件下的状态。A2 要求三态转换必须服从频率—能量关系 $E = h\nu$，因此吸收和辐射不是任意能量交换，而是具有频率选择性的状态转换。A3 要求三态转换由主方程中的扩散、对流、非线性自持、耗散、源项和涨落共同约束。A4 要求自由态、束缚态和凝聚态之间的耦合受洛伦兹共振核控制。M 要求三态转换必须具有明确条件和失败边界，不能成为把任何电磁过程都纳入理论的泛化叙述。

本节要推出的结论是：电磁频段能量子的基本状态图式为

$$\text{自由态} \leftrightarrow \text{束缚态} \leftrightarrow \text{凝聚态}.$$

其中，吸收可以理解为自由态向束缚态转换；辐射可以理解为束缚态向自由态转换；电离可以理解为束缚态破裂并导致局域结构解锁；复合可以理解为束缚态重建并伴随能量重新分配或自由态释放。这个图式为后续第10章的电磁过程动力学提供结构基础。

首先，三态转换的基本关系可以写作：

$$\rho_{f,\text{free}}^{(EM)} \leftrightarrow \rho_{f,\text{bound}}^{(EM)} \leftrightarrow \rho_{f,\text{condensed}}.$$

这里，$\rho_{f,\text{free}}^{(EM)}$ 表示电磁频段自由态激发，典型读出是光子；$\rho_{f,\text{bound}}^{(EM)}$ 表示局域束缚态电磁能量子结构，如电荷附近的光子层、近场响应或屏蔽结构；$\rho_{f,\text{condensed}}$ 表示作为质量子接口或稳定局域边界的凝聚态结构。这个图式不是说三者是三种互不相关的物质，而是说同一能量子密度场体系在不同条件下具有不同存在模式。

第二，吸收可以定义为自由态向束缚态的转换：

$$\text{自由态} \to \text{束缚态}.$$

在电磁语境中，吸收不是简单地说“光子消失”，而是自由态电磁能量子在遇到合适局域结构时，被频率匹配、相位锁定和边界条件捕获，进入束缚态或局域激发结构。若一个自由态光子 γ_ν 的频率 ν_F 与某一局域束缚模式 ν_B 匹配，则耦合增强：

$$A(\nu_B, \nu_F) = \frac{A_0}{(\nu_B - \nu_F)^2 + \gamma^2}.$$

当 $|\nu_B - \nu_F|$ 较小时，自由态更容易进入束缚态；当频率失配较大时，吸收被压制，系统更可能表现为透射、反射或散射。因此，吸收不是任意能量输入，而是受 A4 约束的自由态—束缚态转换。

吸收还要求相位条件。即使频率接近，如果自由态的相位结构无法与局域边界形成稳定关系，也未必能形成束缚态。吸收过程因此应被理解为三个条件的共同实现：频率匹配、相位锁定和边界稳定。用更完整的结构写，就是：

$$\gamma_\nu + \text{局域接口} \to \rho_{f,\text{bound}}^{(EM)}$$

其中，“局域接口”可以是电荷结构、原子、分子、介质、凝聚态边界或其他质量子相关结构。

第三，辐射可以定义为束缚态向自由态的转换：

$$\text{束缚态} \to \text{自由态}.$$

辐射不是凭空产生光子，而是局域束缚态或激发态在相位解锁、能量重排或边界条件改变时，将一部分电磁能量子释放为低耗散传播的自由态激发。也就是说，辐射过程可以写作：

$$\rho^{(EM)}_{f,\text{bound}} \to \gamma_\nu + \text{局域结构重排}.$$

这里，释放出的自由态光子频率由能量差、局域模式频率和共振条件共同决定，并满足 $E = h\nu$。在本书框架中，辐射并不是束缚态“失去能量”的单纯描述，而是束缚态结构在特定条件下向自由态传播模式的转换。

辐射与吸收互为相反方向，但二者并不完全对称。吸收要求自由态能够进入局域边界；辐射要求局域束缚态能够解锁并释放到可传播频段。耗散、介质环境、相位扰动和边界结构都会影响辐射效率。若释放后的自由态频段具有低耗散传播条件，则形成可观测光子；若释放后迅速耗散，则可能表现为热化、局域损耗或非辐射跃迁。因此，辐射必须同时满足能量、频率、相位和传播条件。

第四，电离可以定义为束缚态破裂。电离不是单纯“电子被打出”的描述，而是局域束缚结构在外部输入、强场扰动或频率匹配激发下失去稳定边界，使原有束缚态、相位锁定或电荷结构发生解锁。可以写作：

$$\text{束缚态} + \text{外部输入} \to \text{解锁结构} + \text{自由态或准自由态}.$$

这里的外部输入可以是自由态光子、强电场、碰撞过程或其他频率匹配的扰动。若输入能量和频率足以破坏局域相位锁定或边界通量闭合，束缚态就会破裂。电离因此是束缚态稳定条件失效的过程，而不仅是粒子脱离势阱的传统图像。

从 A3 角度看，电离对应主方程平衡的破坏。外部源项 S_f 增强，局域密度分布被重排；扩散和对流项可能使原本局域的电磁能量子流出；相位闭合可能失效；耗散和涨落可能加速解锁。若这些效应超过束缚态的稳定阈值，电离发生。由此，电离是三态转换中的临界过程：它不是普通自由态—束缚态小幅转换，而是束缚态边界的破裂。

第五，复合可以定义为束缚态重建。复合不是简单“两个粒子靠近并结合”，而是自由态或准自由态结构在合适条件下重新建立局域频率匹配、相位锁定和边界稳定，形成束缚态。可以写作：

$$\text{准自由结构} + \text{凝聚态或电荷接口} \to \text{束缚态} + \text{能量释放}.$$

在许多情况下，复合伴随辐射，因为束缚态重建需要释放多余能量，使系统进入稳定局域结构。释放的能量可以形成自由态光子，也可以进入其他局域模式或耗散通道。因此，复合常常表现为束缚态重建与自由态释放的组合过程。

复合过程也必须满足 A4 的频率匹配条件。若准自由结构与局域接口频率严重失配，复合概率较低；若频率匹配且相位条件合适，复合增强。复合还要求边界条件能够重新形成。如果局域环境过强扰动、耗散过大或相位随机化严重，即使能量条件满足，也可能无法形成稳定束缚态。

第六，三态转换说明电磁过程具有统一结构。吸收、辐射、电离和复合看似是不同现象，但在本书中都可归入自由态、束缚态和凝聚态之间的状态转换。吸收是自由态进入束缚态；辐射是束缚态释放为自由态；电离是束缚态破裂并产生准自由结构；复合是准自由结构重新进入束缚态。凝聚态或质量子接口在其中提供局域边界和稳定锚点。由此，电磁过程不再是现象列表，而是同一状态空间中的转换规则。

第七，三态转换为后续电磁弱禁闭提供基础。电磁弱禁闭不是强力式不可分离禁闭，而是电磁能量子在局域结构附近形成可释放、可屏蔽、可扰动的束缚态。若没有自由态—束缚态转换，弱禁闭就无法解释为何局域结构既能保持，又能辐射、吸收或解锁。若没有束缚态—凝聚态接口，弱禁闭也无法解释为何电荷附近会形成局域光子层。第9章将把这里的束缚态和三态转换进一步发展为电磁弱禁闭机制。

第八，三态转换也为 QED 有效表象提供基础。真实光子对应自由态激发；近场响应、虚光子云和局域涨落可与束缚态和线性响应结构联系；物质场和带电结构则与凝聚态接口相关。QED 的成功计算不需要在这里重建，但本节提供一种状态语言：QED 中的不同对象，可以在 EQT 中作为不同状态或状态转换的有效表象获得位置。这样，光子、虚光子、吸收、辐射和散射不再是彼此孤立的概念。

第九，三态转换必须具有失败条件。若无法清楚区分自由态和束缚态，光子定义和局域光子层定义都会混乱；若无法解释吸收和辐射为何受频率匹配约束，A4 接口失败；若电离和复合不能被表述为束缚态破裂和重建，过程动力学缺乏统一结构；若三态转换无法与实验上可观测的吸收谱、发射谱、电离阈值或复合辐射联系起来，它就只是概念分类。因此，三态图式必须在后续章节中接受更具体的动力学和经验约束。

与强弱力卷相比，三态转换在本卷中只用于解释吸收、辐射、电离和复合等电磁过程；高频凝结、强禁闭和弱衰变不进入本章主线。

本节得到的定义和推论是：电磁频段能量子的三态转换基本图式为

$$\text{自由态} \leftrightarrow \text{束缚态} \leftrightarrow \text{凝聚态}.$$

其中，吸收是自由态向束缚态转换；辐射是束缚态向自由态转换；电离是束缚态破裂和局域结构解锁；复合是束缚态重建并通常伴随能量释放。三态转换受频率匹配、相位锁定、边界稳定和局域动力学共同约束。

本节尚未解决的问题是：三态已经定义，三态转换图式也已建立，但本章还需要收束这些结果，说明自由态、束缚态和凝聚态如何共同为后续电场、磁场、Maxwell/QED 极限、电磁弱禁闭和过程动力学奠定基础。下一节必须作为本章小结，明确三态结构在全书推导链中的位置。

6.6 本章小结

本章的任务，是在完成电荷定义、电荷量子化和正负极性机制之后，进一步说明电磁频段能量子如何以不同状态存在。前几章已经建立了从 $\rho_f^{(EM)}$ 到电荷、相位拓扑和 $q = e_0 n$ 的推导链。但电磁理论不能停留在电荷层面。若要进一步说明光子、局域光子层、电磁弱禁闭、吸收、辐射、电离、复合以及后续的电场、磁场和 Maxwell/QED 极限，就必须先区分电磁频段能量子的存在模式。本章因此引入自由态、束缚态和凝聚态三态结构。

本章得到的核心结论是：光子、局域光子层、质量子接口不是三种无关对象，而是电磁频段 $\rho_f^{(EM)}$ 在不同条件下的三种存在模式。自由态对应低耗散传播和光子读出；束缚态对应局域频率—相位锁定和光子层结构；凝聚态对应质量子接口和局域稳定边界。三者不是并列本体，而是同一能量子密度场体系在不同频率、相位、边界、耗散和耦合条件下的状态分化。

首先，本章定义了自由态，并据此给出光子的 EQT 定义。光子不是本卷的公设，也不是独立于 ρ_f 的实体，而是电磁频段能量子密度场的自由态量子激发。其基本关系可以写作：

$$\rho_f^{(EM)} \to \text{自由态} \to \gamma_\nu, \qquad E = h\nu.$$

自由态的特征是无局域闭合、低耗散传播、频率可标记、相位可持续并可被离散读出。由此，光子的波动性和粒子性不再被视为两个并列本体的矛盾，而是同一 $\rho_f^{(EM)}$ 自由态在不同读出条件下的表现：传播、干涉和相干体现其场结构；吸收、发射和探测事件体现其离散读出。

其次，本章定义了束缚态，并将其作为局域光子层和电磁相互作用近场结构的基础。束缚态是电磁能量子在质量子或电荷结构附近，被局域频率—相位条件锁定形成的非自由传播结构。它不同于自由态光子，也不同于凝聚态接口。其基本关系可以写作：

$$\rho_f^{(EM)} \xrightarrow{\text{局域频率—相位锁定}} \rho_{f,\text{bound}}^{(EM)}.$$

束缚态为电荷周围的局域电磁结构、屏蔽、极化、近场响应和光子壳层提供机制位置。它也为后续“电磁弱禁闭”奠定基础：电磁能量子可以在局域结构附近被束缚，但这种束缚不同于强力式不可释放禁闭，而是可扰动、可屏蔽、可释放、可重排的弱束缚结构。

第三，本章定义了凝聚态在电磁卷中的作用。凝聚态在这里不是质量生成理论的重新展开，而是电磁过程中的质量子接口和局域稳定边界。它主要承担三项功能：为电荷结构提供锚点，为束缚态提供边界，为吸收、辐射和电离提供局域接口。也就是说，凝聚态在本卷中的位置是接口性和边界性的，而不是本体起点。电磁作用经常发生在质量子或物质结构附近，但本卷只在电磁机制所需范围内讨论这一接口。

第四，本章建立了三态转换的基本图式：

$$\text{自由态} \leftrightarrow \text{束缚态} \leftrightarrow \text{凝聚态}.$$

这一图式使吸收、辐射、电离和复合获得统一解释。吸收是自由态向束缚态转换；辐射是束缚态向自由态转换；电离是束缚态破裂和局域结构解锁；复合是束缚态重建并通常伴随能量释放。由此，电磁过程不再只是现象列表，而成为自由态、束缚态和凝聚态之间受频率匹配、相位锁定、边界稳定和局域动力学约束的状态转换。

第五，本章明确了 A4 在电磁过程中的作用。自由态、束缚态和凝聚态之间不能任意转换。吸收、辐射、电离和复

合都要求频率匹配、相位相容和耦合宽度满足条件。洛伦兹共振核

$$A(\nu_B, \nu_F) = \frac{A_0}{(\nu_B - \nu_F)^2 + \gamma^2}$$

规定了状态之间的耦合强度。频率越匹配，状态转换越容易发生；频率越失配，转换越被压制。因此，三态图式不是自由联想，而是受统一公设约束的状态结构。

第六，本章也说明了 A3 主方程在三态中的不同表现。自由态对应低耗散传播、相位可持续和无局域闭合；束缚态对应局域频率—相位锁定、边界通量受限和非线性自持；凝聚态对应更强的局域稳定、质量子接口和长期驻留结构。扩散项、对流项、非线性自持项、耗散项、源项和涨落项在三态中以不同平衡方式出现。三态不是现象分类，而是主方程在不同条件下的状态分化。

本章与强弱力卷的边界已经限定：三态是系列通用术语，但电磁卷只使用它们来说明自由态光子、束缚态光子层、凝聚态接口以及吸收、辐射、电离和复合。强禁闭、弱衰变和高频凝结只作为边界参照，不进入本章推导主线。

本章得到的定义和推论可以概括为三点。第一，光子是电磁频段 $\rho_f^{(EM)}$ 的自由态量子激发，而不是本卷公设。第二，局域光子层和近场电磁结构来自电磁能量子的束缚态，而不是独立本体。第三，质量子接口和局域稳定结构在本

卷中属于凝聚态功能，为电荷锚定、束缚态边界和过程转换提供局域条件。由此，光子、局域光子层和质量子接口被统一为 $\rho_f^{(EM)}$ 的三种存在模式。

本章尚未解决的问题是：三态结构已经说明电磁对象如何存在和转换，但还没有推出电场与磁场。自由态、束缚态和凝聚态说明的是状态类型；电场和磁场说明的是这些状态的密度梯度、能量子流、相位滞后和运动响应如何在有效场语言中表现出来。下一章因此必须进入从密度梯度到电场与磁场的推导。

下一章将回答两个问题：第一，为什么 $\mathbf{E}$ 只能作为密度梯度的有效表象出现；第二，为什么 $\mathbf{B}$ 只能作为能量子流旋度、相位滞后和运动响应的有效表象出现。完成这一步之后，才有资格进入第7章的 Maxwell 极限，而不是把 Maxwell 变量提前作为本体前提。

第七章　从密度梯度到电场与磁场

7.1　为什么不能把 E, B 作为基础公设

本节的问题是：为什么本书不能直接把电场 $\mathbf{E}$ 和磁场 $\mathbf{B}$ 作为基础公设？这个问题必须在正式推导 $\mathbf{E}$ 与 $\mathbf{B}$ 之前说明。因为在传统电磁理论中，$\mathbf{E}$ 和 $\mathbf{B}$ 已经是极其成熟、精确和有效的基本变量。Maxwell 理论以它们为核心描述电荷、电流、电磁波、感应现象和辐射传播；相对论电磁学进一步把它们统一到电磁场张量之中；量子电动力学则在场量子化之后，把电磁相互作用写成带电场与规范场之间的耦合。这些理论的成功不需要被否定。但是，本书的问题不是“给定 $\mathbf{E}, \mathbf{B}$ 后如何描述电磁现象”，而是“$\mathbf{E}, \mathbf{B}$ 如何从电磁频段能量子密度场中生成”。

本节依赖 A1、A2、A3、A4 与元规范 M。A1 规定唯一基础对象是按频率分族的能量子密度场 $\rho_f(\mathbf{x}, t)$，因此 $\mathbf{E}$

和 $\mathbf{B}$ 不能与 $\rho_f^{(EM)}$ 并列成为基础本体。A2 规定 $E = h\nu$，因此电磁场变量必须最终对应频率化能量子结构，而不能脱离谱量关系。A3 规定 ρ_f 的演化由 EQT 主方程约束，因此 $\mathbf{E}$ 和 $\mathbf{B}$ 必须从密度演化、梯度、流结构、相位和局域守恒中获得有效定义。A4 规定跨频耦合由洛伦兹共振核约束，因此电磁场与物质、束缚态、凝聚态之间的相互作用不能通过直接假定场作用来完成。M 要求 $\mathbf{E}, \mathbf{B}$ 不能作为特设对象加入，而必须作为定义、推论或有效极限出现，并且必须保留失败条件。

本节要推出的结论是：传统理论从 $\mathbf{E}, \mathbf{B}$ 出发是有效描述，但本书必须从 $\rho_f^{(EM)}$ 推出它们。换言之，$\mathbf{E}$ 与 $\mathbf{B}$ 在本卷中不是基础对象，而是电磁频段能量子密度场的梯度结构、流结构、相位结构和运动响应在适当条件下形成的有效表象。

首先，若把 $\mathbf{E}$ 作为公设，本书就无法解释电场如何生成。经典电磁学中，电场通常由电荷分布产生，或由电势梯度给出：

$$\mathbf{E} = -\nabla\phi.$$

这种表达非常有效，但它仍然把电荷、电势和电场放在已经可用的层级上。按照本书前文，电荷本身不是起点，而是

$$q = e_0 \int_{V_{\text{int}}} (\rho_f^{(EM)} - \rho_0) dV$$

这样的密度偏差结构。因此，电场也不能先于 $\rho_f^{(EM)}$ 出现。若电荷来自密度偏差，那么电场应当来自密度偏差在空间中的组织方式，尤其是来自 $\rho_f^{(EM)}$ 的梯度结构。电场的生成链应是：

$$\rho_f^{(EM)} \to \nabla\rho_f^{(EM)} \to \mathbf{E}.$$

这意味着，电场不应被解释为独立存在的基础场，而应被解释为电磁能量子密度不均匀性对带电结构产生方向性响应的有效表达。

其次，若把 $\mathbf{B}$ 作为公设，本书就无法解释磁场如何生成。传统理论中，磁场由电流、运动电荷或变化电场产生，并可通过矢势表达：

$$\mathbf{B} = \nabla \times \mathbf{A}.$$

这个形式非常成功，但在本书中仍需进一步追问：为什么存在这样的旋度结构？如果电磁卷的基础对象是 $\rho_f^{(EM)}$，那么磁场不能作为另一种独立实体直接加入，而必须从电磁能量子流、相位滞后、运动响应和环流结构中获得位置。上一章之前已经定义电磁能量子流：

$$\mathbf{J}_f^{(EM)} = -D(f)\nabla\rho_f^{(EM)} + \rho_f^{(EM)}\mathbf{v}_f.$$

磁场应当与这一流结构的旋度、相位滞后以及带电结构运动时产生的横向响应有关。其生成链应是：

$$\rho_f^{(EM)},\ \mathbf{J}_f^{(EM)},\ \theta_f \to \nabla \times \mathbf{J}_f^{(EM)} \to \mathbf{B}.$$

也就是说，磁场不是与电场并列的第二本体，而是电磁能量子流的旋转性和相位结构在运动情形下的有效表象。

第三，若把 $\mathbf{E}, \mathbf{B}$ 作为基础公设，Maxwell 方程就会被提前放入理论，而不是作为后续极限被回收。Maxwell 理论的标准形式以 $\mathbf{E}, \mathbf{B}$、电荷密度 ρ_q 和电流密度 $\mathbf{J}_q$ 为基本变量。若本书直接从这些变量出发，就会绕过前文建立的推导链：

$$\rho_f^{(EM)} \to q \to \theta_f \to q = e_0 n \to \text{三态} \to \mathbf{E}, \mathbf{B} \to \text{Maxwell}.$$

这样，Maxwell 方程不再是需要回收的经典极限，而会变成隐藏公设。为了保持理论顺序，本书必须先从 $\rho_f^{(EM)}$ 推出电荷，再从密度梯度和能量子流推出 $\mathbf{E}, \mathbf{B}$，最后在弱梯度、高占有数、低噪声和宏观平均条件下回收 Maxwell 方程。

第四，若把 $\mathbf{E}, \mathbf{B}$ 作为基础公设，就无法解释它们与光子和三态结构的关系。第五章已经说明，光子是 $\rho_f^{(EM)}$ 的自由态量子激发，局域光子层是束缚态电磁能量子结构，质量子接口属于凝聚态功能。如果 $\mathbf{E}, \mathbf{B}$ 被直接设为基础场，那么自由态、束缚态、凝聚态和连续场之间的关系会变得不清楚：光子究竟是场的量子，还是密度场的自由态？束缚态究竟是局域场，还是光子云？本书的顺序要求先有状态结构，再有有效场变量。也就是说，$\mathbf{E}, \mathbf{B}$ 应当从三态结构的平均、梯度、流动和相位响应中出现，而不是反过来定义三态。

第五，$\mathbf{E}$ 和 $\mathbf{B}$ 的有效性并不等于它们的本体原初性。一个变量可以在某个理论层级中极其有效，却不必是更底层理论的基础对象。温度在热力学中极其重要，但在微观统计力学中可以被解释为大量自由度的统计表征；压力在流体力学中极其有效，但可以追溯到微观动量交换。同样，$\mathbf{E}$ 和 $\mathbf{B}$ 在经典电磁学中可以是基本描述变量，但在本书中应被解释为 $\rho_f^{(EM)}$ 的有效场表象。这样处理不是削弱 $\mathbf{E}, \mathbf{B}$，而是明确它们的层级。

第六，$\mathbf{E}, \mathbf{B}$ 的生成还必须保留可证伪条件。若本书只是把 $\mathbf{E}$ 定义为某个比例常数乘以 $\nabla\rho_f^{(EM)}$，把 $\mathbf{B}$ 定义为某个比例常数乘以 $\nabla \times \mathbf{J}_f^{(EM)}$，却不能说明比例常数、量纲、边界条件、适用范围和 Maxwell 极限，那么这只是符号替换，不是推导。真正的推导必须说明：在哪些条件下密度梯度表现为电场，在哪些条件下能量子流旋度表现为磁场，在哪些条件下这种对应失效。M 要求本章不仅提出定义，还要保留失败条件。

例如，如果 $\mathbf{E}$ 不能从 $\rho_f^{(EM)}$ 的梯度和电荷偏差结构中获得方向、强度和量纲解释，则电场推导失败。如果 $\mathbf{B}$ 不能从能量子流、相位滞后和运动响应中获得旋度结构，则磁场推导失败。如果二者无法在后续回收 Maxwell 方程，整个电磁场层级的推导就失败。如果只能通过任意调节比例常数来适配已知结果，也不符合元规范 M。

第七，本节还要区分“有效场”与“连续场”。上一章已经说明，连续电磁场表象来自 $\rho_f^{(EM)}$ 的高占有数、弱梯度和宏观平均：

$$\rho_f^{(EM)} \text{ 的高占有数、弱梯度、宏观平均} \Rightarrow \text{连续电磁场表象}.$$

但 $\mathbf{E}$ 和 $\mathbf{B}$ 的推导不仅仅是宏观平均问题，还涉及密度梯度和流旋度的具体定义。连续场是表象层级，$\mathbf{E}, \mathbf{B}$ 是该表象中的有效变量。只有当密度场足够平滑、相位结构可平均、局域涨落受控时，$\mathbf{E}$ 与 $\mathbf{B}$ 才能成为经典连续场变量。在单光子、强场、局域屏蔽、相位拓扑或 QED 精密响应条件下，这种表象可能需要修正。

第八，与强弱力卷的边界在此只需简短说明：本卷的任务不是把其他相互作用中的标准变量移植到电磁力，而是把 $\mathbf{E}, \mathbf{B}$ 作为电磁频段密度场、流结构和相位结构的有效表象推出。

本节得到的定义和推论是：传统理论从 $\mathbf{E}, \mathbf{B}$ 出发是有效描述，但本书必须从 $\rho_f^{(EM)}$ 推出它们。电场应当从电磁能量子密度梯度中获得有效定义，磁场应当从电磁能量子流旋度、相位滞后和运动响应中获得有效定义。它们不是基础公设，而是 $\rho_f^{(EM)}$ 在特定条件下的有效表象。基本方向是：

$$\rho_f^{(EM)} \to \nabla \rho_f^{(EM)} \to \mathbf{E},$$

$$\rho_f^{(EM)},\ \mathbf{J}_f^{(EM)},\ \theta_f \to \nabla \times \mathbf{J}_f^{(EM)} \to \mathbf{B}.$$

本节尚未解决的问题是：虽然已经说明不能把 $\mathbf{E}, \mathbf{B}$ 作为基础公设，但尚未正式定义电场。下一节必须首先处理电场，说明为什么电场可以被理解为电磁能量子密度梯度的有效表象，如何写出

$$\mathbf{E} = -\kappa_E(f)\nabla\rho_f^{(EM)},$$

以及这个定义在量纲、方向、边界条件和适用范围上需要满足哪些约束。

7.2 电场作为能量子密度梯度

本节的问题是：如果电场 $\mathbf{E}$ 不能作为基础公设，那么它应当如何从电磁频段能量子密度场 $\rho_f^{(EM)}$ 中获得定义？上一节已经说明，传统理论从 $\mathbf{E}, \mathbf{B}$ 出发是有效描述，但本书必须从 $\rho_f^{(EM)}$ 推出它们。对于电场而言，最直接的机制入口是电磁能量子密度的空间不均匀性。若某一区域中的 $\rho_f^{(EM)}$ 相对于周围区域存在梯度，那么带电结构或可耦合电磁结构将感受到方向性响应。这种方向性响应在宏观有效描述中表现为电场。

本节依赖 A1、A2、A3、A4 与元规范 M。A1 要求电场不能作为独立基础场出现，而必须从 $\rho_f^{(EM)}$ 的结构中定义。A2 要求电场所对应的能量尺度仍然与频率—能量关系 $E = h\nu$ 相容，因此电场强度不能脱离频率分辨的能量子密度。A3 要求密度梯度不是静态几何量，而是主方程中扩散、

对流、源项、耗散和局域守恒共同形成的动力学结构。A4 要求电场与带电结构、束缚态、凝聚态或自由态光子的耦合受到频率匹配约束。M 要求电场定义不能是任意符号替换，而必须具有量纲、方向、适用范围和失败条件。

本节要推出的结论是：电场可以被定义为电磁频段能量子密度梯度的有效表象。最简单形式为：

需要特别说明的是，$\mathbf{E} \sim -\nabla\rho_f^{(EM)}$ 只给出方向性和机制来源；若要与传统电场量纲对应，必须引入有效映射系数 $\kappa_E(f, \Delta V, \Delta t, \Delta f)$。该系数依赖频率、平均尺度、介质背景和边界条件，不能作为任意调参项使用。

$$\mathbf{E} = -\kappa_E \nabla\rho_f^{(EM)}.$$

更一般地，由于电磁响应可能依赖频率，可写为：

$$\mathbf{E} = -\kappa_E(f)\nabla\rho_f^{(EM)}.$$

其中，κ_E 或 $\kappa_E(f)$ 是把电磁能量子密度梯度映射为传统电场量纲的有效系数。该系数不能被任意调节，而应在后续 Maxwell 极限、Coulomb 极限、介质响应和实验标定中受到约束。

首先，电场方向来自密度下降方向。若 $\rho_f^{(EM)}$ 在空间中存在不均匀分布，那么其梯度

$$\nabla\rho_f^{(EM)}$$

指向密度增加最快的方向。因此，

$$-\nabla\rho_f^{(EM)}$$

指向密度下降最快的方向。将电场定义为

$$\mathbf{E} = -\kappa_E(f)\nabla\rho_f^{(EM)}$$

意味着电场方向对应电磁能量子密度从高密度区域向低密度区域的有效响应方向。这个负号不是装饰性符号，而是表达了场方向与密度梯度之间的定向关系。换言之，电场不是无来源地规定一个方向，而是由 $\rho_f^{(EM)}$ 的空间分布决定方向。

这一定义也与前文电荷定义相配合。电荷是 $\rho_f^{(EM)} - \rho_0$ 在积分空间中的稳定偏差；电场则是 $\rho_f^{(EM)}$ 在空间中的梯度结构。电荷说明“哪里存在稳定偏差”，电场说明“偏差如何在周围空间产生方向性响应”。因此，电场不是电荷之外的第二个基础对象，而是同一电磁频段密度场在空间变化层面的有效表达。

其次，电场强度来自梯度幅度。若 $\rho_f^{(EM)}$ 在空间中变化缓慢，则 $|\nabla\rho_f^{(EM)}|$ 较小，对应较弱电场；若密度变化剧烈，则梯度幅度较大，对应较强电场。于是，

$$|\mathbf{E}| = |\kappa_E(f)|,|\nabla\rho_f^{(EM)}|.$$

这说明，电场强度不是直接来自密度本身，而是来自密度的空间变化。一个区域即使具有较高的 $\rho_f^{(EM)}$，如果它在空

间上均匀，也未必产生强电场；相反，一个局域密度差异明显的区域，即使绝对密度不是最大，也可能产生显著电场。这一区分非常重要，因为电磁作用依赖的是可读出的空间不均匀性，而不是简单的密度总量。

第三，电场定义必须与电磁能量子流相容。第二章已经定义扩散流：

$$\mathbf{J}_{f,\mathrm{diff}}^{(EM)} = -D(f)\nabla\rho_f^{(EM)}.$$

这表明密度梯度本身会驱动电磁能量子流。电场作为密度梯度的有效表象，正是把这种动力学方向性转写为传统电磁语言。换言之，$\mathbf{E}$ 不是任意等同于梯度，而是对梯度驱动响应的有效描述。带电结构之所以响应电场，是因为它本身是 $\rho_f^{(EM)} - \rho_0$ 的稳定偏差结构，能够与外部密度梯度发生耦合。

可以把这一关系写成：

$$\text{电荷结构} + \nabla\rho_f^{(EM)} \to \text{方向性响应}.$$

传统电磁学把这种方向性响应写成：

$$\mathbf{F} = q\mathbf{E}.$$

本书在这里暂不正式推导 Lorentz 力，而是先说明 $\mathbf{E}$ 的来源：它是 $\rho_f^{(EM)}$ 的梯度结构在带电结构读出下的有效场变量。

第四，电势来自密度场积分结构。在传统电磁学中，电场可由电势给出：

$$\mathbf{E} = -\nabla\phi.$$

在本书中，若

$$\mathbf{E} = -\kappa_E(f)\nabla\rho_f^{(EM)},$$

则可以在最简单的局域近似下把有效电势写作：

$$\phi \sim \kappa_E(f)\rho_f^{(EM)}$$

或更一般地写为某种密度场的积分泛函：

$$\phi(\mathbf{x}) = \mathcal{F}\left[\rho_f^{(EM)}(\mathbf{x})\right].$$

这里需要保持谨慎。不能简单地把电势永久等同于 $\kappa_E\rho_f^{(EM)}$，因为实际电势还可能受到边界条件、背景扣除、介质响应、频率平均和积分空间选择的影响。更稳妥的说法是：电势来自电磁能量子密度场的积分结构，电场来自该有效势结构的空间梯度。

从电荷定义看，电势也应与 $\rho_f^{(EM)} - \rho_0$ 的空间分布有关。一个局域电荷结构改变周围电磁能量子密度分布；这种分布在远场中形成某种有效势；势的梯度表现为电场。因此，电势不是独立标量本体，而是密度场空间组织的有效标量表达。后续在讨论 Coulomb 势时，需要进一步说明在球对称、弱梯度、静态和宏观平均条件下，这种密度场积分

结构如何产生 $1/r$ 势和 $1/r^2$ 场强。

第五，$\kappa_E(f)$ 的作用必须受到限制。它不是为了让公式成立而任意添加的比例因子，而是一个有效映射系数，用于把 $\rho_f^{(EM)}$ 的密度梯度转换为传统电场量纲。由于 $\rho_f^{(EM)}$ 是能量子密度，其梯度的量纲不同于传统电场，因此必须有系数完成量纲转换。更一般地，κ_E 可以依赖频率：

$$\kappa_E = \kappa_E(f),$$

也可能在介质、边界或宏观平均条件下表现为有效参数。但按照 M，它必须能够被后续理论和实验约束。若 $\kappa_E(f)$ 可以任意选择，电场定义就会变成不可证伪的拟合公式。

因此，本节只给出电场定义的最低形式，不把 $\kappa_E(f)$ 的具体值提前固定。后续必须在 Coulomb 极限、Maxwell 极限、介质响应和实验标定中进一步约束它。特别是，如果本书要回收 Gauss 定律和 Coulomb 定律，就必须说明 $\kappa_E(f)$、$\rho_f^{(EM)}$ 的空间分布和电荷定义之间如何组合出传统电场强度。

第六，电场定义具有适用范围。它最适合在弱梯度、连续场表象、宏观平均和低噪声条件下使用。在极端强场、局域屏蔽层、相位拓扑边界、单光子尺度或高频涨落显著的情况下，简单形式

$$\mathbf{E} = -\kappa_E(f)\nabla\rho_f^{(EM)}$$

可能需要修正。例如，若相位结构不可忽略，电场有效表达可能需要包含相位梯度项；若介质响应强烈，$\kappa_E(f)$ 可能变为非局域响应核；若强场非线性显著，电场可能不再与密度梯度线性对应。因此，本节定义的是最低阶有效表达，而不是全部情形下的最终公式。

更一般地，可以写作：

$$\mathbf{E}(\mathbf{x}) = -\int K_E(f, \mathbf{x}, \mathbf{x}')\nabla_{\mathbf{x}'}\rho_f^{(EM)}(\mathbf{x}')d\mathbf{x}'df + \text{higher-order terms.}$$

这个表达说明，线性局域形式只是最低阶近似。在大多数基础推导中，为了保持清楚，可使用

$$\mathbf{E} = -\kappa_E(f)\nabla\rho_f^{(EM)}.$$

但在可证伪性和强场章节中，应允许更高阶修正进入。

第七，电场定义也为 Coulomb 势和 Gauss 定律准备基础。若一个量子化电荷 $q = e_0 n$ 对应某个稳定积分空间 V_{int} 中的密度偏差结构，那么该结构会在周围空间造成 $\rho_f^{(EM)}$ 的分布改变。若这种改变在静态、球对称、弱梯度极限中满足三维通量守恒，则电场强度可能表现为反平方衰减。这将在下一节展开。这里先指出：电场的梯度定义是 Coulomb 结构的第一步，但不是完整 Coulomb 推导。完整推导还需要边界通量、空间维度、积分空间和远场近似共同参与。

第八，电场定义必须与电荷符号相容。上一章已经说明，正负电荷来自 $\rho_f^{(EM)} - \rho_0$ 的密度分支与相位分支稳定化。电场方向来自 $-\nabla\rho_f^{(EM)}$。因此，不同极性电荷对同一密度梯度的响应方向应当相反。这一点不能在本节完全推出，因为还需要讨论力和耦合符号，但本节已经提供基础：电场是外部密度梯度的有效表象，电荷符号来自内部密度—相位分支。当二者耦合时，极性分支不同的结构将表现出相反方向的响应。

第九，与强弱力卷的边界在于：这里的梯度响应必须表现为电磁频段中的长程、可屏蔽、双极性有效场，而不是高频区的短程凝结或强耦合响应。

本节得到的定义和推论是：电场可以被定义为电磁频段能量子密度梯度的最低阶有效表象：

$$\mathbf{E} = -\kappa_E \nabla \rho_f^{(EM)}$$

或更一般地：

$$\mathbf{E} = -\kappa_E(f) \nabla \rho_f^{(EM)}.$$

其方向来自密度下降方向，强度来自梯度幅度，电势来自密度场的积分结构。该定义不是新公设，而是从 $\rho_f^{(EM)}$ 的空间不均匀性到传统电场变量的有效映射。它必须在后续 Coulomb 极限、Maxwell 极限和实验标定中受到约束。

本节尚未解决的问题是：虽然电场已经被定义为密度梯度的有效表象，但尚未说明为什么静态点状或局域电荷结构会产生 Coulomb 势和反平方电场。下一节必须讨论库仑势的密度梯度来源，说明如何从局域 $\rho_f^{(EM)}$ 偏差、三维通量几何和远场弱梯度近似中得到 $1/r$ 势和 $1/r^2$ 场强。

7.3 库仑势的密度梯度来源

本节的问题是：如果电场被定义为电磁频段能量子密度梯度的有效表象，那么传统库仑势和反平方力如何从这一结构中出现？上一节已经给出最低阶电场定义：

$$\mathbf{E} = -\kappa_E(f)\nabla\rho_f^{(EM)}.$$

但这一定义还没有说明为什么一个局域电荷结构在远场中会产生 $1/r^2$ 型电场，也没有说明传统库仑势 $V(r) \sim 1/r$ 如何出现。本节的任务，是说明库仑结构不是直接作为公式输入，而是在静态、球对称、弱梯度、宏观平均和三维通量守恒条件下，由局域密度偏差结构的远场分布推出。

本节依赖 A1、A2、A3、A4 与元规范 M。A1 要求库仑场不能作为独立公设加入，而必须从 $\rho_f^{(EM)}$ 的空间分布中获得。A2 要求该分布对应电磁频段的谱量结构。A3 要求远场分布与主方程中的扩散、对流、源耗项和局域连续性相容。A4 要求电荷结构与外部读出或测试电荷之间的耦合仍受频率匹配约束。M 要求 $1/r^2$ 不能被直接写进理论，而必须作为三维通量几何和密度梯度结构的结果出现。

本节要推出的基本链条是：

$$\rho_f(r) \to \nabla\rho_f(r) \to \mathbf{E}(r) \to V(r) \to F(r).$$

这里的 $\rho_f(r)$ 表示由局域电荷结构引起的径向电磁能量子密度分布；$\nabla\rho_f(r)$ 表示其径向梯度；$\mathbf{E}(r)$ 是密度梯度的有效场表象；$V(r)$ 是相应有效势；$F(r)$ 是测试电荷在该有效场中的响应。这个顺序必须保持清楚：不是先假设 Coulomb 力，再倒推出密度分布；而是先有局域 $\rho_f^{(EM)}$ 偏差，再有远场密度梯度，最后在三维几何中得到反平方结构。

首先，考虑一个稳定局域电荷结构。按照第三章和第四章，电荷不是点状公设，而是

$$q = e_0 \int_{V_{\text{int}}} \left(\rho_f^{(EM)} - \rho_0\right) dV = e_0 n$$

所表示的量子化密度偏差结构。该结构在其积分空间 V_{int} 内稳定存在，并通过相位拓扑获得量子化。对于远离该局域核心的区域，可以暂时不解析其内部细节，而把它视为一个有效源结构。这里的“源”不是新公设，而是已经由 $\rho_f^{(EM)}$ 的局域偏差定义出来的电荷结构在远场中的有效表现。

在远场区域，假设系统处于静态或准静态条件，局域源耗项和涨落项在宏观平均下可忽略，且空间分布近似球对

称。此时，电磁能量子流或密度梯度通过任意半径为 r 的球面向外分布。由于三维球面面积为

$$4\pi r^2,$$

若总通量在不同球面上保持不变，则单位面积上的通量必须随 r^2 衰减。也就是说，反平方形式首先来自三维空间中通量分摊的几何事实，而不是被直接输入为库仑公式。

可以把这一点写成通量关系：

$$\Phi_E = \oint_{S_r} \mathbf{E} \cdot d\mathbf{A} \approx \text{constant}.$$

若场近似径向对称，则

$$\mathbf{E}(r) = E_r(r)\hat{\mathbf{r}},$$

于是

$$\Phi_E = E_r(r), 4\pi r^2.$$

若该通量由局域电荷结构决定，并在远场中保持不变，则

$$E_r(r) \propto \frac{1}{r^2}.$$

这说明，$1/r^2$ 不是本节的初始假设，而是局域源结构、远场通量守恒和三维球面对称共同给出的结果。

现在将这一结构与密度梯度定义连接起来。上一节给出：

$$\mathbf{E} = -\kappa_E(f)\nabla\rho_f^{(EM)}.$$

在球对称情况下，

$$\nabla \rho_f^{(EM)}(r) = \frac{d\rho_f^{(EM)}(r)}{dr}\hat{\mathbf{r}}.$$

因此，

$$E_r(r) = -\kappa_E(f)\frac{d\rho_f^{(EM)}(r)}{dr}.$$

若远场中

$$E_r(r) \propto \frac{1}{r^2},$$

则对应的密度分布必须满足：

$$\frac{d\rho_f^{(EM)}(r)}{dr} \propto -\frac{1}{r^2}.$$

积分可得：

$$\rho_f^{(EM)}(r) - \rho_0 \propto \frac{1}{r}$$

在适当远场条件下成立。这里得到的 $1/r$ 不是传统电势的直接输入，而是由“电场是密度梯度”与“三维远场通量反平方”共同推出的密度偏差尾部结构。

于是，有效电势可以从密度场积分结构中得到。若在最低阶近似中，

$$\phi(r) \sim \kappa_E(f)\left[\rho_f^{(EM)}(r) - \rho_0\right],$$

则

$$\phi(r) \propto \frac{1}{r}.$$

对于测试电荷 q_2，相互作用势能可写成有效形式：

$$V(r) = q_2\phi_1(r),$$

其中 $\phi_1(r)$ 是由第一个电荷结构产生的有效势。因此，

$$V(r) \propto \frac{q_1q_2}{r}.$$

再由力等于势能负梯度：

$$\mathbf{F}(r) = -\nabla V(r),$$

得到

$$|\mathbf{F}(r)| \propto \frac{|q_1q_2|}{r^2}.$$

这样，库仑力的基本形式从以下结构中出现：

$$\text{局域量子化电荷} \to \text{远场密度尾部} \to \text{密度梯度} \to \\ \text{有效电场} \to \text{势能} \to \text{反平方力}.$$

这个推导也说明，传统 Coulomb 结构在本书中是一个远场、静态、弱梯度、球对称和宏观平均极限。它不是所有电磁情形的基础表达。若局域电荷结构附近存在强梯度、屏蔽、边界非球对称、介质响应、相位拓扑边界或强场非线性，则简单的 $1/r$ 势和 $1/r^2$ 力可能需要修正。传统库仑形式成立的条件，正是本书必须明确的适用范围。

这里需要特别强调三维通量几何的作用。反平方律之所以出现，是因为在三维空间中，球面面积随 r^2 增大。若

通量守恒，单位面积上的场强自然随 $1/r^2$ 衰减。因此，本书不应把

$$F \propto \frac{1}{r^2}$$

直接作为电磁力公设，也不应直接把

$$V \propto \frac{1}{r}$$

作为势能公设。更合适的顺序是：局域电荷结构在远场中产生电磁能量子密度尾部；该尾部的梯度表现为电场；三维通量几何给出反平方衰减；势函数作为密度场积分结构的有效表达出现。

这一推导还需要说明电荷符号如何进入。若两个电荷结构处于不同极性分支，即其密度偏差方向和相位分支相反，则它们对同一密度梯度的响应方向相反。传统语言中，这表现为异号相吸、同号相斥。按照本书的术语，电荷符号来自 $(\rho_f^{(EM)} - \rho_0, n)$ 的相位—密度分支；电场方向来自 $-\nabla\rho_f^{(EM)}$；力的方向来自测试电荷极性与外部梯度结构的耦合。完整的 Lorentz 力将在后续章节处理，但库仑相互作用的符号基础已经在这里获得位置。

本节还要区分电势 $\phi(r)$ 与电荷核心内部结构。电势是远场有效量，不是电荷核心本身。核心内部由 V_{int}、相位绕数、R_c 和局域稳定性决定；远场势则由核心之外的 $\rho_f^{(EM)}$ 分布决定。核心结构决定总通量或有效源强，远场几何决

定衰减形式。将二者混淆，会导致把点电荷作为基础对象重新引入。EQT 的顺序应当是：点源近似只是远场有效化，而不是真实本体起点。

从 A3 的角度看，库仑极限要求主方程在远场进入近似静态平衡。在远场弱梯度区，时间变化项近似为零：

$$\frac{\partial \rho_f^{(EM)}}{\partial t} \approx 0.$$

源项主要局限在核心区域外的有效边界内，远场源耗和涨落项在宏观平均下可忽略。扩散与通量结构共同决定密度尾部。若耗散项 $\Gamma(f)\rho_f^{(EM)}$ 在传播尺度上不可忽略，则远场可能不再是纯 $1/r$ 或 $1/r^2$，而出现指数衰减或屏蔽修正。这一点为后文屏蔽长度、电磁弱禁闭和介质响应留下接口。

例如，在有屏蔽或有效质量项的情况下，远场势可能从

$$\phi(r) \propto \frac{1}{r}$$

变为类似

$$\phi(r) \propto \frac{e^{-r/\lambda}}{r},$$

其中 λ 是屏蔽长度或有效传播尺度。这里不把这一形式作为当前推导重点，但它说明库仑势是无屏蔽或弱屏蔽极限；在更一般条件下，密度场梯度框架可以容纳修正。

从 A4 的角度看，两个电荷结构之间的有效相互作用还要求它们能通过电磁频段发生耦合。如果某一结构与普通电磁频段严重失配，它可能不表现为普通电荷相互作用。普通电荷之所以产生 Coulomb 响应，是因为其 $\rho_f^{(EM)}$ 偏差结构处在可耦合的电磁窗口中。A4 因此为“哪些偏差结构可以表现为电荷源”提供约束，而不是允许任意密度偏差都产生库仑场。

本节与弱力—强力主线的关系在于：反平方结构并不是所有相互作用的普遍结果。强力高频区因强自耦、短程性和禁闭，不表现为简单长程 $1/r^2$ 力；弱力相关高频过程由于短寿命中介和耗散结构，也不表现为无屏蔽长程库仑势。电磁频段能够在低耗散、可传播、弱梯度和三维通量守恒条件下形成 Coulomb 极限，这是它区别于强弱力区的重要标志。

本节得到的定义和推论是：库仑势和反平方力可以从以下链条中获得：

$$\rho_f(r) \to \nabla\rho_f(r) \to \mathbf{E}(r) \to V(r) \to F(r).$$

其中，

$$\mathbf{E} = -\kappa_E(f)\nabla\rho_f^{(EM)}$$

给出电场的密度梯度来源；三维球面对称和通量守恒给出

$$E(r) \propto \frac{1}{r^2};$$

电势作为密度场积分结构给出

$$V(r) \propto \frac{1}{r};$$

测试电荷在该势中的响应给出

$$F(r) \propto \frac{q_1 q_2}{r^2}.$$

因此，$1/r^2$ 来自三维通量几何和远场弱梯度条件，而不是被直接作为公式输入。

本节尚未解决的问题是：电场和库仑势已经获得密度梯度来源，但磁场尚未定义。下一节必须处理磁场，说明为什么 $\mathbf{B}$ 应当来自电磁能量子流的旋度、相位滞后和运动响应，而不是作为独立基础场加入。

7.4 磁场作为能量流旋度与相位滞后

本节的问题是：如果电场可以被理解为电磁频段能量子密度梯度的有效表象，那么磁场应当从什么结构中推出？上一节已经说明，电场对应 $\rho_f^{(EM)}$ 的空间梯度：

$$\mathbf{E} = -\kappa_E(f)\nabla\rho_f^{(EM)}.$$

这一表达给出了电场的方向性来源：密度场的不均匀性。可是，磁场并不能简单地重复这一结构。磁场的典型特征不是直接指向密度下降方向，而是与运动电荷、电流、环流、旋度、相位滞后和横向响应相关。因此，如果本书不能把磁场从电磁能量子流和相位结构中推出，就会重新把 $\mathbf{B}$ 作为独立基础场加入，从而破坏 A1 的本体纪律。

本节依赖 A1、A2、A3、A4 与元规范 M。A1 要求磁场不能作为独立于 $\rho_f^{(EM)}$ 的基础对象，而必须作为电磁能量子密度场的流动结构和相位结构的有效表象。A2 要求磁效应仍然具有频率—能量意义，不能脱离电磁频段的谱量结构。A3 要求磁场必须与主方程中的对流项、扩散项、局域能量子流、耗散项和相位响应相关。A4 要求运动电荷结构、束缚态、凝聚态接口和自由态光子之间的耦合受频率匹配约束。M 要求磁场定义不能是任意类比，而必须说明方向、旋度、相位延迟、适用条件和失败条件。

本节要推出的结论是：电场对应梯度，磁场对应旋度。更具体地说，磁场不是第二种原初场，而是电磁能量子流的环流结构、相位滞后和运动电荷响应在有效场语言中的表现。可以采用传统形式：

$$\mathbf{B} = \nabla \times \mathbf{A},$$

但这里的矢势 $\mathbf{A}$ 不应作为基础公设，而应被理解为与电磁能量子流 $\mathbf{J}_f^{(EM)}$、相位梯度 $\nabla\theta_f$ 和相位滞后相关的有效矢量表象。

首先，磁场必须从电磁能量子流开始。第二章已经定义：

$$\mathbf{J}_f^{(EM)} = -D(f)\nabla\rho_f^{(EM)} + \rho_f^{(EM)}\mathbf{v}_f.$$

这个流包含两部分：一是由密度梯度驱动的扩散流；二是由有效速度场 $\mathbf{v}_f$ 描述的对流流。电场主要对应密度梯度的方向性表象；磁场则更直接地对应流的旋转结构。若电磁能量子流在空间中形成环流、涡旋、横向响应或绕行结构，那么这种旋度结构在有效场语言中表现为磁场。因此，磁场的最低机制入口是：

$$\nabla \times \mathbf{J}_f^{(EM)}.$$

若

$$\nabla \times \mathbf{J}_f^{(EM)} = 0,$$

则不存在显著环流结构，磁效应可能消失或退化为纯电场情形。若

$$\nabla \times \mathbf{J}_f^{(EM)} \neq 0,$$

则流结构具有旋转性，磁效应成为可能。

其次，磁场与矢势 $\mathbf{A}$ 的关系可以保留为：

$$\mathbf{B} = \nabla \times \mathbf{A}.$$

但是，在本书中，$\mathbf{A}$ 不是原初规范场，而是电磁能量子流和相位结构的有效矢量表象。最低阶可以写作：

$$\mathbf{A} \sim \kappa_A(f)\mathbf{J}_f^{(EM)} + \lambda_A(f)\nabla\theta_f + \text{higher-order terms}.$$

这里，$\kappa_A(f)$ 表示能量子流到矢势表象的有效转换系数，$\lambda_A(f)$ 表示相位梯度对矢势结构的贡献。这个表达不是最终方程，而是说明：$\mathbf{A}$ 的来源不是独立实体，而是电磁频段能量子流、相位结构和局域响应的压缩表达。于是：

$$\mathbf{B} = \nabla \times \mathbf{A}$$

可以被理解为能量子流旋度和相位结构在有效场语言中的表现。

第三，磁效应来自运动电荷结构。静止电荷主要在周围形成径向密度梯度，因此表现为电场；运动电荷则会改变周围 $\rho_f^{(EM)}$ 的流动方式，使电磁能量子流出现横向拖曳、环流或相位滞后。传统电磁学说“运动电荷产生磁场”，在本书中可重写为：运动电荷结构改变其周围电磁能量子密度场的流动与相位组织，使 $\mathbf{J}_f^{(EM)}$ 出现旋度结构，从而在有效场语言中表现为 $\mathbf{B}$。

也就是说，磁场不是运动电荷之外突然新增的场，而是运动电荷结构与周围电磁能量子流之间的动态响应。电荷本身是稳定相位—密度分支；当这个分支相对于背景或其他结构运动时，它不再只产生静态径向梯度，而会引入方向性输运、相位滞后和环流响应。磁场正是这种非静态结构的有效读出。

第四，磁效应来自能量流环流。若电磁能量子流围绕某一运动电荷、电流通道或局域边界形成闭合或准闭合环流，则其旋度结构可以表现为磁场。可以示意写作：

$$\mathbf{B} \sim \kappa_B(f)\nabla \times \mathbf{J}_f^{(EM)}.$$

更一般地，磁场可能不仅依赖 $\nabla \times \mathbf{J}_f^{(EM)}$，也依赖相位滞后、边界响应和频率结构：

$$\mathbf{B} = \mathcal{G}_B\left[\nabla \times \mathbf{J}_f^{(EM)}, \theta_f, \partial_t\theta_f, \Gamma(f), D(f)\right].$$

在低阶、弱场、宏观平均条件下，可以把它压缩为旋度形式；在强场、介质、近场或相位拓扑显著条件下，则可能需要更一般的响应核。这里的关键是：磁场的核心结构是旋度，而不是梯度。

第五，磁效应来自相位延迟。电场对应密度梯度的即时方向性表象；磁场则经常与运动、时间变化和传播延迟相关。由于电磁响应并非无限瞬时，运动电荷结构周围的 $\rho_f^{(EM)}$ 和 θ_f 会出现相位滞后。该滞后使场响应不再完全沿径向密度梯度，而出现横向分量、环流分量和旋转结构。换言之，磁场不仅来自流旋度，也来自电磁能量子流对运动源的延迟响应。

可以把这种关系描述为：

$$\text{运动电荷结构} \to \text{相位滞后} \to \text{能量流环流} \to \mathbf{B}.$$

若没有相位滞后，运动结构的响应会退化为瞬时径向调整，难以形成稳定磁效应。相位滞后使磁场成为动态电磁结构的必要组成部分，而不是静态电场的简单附属。

第六，磁场与电场不是两个彼此孤立的对象。电场来自密度梯度，磁场来自流旋度和相位滞后；二者都是 $\rho_f^{(EM)}$ 的不同有效表象。可以概括为：

$$\mathbf{E} \leftrightarrow -\nabla \rho_f^{(EM)},$$

$$\mathbf{B} \leftrightarrow \nabla \times \mathbf{J}_f^{(EM)} \quad \text{and phase lag.}$$

这一区分非常重要。它说明电磁场的两部分不是两个基础本体，而是同一电磁能量子密度场的两种几何组织：一种是梯度型组织，一种是旋度型组织。梯度型组织产生电场，旋度型组织产生磁场。后续 Maxwell 方程中，电场和磁场之间的相互诱导，可以被理解为密度梯度结构与流旋度结构之间的动态耦合。

第七，磁场定义必须与传统 $\mathbf{B} = \nabla \times \mathbf{A}$ 相容。传统矢势 $\mathbf{A}$ 的引入具有高度数学有效性，尤其在规范理论和量子相位效应中非常重要。本书不否定这一点，而是重新定位 $\mathbf{A}$：它不是最底层对象，而是对能量子流和相位结构的有效编码。尤其当相位结构进入物理读出时，例如在 Aharonov–Bohm 型效应中，$\mathbf{A}$ 的作用不能简单压缩为局部 $\mathbf{B}$。这提示后续规范结构章节需要进一步说明：相位、矢势和规范自由度之间的关系如何从 $\rho_f^{(EM)}$ 及其相位结构中出现。

第八，磁场定义必须具有适用边界。在稳态、弱场、宏观平均条件下，把磁场写作流旋度的有效表象是合理的。但在强场、高频、近场、拓扑相位显著、介质非线性或量子涨落明显的条件下，简单的

$$\mathbf{B} \sim \nabla \times \mathbf{J}_f^{(EM)}$$

可能不够，需要引入非局域响应、频率核、相位项和高阶修正。更一般地，可以写作：

$$\mathbf{B}(\mathbf{x},t) = \int K_B(f,\mathbf{x},\mathbf{x}') \left[\nabla_{\mathbf{x}'} \times \mathbf{J}_f^{(EM)}(\mathbf{x}',t)\right] d\mathbf{x}'df + \text{phase-lag terms.}$$

这里 K_B 是有效响应核。最低阶局域形式适合基础推导；更一般形式适合强场和精密检验。

第九，磁场的方向性来自右手型旋度结构，而不是任意符号设定。若能量子流围绕某一轴向形成环流，则 $\nabla \times \mathbf{J}_f^{(EM)}$ 的方向由环流方向决定。传统磁场方向可由右手定则确定；在本书中，这可以被理解为三维空间中有向环流的几何结果。也就是说，磁场方向不是额外规定，而是有向能量子流旋度的有效读出。

第十，磁场与运动电荷之间的关系还为 Lorentz 力做准备。传统力项中，

$$\mathbf{F} = q(\mathbf{E} + \mathbf{v} \times \mathbf{B}).$$

本节不正式推导 Lorentz 力，但已经为其提供结构基础。电场项来自电荷结构对密度梯度的响应；磁场项来自运动

电荷结构与能量子流旋度及相位滞后的耦合。测试电荷速度 $\mathbf{v}$ 引入方向性运动，使其与旋度场产生横向响应，这在传统语言中表现为 $\mathbf{v} \times \mathbf{B}$。因此，磁力不是独立添加的第二种力，而是运动结构在旋度型电磁能量子流中的响应。

第十一，与强弱力卷的边界在于：流旋度和相位滞后虽是一般机制，但只有在电磁频段的低耗散、弱束缚和连续场极限中，才表现为可长程读出的磁场。

本节得到的定义和推论是：磁场不是基础公设，而是电磁能量子流旋度、相位滞后和运动电荷结构响应的有效表象。传统形式

$$\mathbf{B} = \nabla \times \mathbf{A}$$

可以保留，但其中 $\mathbf{A}$ 应被理解为与 $\mathbf{J}_f^{(EM)}$、$\nabla\theta_f$ 和相位滞后相关的有效矢量结构。电场对应梯度：

$$\mathbf{E} \leftrightarrow -\nabla\rho_f^{(EM)},$$

磁场对应旋度：

$$\mathbf{B} \leftrightarrow \nabla \times \mathbf{J}_f^{(EM)}$$

以及相位延迟。磁效应来自运动电荷结构、能量流环流和相位滞后的共同作用。

本节尚未解决的问题是：电场和磁场已经分别获得梯度与旋度来源，但二者如何统一为一个有效电磁场结构尚

未说明。下一节必须处理 Lorentz 力与运动响应，说明带电结构如何同时响应密度梯度和流旋度，并为后续 Maxwell 极限中的源—场关系奠定基础。

7.5 电磁势与规范自由度的有效出现

本节的问题是：在电场和磁场已经分别被解释为密度梯度与能量流旋度的有效表象之后，标量势 ϕ、矢势 $\mathbf{A}$ 和规范自由度应当如何获得位置？传统电磁理论中，电势和矢势具有极其重要的数学功能。电场和磁场可以由势表示：

$$\mathbf{E} = -\nabla\phi - \frac{\partial \mathbf{A}}{\partial t},$$

$$\mathbf{B} = \nabla \times \mathbf{A}.$$

在量子理论中，$\mathbf{A}$ 和相位结构的关系更加深刻，规范自由度也成为 QED 的核心语言之一。但是，在本卷中，势和规范结构不能作为新的基础公设加入。它们必须从 $\rho_f^{(EM)}$、$\mathbf{J}_f^{(EM)}$、θ_f 及其有效表象中出现。

本节依赖 A1、A2、A3、A4 与元规范 M。A1 要求标量势、矢势和规范自由度不能成为与 ρ_f 并列的基础对象。A2 要求势结构所表达的能量差、频率关系和相位变化仍然服从 $E = h\nu$ 的谱量原则。A3 要求势的有效出现必须与 $\rho_f^{(EM)}$ 的演化、梯度、流、相位和局域守恒相关。A4 要求势结构与物质、束缚态、凝聚态和自由态光子之间的耦合受频率匹配约束。M 要求规范自由度不能被当作保护理论的形式工具，而必须作为有效冗余表述出现，并保留可检验边界。

本节要推出的结论是：标量势 ϕ 是电磁能量子密度偏差的有效标量表达；矢势 $\mathbf{A}$ 是电磁能量子流和相位结构的有效矢量表达；规范自由度不是理论起点，而是当同一物理电磁结构可以由不同势函数表示时出现的冗余描述。换言之，势和规范结构在本卷中不是本体基础，而是从 $\rho_f^{(EM)}$ 的密度、流和相位结构中压缩出来的有效语言。

首先，标量势 ϕ 应被理解为密度偏差的有效标量表达。上一节已经说明，电场可以在最低阶近似下写成：

$$\mathbf{E} = -\kappa_E(f)\nabla\rho_f^{(EM)}.$$

而传统电磁学中，静态电场可以写作：

$$\mathbf{E} = -\nabla\phi.$$

比较二者可知，在最低阶、静态、弱梯度和局域近似下，标量势可以与电磁能量子密度偏差的有效积分结构相关：

$$\phi \sim \kappa_E(f)\left(\rho_f^{(EM)} - \rho_0\right),$$

或者更一般地写为：

$$\phi(\mathbf{x}) = \mathcal{F}_\phi\left[\rho_f^{(EM)} - \rho_0\right].$$

这里，$\mathcal{F}_\phi$ 表示由密度分布、边界条件、频率平均、介质响应和积分空间共同决定的有效泛函。这个表达比简单的 $\phi = \kappa_E \rho_f^{(EM)}$ 更稳妥，因为实际电势通常不是局域密度值本身，而是密度偏差在空间中组织后的有效标量读出。

因此，电势不是独立存在的"电场源"，而是密度偏差结构的压缩表达。一个局域量子化电荷改变周围 $\rho_f^{(EM)}$ 的分布；这种分布在远场中形成有效势；势的梯度表现为电场。其生成顺序应为：

$$\rho_f^{(EM)} - \rho_0 \to \phi \to \mathbf{E}.$$

这与传统教学中从电势定义电场的顺序并不冲突，但在本书中必须更前置地说明：电势本身来自密度偏差结构，而不是基础公设。

其次，矢势 $\mathbf{A}$ 应被理解为能量子流和相位结构的有效表达。上一节已经指出，磁场可以保留传统形式：

$$\mathbf{B} = \nabla \times \mathbf{A}.$$

但这里的 $\mathbf{A}$ 不应被直接视为基础规范场，而应被理解为对电磁能量子流、相位梯度和相位滞后的有效编码。最低阶可写作：

$$\mathbf{A} \sim \kappa_A(f)\mathbf{J}_f^{(EM)} + \lambda_A(f)\nabla\theta_f + \text{higher-order terms}.$$

其中，

$$\mathbf{J}_f^{(EM)} = -D(f)\nabla\rho_f^{(EM)} + \rho_f^{(EM)}\mathbf{v}_f$$

是电磁能量子流，$\nabla\theta_f$ 是相位梯度。这个表达说明，矢势既与能量流方向有关，也与相位组织有关。磁场作为 $\nabla \times \mathbf{A}$，便可理解为能量流旋度和相位结构的有效读出。

矢势的重要性在于，它不只是计算工具，也连接了磁效应和相位效应。在局域磁场为零但矢势不可完全消去的情形中，相位结构仍可能产生可观测影响。这说明 $\mathbf{A}$ 不应被简单看作磁场的辅助变量，而应被理解为更接近相位—流结构的有效表象。在本卷框架中，这一点正好与前文相位场 θ_f 的引入相衔接。

第三，电磁势的有效出现使 $\mathbf{E}$ 和 $\mathbf{B}$ 获得统一表达。电场不仅来自静态密度梯度，也受到时间变化的矢势影响：

$$\mathbf{E} = -\nabla\phi - \frac{\partial \mathbf{A}}{\partial t}.$$

在本书中，这可以解释为两种来源的叠加：$-\nabla\phi$ 来自电磁能量子密度偏差的空间变化；$-\partial_t\mathbf{A}$ 来自能量子流和相位结构的时间变化。也就是说，电场并非只来自静态密度梯度，在动态情形下，流结构和相位结构的变化也会产生电场效应。这样，Faraday 感应的有效结构就获得了准备：变化的流旋度或矢势结构可以诱导电场。

类似地，磁场来自：

$$\mathbf{B} = \nabla \times \mathbf{A}.$$

这表示磁场是矢势的旋度，而矢势本身是能量子流与相位结构的有效表达。因此，电磁势统一了梯度型结构和旋度型结构：标量势压缩密度偏差，矢势压缩能流与相位，二者共同产生有效电磁场。

第四，规范自由度不是起点，而是冗余表述的有效出现。在传统电磁理论中，势函数具有规范自由度：

$$\phi \to \phi' = \phi - \frac{\partial \chi}{\partial t},$$

$$\mathbf{A} \to \mathbf{A}' = \mathbf{A} + \nabla \chi,$$

而 $\mathbf{E}$ 与 $\mathbf{B}$ 保持不变。这个事实在标准理论中通常作为规范结构的一部分出现。在本书中，它不能被直接设为基础公设，而应理解为：同一物理电磁结构可以由不同势函数表示，某些势函数差异并不改变可观测的密度梯度、能量流旋度和相位闭合结构。因此，规范自由度是有效描述中的冗余性，而不是新增本体。

更具体地说，若改变 ϕ 和 $\mathbf{A}$ 的表达方式，但不改变 $\mathbf{E}$、$\mathbf{B}$、电荷结构、相位绕数和可观测耦合结果，那么这种改变属于表述冗余。规范自由度因此可以被理解为从有效势语言中自然出现的自由度：它反映的是势函数对同一底层 $\rho_f^{(EM)}$、$\mathbf{J}_f^{(EM)}$ 和 θ_f 结构的非唯一编码。

第五，规范自由度与相位场之间存在深层联系。前文已经定义：

$$\Psi_f = \sqrt{\rho_f} e^{i\theta_f}.$$

相位 θ_f 的变化会影响相位梯度、相位闭合和相位绕数。若矢势 $\mathbf{A}$ 与 $\nabla\theta_f$ 和能量流结构相关，那么势的规范变换自然会与相位重表述联系起来。这并不意味着本节已经完成规范理论的完整推导，但它说明：规范自由度并非外部数学装饰，而是从相位结构的有效描述冗余中出现。

特别是，局域相位选择的变化可以改变 θ_f 的表达，却不必改变相位绕数、密度偏差和可观测电磁场。这使规范自由度具有合理位置：它不是物理结构任意变化，而是对同一物理结构的不同相位—势表达。后续在 QED 有效表象中，规范耦合和相位因子可以在这一基础上获得进一步解释。

第六，标量势和矢势的出现也为 Maxwell 极限做准备。在第7章中，如果要回收 Maxwell 方程，就必须说明电场和磁场之间如何相互关联。势函数提供了必要桥梁：

$$\mathbf{E} = -\nabla\phi - \partial_t \mathbf{A},$$

$$\mathbf{B} = \nabla \times \mathbf{A}.$$

若 ϕ 来自密度偏差，$\mathbf{A}$ 来自能量子流与相位结构，那么 Maxwell 方程可以被理解为这些有效势在宏观连续场极限中的约束关系。换言之，Maxwell 方程不是凭空作用于 $\mathbf{E}, \mathbf{B}$ 的公设，而是密度、流和相位的有效势语言在弱梯度、高占有数和宏观平均条件下形成的场方程。

第七，势函数也帮助解释电磁感应。若 $\mathbf{A}$ 表示能量子流和相位结构的有效矢量编码，那么 $\partial_t \mathbf{A}$ 表示这些流与相位结构的时间变化。于是，时间变化的磁结构或矢势结构可以产生电场项：

$$-\frac{\partial \mathbf{A}}{\partial t}.$$

这为后续 Faraday 定律的回收提供基础。传统语言中，变化的磁场产生电场；在本卷语言中，变化的能量流旋度和相位结构改变有效矢势，进而表现为电场。这不是否定 Faraday 定律，而是给它一个更底层的生成性解释入口。

第八，势函数的有效性质也说明其适用边界。在静态、弱梯度、低噪声和宏观平均条件下，ϕ 与 $\mathbf{A}$ 可以很好地编码电磁结构。但在强场、单光子、相位拓扑边界、局域光子层、介质非线性或量子涨落显著的情形下，势函数可能需要更复杂的非局域泛函形式。例如：

$$\phi(\mathbf{x},t) = \mathcal{F}_\phi[\rho_f^{(EM)}, \rho_0, V_{\text{int}}, \theta_f],$$

$$\mathbf{A}(\mathbf{x},t) = \mathcal{F}_A[\mathbf{J}_f^{(EM)}, \theta_f, \nabla\theta_f, \Gamma(f), D(f)].$$

这些表达强调：势不是原初对象，而是从底层结构到有效场语言的映射。不同实验尺度可能需要不同近似阶数。

第九，规范自由度也具有失败条件。若势函数的不同表示会改变可观测密度偏差、相位绕数或电磁响应，那么这种变化不能被称为规范冗余。若 ϕ 无法与密度偏差结构联系起来，标量势的 EQT 解释失败；若 $\mathbf{A}$ 无法与能量子流和相位结构联系起来，矢势的 EQT 解释失败；若规范自由度无法作为有效冗余出现，而必须被作为独立公设加入，则本卷的生成性推导不完整。因此，本节必须把势和规范自由度作为后续检验对象，而不是完成性宣告。

第十，与强弱力卷的边界在于：本节只处理电磁势和 $U(1)$-型规范自由度的有效出现；其他相互作用的规范结构不在这里展开。

本节得到的定义和推论是：标量势 ϕ 是电磁能量子密度偏差的有效标量表达，矢势 $\mathbf{A}$ 是电磁能量子流和相位结构的有效矢量表达。电场和磁场可写为：

$$\mathbf{E} = -\nabla\phi - \frac{\partial \mathbf{A}}{\partial t},$$

$$\mathbf{B} = \nabla \times \mathbf{A}.$$

但这些势不是基础公设，而是从 $\rho_f^{(EM)}$、$\mathbf{J}_f^{(EM)}$ 和 θ_f 中出现的有效表象。规范自由度不是起点，而是同一物理电磁结构可以由不同势函数表示时产生的冗余表述。

本节尚未解决的问题是：电场、磁场、势函数和规范自由度已经获得有效位置，但带电结构如何在这些场中运动仍未说明。下一节必须讨论 Lorentz 力的有效出现，说明电荷结构如何响应密度梯度和能量流旋度，并为第7章正式回收 Maxwell 方程准备源—场—运动关系。

7.6 Lorentz 力的 EQT 解释

本节的问题是：在电荷、电场、磁场和电磁势都已经获得 EQT 位置之后，传统 Lorentz 力

$$\mathbf{F} = q(\mathbf{E} + \mathbf{v} \times \mathbf{B})$$

应当如何解释？在标准电磁理论中，这一公式描述带电粒子在电磁场中的受力，是连接电荷运动与电磁场结构的核心关系。但在本书中，Lorentz 力不能被作为基础力学公设直接加入。它必须从前文已经建立的结构中获得解释：电荷是 $\rho_f^{(EM)} - \rho_0$ 在 V_{int} 中的稳定相位—密度偏差；电场是电磁能量子密度梯度的有效表象；磁场是电磁能量子流旋度、相位滞后和运动响应的有效表象。因此，Lorentz 力应被理解为带电结构在密度梯度场和旋度流场中的有效运动响应。

本节依赖 A1、A2、A3、A4 与元规范 M。A1 要求力不能作为独立于 ρ_f 的新实体加入，而必须来自电磁频段能量子密度场与带电结构之间的相互作用。A2 要求这种相互作用服从频率—能量关系，因为能量转移、动量响应和状态转换都具有谱量约束。A3 要求带电结构的运动响应必须与密度梯度、能量子流、局域守恒、耗散和涨落相容。

A4 要求带电结构与外部电磁模式之间的耦合受洛伦兹共振核约束。M 要求 Lorentz 力不能作为事后拟合公式加入，而必须作为有效极限出现，并保留其适用范围和失败条件。

本节要推出的结论是：Lorentz 力是带电相位—密度结构在外部电磁能量子密度梯度和能量子流旋度中的有效响应。电场项 $q\mathbf{E}$ 来自电荷结构对密度梯度的响应；磁场项 $q\mathbf{v} \times \mathbf{B}$ 来自运动电荷结构对旋度流、相位滞后和横向响应的耦合。因此，Lorentz 力不是新的基本相互作用公设，而是电荷结构、梯度场、旋度场和运动状态共同形成的有效动力学表达。

首先，电场力项来自电荷结构对密度梯度的响应。前文已经定义：

$$\mathbf{E} = -\kappa_E(f)\nabla\rho_f^{(EM)}.$$

同时，电荷为：

$$q = e_0 \int_{V_{\text{int}}} \left(\rho_f^{(EM)} - \rho_0\right) dV = e_0 n.$$

这说明，电荷是一个稳定的局域相位—密度偏差结构，而电场是外部电磁能量子密度梯度的有效表象。当这种局域偏差结构处在外部梯度中时，它会受到方向性响应。传统写法将这种响应压缩为：

$$\mathbf{F}_E = q\mathbf{E}.$$

在 EQT 语言中，这表示：电荷结构内部的密度偏差和相位分支，与外部 $-\nabla\rho_f^{(EM)}$ 的方向性结构发生耦合，从而产生沿电场方向或反方向的有效运动趋势。其方向由电荷极性决定，其强度由电荷量 q 和外部梯度幅度共同决定。

因此，$q\mathbf{E}$ 不是“点电荷在外部场中被神秘推动”，而是两个结构之间的有效耦合：一个是局域稳定偏差结构 q，另一个是外部密度梯度结构 $\mathbf{E}$。若 $q > 0$，其响应方向与 $\mathbf{E}$ 一致；若 $q < 0$，其响应方向相反。这种符号差异来自前文的密度分支与相位分支，而不是直接作为力学规则加入。

其次，磁场力项来自运动电荷结构对旋度流的响应。前文已经说明，磁场不是独立基础场，而是电磁能量子流旋度、相位滞后和运动响应的有效表象：

$$\mathbf{B} = \nabla \times \mathbf{A},$$

其中 $\mathbf{A}$ 与 $\mathbf{J}_f^{(EM)}$、$\nabla\theta_f$ 和相位滞后相关。电磁能量子流为：

$$\mathbf{J}_f^{(EM)} = -D(f)\nabla\rho_f^{(EM)} + \rho_f^{(EM)}\mathbf{v}_f.$$

当带电结构以速度 $\mathbf{v}$ 相对于外部电磁能量子流或背景结构运动时，它感受到的不再只是静态密度梯度，还包括流结构的旋度和由运动引起的相位延迟。传统表达中的磁力项

$$\mathbf{F}_B = q\mathbf{v} \times \mathbf{B}$$

就是这种横向运动响应的有效压缩。

这里的叉乘结构具有明确几何含义。速度 $\mathbf{v}$ 表示带电结构穿过旋度型电磁结构的方向；$\mathbf{B}$ 表示有效旋度场方向；$\mathbf{v} \times \mathbf{B}$ 给出横向响应方向。也就是说，磁力方向不是任意指定，而是运动方向与旋度方向在三维空间中的有向几何关系。传统右手定则在本书中可以理解为带电结构、能量流旋度和空间取向之间的有效读出规则。

第三，Lorentz 力把梯度响应和旋度响应合并在一起。电场项对应梯度型结构：

$$\mathbf{E} \leftrightarrow -\nabla \rho_f^{(EM)}.$$

磁场项对应旋度型结构：

$$\mathbf{B} \leftrightarrow \nabla \times \mathbf{J}_f^{(EM)} \quad \text{及相位滞后.}$$

因此，

$$\mathbf{F} = q(\mathbf{E} + \mathbf{v} \times \mathbf{B})$$

可以理解为带电相位—密度结构对两类电磁有效结构的总响应：静态或准静态密度梯度给出电场响应，运动相关的流旋度和相位滞后给出磁场响应。这个公式之所以简洁，是因为它已经把复杂的密度、流、相位和运动耦合压缩到 $\mathbf{E}$、$\mathbf{B}$、q 和 $\mathbf{v}$ 四个有效变量中。

第四，Lorentz 力不是所有尺度下的基础公式。它适用于电荷结构可以被有效看作带电对象，$\mathbf{E}$ 和 $\mathbf{B}$ 可以被有效看作连续场变量，且运动速度、场强、频率和涨落处于经典或半经典适用范围的情形。在单光子强耦合、强场非线性、局域光子层、相位拓扑跃迁、介质强响应或 QED 精密涨落条件下，Lorentz 力可能需要修正或补充。也就是说，它是经典有效极限，而不是 A1 层级的本体公设。

第五，Lorentz 力必须与能量守恒和动量响应相容。带电结构在电场中运动时，其能量变化来自与密度梯度场的耦合；在磁场中运动时，理想磁力不做功，因为 $\mathbf{v}\cdot(\mathbf{v}\times\mathbf{B}) = 0$。在 EQT 语言中，这意味着旋度型流结构主要改变运动方向，而不直接改变动能大小；梯度型结构则可以改变能量状态。这种区分应当能够从密度梯度和流旋度的几何性质中获得解释。

第六，Lorentz 力还必须与电荷量子化相容。传统公式中的 q 不是任意连续参数，而是前文推出的

$$q = e_0 n.$$

因此，不同带电结构的受力强度应当按相位绕数和最小电荷单位离散变化。若 n 改变，响应强度按整数倍变化；若极性分支改变，响应方向改变。这样，Lorentz 力中的电荷参数不再是外加属性，而是电荷量子化机制的有效结果。

第七，Lorentz 力也为 Maxwell 极限中的源—场关系做准备。Maxwell 方程需要电荷密度、电流密度和场之间的

一致关系。Lorentz 力则说明带电结构如何响应场，从而形成运动、加速、辐射和电流。若没有 Lorentz 力或其有效对应，场方程只能描述场如何由源产生，却不能完整说明带电结构如何在场中运动。因此，本节为下一章回收 Maxwell 理论中的电荷—电流—场耦合关系提供动力学接口。

第八，Lorentz 力也需要 A4 的频率耦合约束。一个带电结构是否有效响应某一外部电磁模式，取决于它与该模式之间的耦合强度。若外部场频率与局域结构或束缚态模式匹配，响应更强；若频率严重失配，响应可能减弱、延迟或表现为非线性修正。传统 Lorentz 力通常是在低频或适当平均条件下使用，不显式写出频率核；但在 EQT 框架中，更精细的响应应受

$$A(\nu_B, \nu_F) = \frac{A_0}{(\nu_B - \nu_F)^2 + \gamma^2}$$

这样的共振结构约束。因此，Lorentz 力是频率耦合被压缩后的有效表达。

本节与弱力—强力主线的关系在于：其他相互作用中也存在源结构对场结构的响应，但其机制和有效公式不同。强力高频区由于强耦合和禁闭，通常不会表现为简单长程 Lorentz 型力；弱力相关过程则受短寿命中介和变频转换支配。电磁卷中的 Lorentz 力之所以成立，是因为电磁频段支持稳定电荷、低耗散传播、可屏蔽长程场和连续场极限。因此，Lorentz 力是电磁频段特有的经典有效响应，而不是所

有频段的普遍形式。

本节得到的定义和推论是：Lorentz 力

$$\mathbf{F} = q(\mathbf{E} + \mathbf{v} \times \mathbf{B})$$

在 EQT 中应被解释为带电相位—密度结构在电磁能量子密度梯度和能量子流旋度中的有效运动响应。电场项 $q\mathbf{E}$ 来自电荷结构对密度梯度的响应；磁场项 $q\mathbf{v} \times \mathbf{B}$ 来自运动电荷结构对旋度流、相位滞后和横向响应的耦合。Lorentz 力不是基础公设，而是电荷、场、势、流和运动状态在经典极限中的有效合成。

本节尚未解决的问题是：电荷、电场、磁场、电势、规范自由度和 Lorentz 力已经获得 EQT 解释，但本章还需要收束这些结果，说明 $\mathbf{E}, \mathbf{B}$ 如何作为 $\rho_f^{(EM)}$ 的有效场表象进入下一章的 Maxwell 极限。下一节必须总结：电场来自梯度，磁场来自旋度，势来自密度—流—相位结构，Lorentz 力来自带电结构对梯度和旋度的响应；下一章由此才能正式回收 Maxwell 方程。

7.7 本章小结

本章的任务，是在电荷、相位拓扑和三态结构已经建立之后，说明电场 $\mathbf{E}$、磁场 $\mathbf{B}$、电磁势和 Lorentz 力如何在 EQT 框架中获得位置。本章的核心结论是：$\mathbf{E}$ 与 $\mathbf{B}$ 不是本卷的基础本体，而是 $\rho_f^{(EM)}$、$\nabla\rho_f^{(EM)}$、$\mathbf{J}_f^{(EM)}$ 和 θ_f 在不同条件下形成的有效表象。传统电磁理论从 $\mathbf{E},\mathbf{B}$ 出发是成功的描述顺序；本书则必须从 $\rho_f^{(EM)}$ 出发，说明这些场变量如何生成。

首先，本章明确拒绝把 $\mathbf{E},\mathbf{B}$ 作为基础公设。按照 A1，本卷唯一基础对象是按频率分族的能量子密度场。若直接从 $\mathbf{E},\mathbf{B}$ 出发，就会把 Maxwell 理论的有效变量提前设为本体起点，从而破坏全书的推导顺序。正确顺序应当是：

$$\rho_f^{(EM)} \to q \to \theta_f \to q = e_0 n \to \text{三态} \to \mathbf{E},\mathbf{B} \to \text{Maxwell}.$$

因此，$\mathbf{E},\mathbf{B}$ 在本书中必须作为有效表象出现，而不是作为公设出现。

第二，本章将电场定义为电磁能量子密度梯度的有效表象。最低阶形式为：

$$\mathbf{E} = -\kappa_E(f)\nabla\rho_f^{(EM)}.$$

该定义说明，电场方向来自密度下降方向，电场强度来自梯度幅度，电势来自密度偏差的有效积分结构。电场不是独立基础场，而是 $\rho_f^{(EM)}$ 空间不均匀性的宏观读出。若密度场足够平滑、噪声受控、梯度较弱并可宏观平均，这一表象可以接近经典电场；若进入强场、相位拓扑边界、局域屏蔽或量子涨落显著区域，则需要更高阶修正。

第三，本章说明库仑势和反平方力可以从远场密度梯度结构中得到。局域量子化电荷改变周围 $\rho_f^{(EM)}$ 的分布，在静态、球对称、弱梯度和三维通量守恒条件下，远场满足：

$$\rho_f(r) \to \mathbf{E}(r).$$

三维球面通量几何进一步给出：

$$E(r) \propto \frac{1}{r^2}.$$

由有效电势得到：

$$V(r) \propto \frac{1}{r},$$

进而得到：

$$F(r) \propto \frac{q_1 q_2}{r^2}.$$

因此，$1/r^2$ 不是直接作为公式输入，而是由三维通量几何、远场弱梯度条件和局域量子化电荷结构共同推出。

第四，本章将磁场解释为电磁能量子流旋度与相位滞后的有效表象。电磁能量子流为：

$$\mathbf{J}_f^{(EM)} = -D(f)\nabla\rho_f^{(EM)} + \rho_f^{(EM)}\mathbf{v}_f.$$

电场对应梯度结构，磁场则对应旋度结构和动态相位结构：

$$\mathbf{E} \leftrightarrow -\nabla\rho_f^{(EM)},$$

$$\mathbf{B} \leftrightarrow \nabla\times\mathbf{J}_f^{(EM)} \quad \text{及相位滞后}.$$

传统形式

$$\mathbf{B} = \nabla \times \mathbf{A}$$

可以保留，但 $\mathbf{A}$ 不应被理解为基础规范场，而应被理解为能量子流、相位梯度和相位滞后的有效矢量表达。运动电荷结构使周围 $\rho_f^{(EM)}$ 出现横向流动、环流和相位延迟，这些结构在有效场语言中表现为磁场。

第五，本章重新定位了电磁势与规范自由度。标量势 ϕ 是密度偏差的有效标量表达；矢势 $\mathbf{A}$ 是能量子流和相位结构的有效矢量表达。传统关系

$$\mathbf{E} = -\nabla\phi = -\frac{\partial \mathbf{A}}{\partial t},$$

$$\mathbf{B} = \nabla \times \mathbf{A}$$

在本书中被解释为密度、流和相位结构的有效压缩。规范自由度不是本体起点，而是同一物理电磁结构可以由不同势函数表示时出现的冗余表述。换言之，规范结构不是为了保护理论而外加的形式装置，而是相位—势语言在有效描述中的自然自由度。

第六，本章解释了 Lorentz 力的有效来源。传统公式

$$\mathbf{F} = q(\mathbf{E} + \mathbf{v} \times \mathbf{B})$$

在 EQT 中应理解为带电相位—密度结构在电磁能量子密度梯度和能量子流旋度中的运动响应。其中，

$$q\mathbf{E}$$

来自电荷结构对密度梯度的响应；

$$q\mathbf{v} \times \mathbf{B}$$

来自运动电荷结构对旋度流、相位滞后和横向响应的耦合。电荷 $q = e_0 n$ 不是外加参数，而是前文由密度偏差、积分空间和相位绕数推出的量子化结构。因此，Lorentz 力不是基础公设，而是电荷、梯度、旋度、相位和运动状态在经典极限中的有效合成。

本章与弱力—强力主线的关系也已经明确。密度梯度、能量流、相位滞后和局域响应是系列中的通用机制，但 $\mathbf{E}, \mathbf{B}$ 是电磁频段中的特定有效表象。强力高频区可能表现为短程强耦合和强禁闭；弱力相关频段可能表现为短寿命中介和变频衰变；只有电磁频段在低耗散、相位可传播、双极性和连续场近似条件下，才形成可屏蔽、长程、可用 Maxwell/QED 描述的电磁场结构。

本章得到的定义和推论可以概括为四点。第一，$\mathbf{E}$ 来自 $\rho_f^{(EM)}$ 的密度梯度。第二，$\mathbf{B}$ 来自 $\mathbf{J}_f^{(EM)}$ 的旋度、相位滞后和运动响应。第三，ϕ 与 $\mathbf{A}$ 是密度、能流和相位结构的有效势表象，规范自由度是有效冗余表述。第四，Lorentz 力是带电结构对梯度型和旋度型电磁结构的有效运动响应。

本章尚未解决的问题是：虽然 $\mathbf{E}, \mathbf{B}$、电势、规范自由度和 Lorentz 力已经获得 EQT 解释，但 Maxwell 方程尚未正式回收。下一章必须处理 Maxwell 极限：在弱梯度、高占有数、低噪声、线性响应和宏观平均条件下，如何从 $\rho_f^{(EM)}$、电荷定义、能量子流和有效场变量中得到 Gauss 定律、Faraday 定律、Ampère–Maxwell 方程和电磁波方程。只有完成这一步，本卷才能说明经典电磁学不是被预设的起点，而是 EQT 电磁机制的有效极限。

第四部分

标准理论极限

第八章　Maxwell 结构的 EQT 极限推导

8.1　Maxwell 理论在本卷中的地位

本节的问题是：Maxwell 理论在本卷中应当处于什么位置？这个问题必须在正式处理 Gauss 定律、Faraday 定律、Ampère–Maxwell 方程和电磁波方程之前说明。Maxwell 理论是经典电磁学的核心成就，它以极其简洁的方程组统一了电场、磁场、电荷、电流、电磁感应和电磁波传播。任何试图解释电磁力生成机制的理论，如果不能在适当极限下回收 Maxwell 方程，就不能成为合格的电磁理论。因此，Maxwell 方程不是本书的对手，而是本书必须达到的经典极限。

本节依赖 A1、A2、A3、A4 与元规范 M。A1 要求 Maxwell 方程中的 $\mathbf{E}$、$\mathbf{B}$、ρ_q 和 $\mathbf{J}_q$ 不能作为最初公设，而必须从 $\rho_f^{(EM)}$ 及其密度、梯度、流和相位结构中获得位置。

A2 要求 Maxwell 理论中的电磁能量、波动和频率结构最终与 $E = h\nu$ 的谱量原则相容。A3 要求 Maxwell 方程不能独立于 EQT 主方程，而应作为 $\rho_f^{(EM)}$ 在特定极限下的有效场方程。A4 要求电磁场与物质、束缚态和凝聚态之间的耦合仍受频率匹配和共振核限制。M 要求本卷必须明确 Maxwell 极限的成立条件，也必须说明在什么情况下该回收会失败。

本节要推出的结论是：Maxwell 理论在本卷中的地位是经典连续场极限，而不是基础本体起点。它不是被否定的对象，也不是被简单重复的对象，而是本书必须在弱梯度、高占有数、低噪声、线性响应和宏观平均条件下回收的有效理论。

首先，Maxwell 方程不能作为本书的起点。若一开始就规定

$$\nabla \cdot \mathbf{E} = \frac{\rho_q}{\varepsilon_0},$$

$$\nabla \times \mathbf{E} = -\frac{\partial \mathbf{B}}{\partial t},$$

$$\nabla \cdot \mathbf{B} = 0,$$

$$\nabla \times \mathbf{B} = \mu_0 \mathbf{J}_q + \mu_0 \varepsilon_0 \frac{\partial \mathbf{E}}{\partial t},$$

那么电荷、电场、磁场和电流就已经被放入理论前提之中。这样，本卷就无法回答电荷如何生成、$\mathbf{E}$ 和 $\mathbf{B}$ 如何出现、光子与局域光子层如何区分、Maxwell 理论为何是有效极限等问题。换言之，Maxwell 方程如果被放在开端，本书就会

变成对 Maxwell 理论的重新解释，而不是电磁机制的生成性推导。

其次，Maxwell 方程也不能被视为本书需要推翻的对象。传统电磁理论在宏观经典尺度上取得了高度成功，任何合理的新机制解释都必须保留其有效性。电荷守恒、电磁波传播、感应定律、场的横波结构和光速关系，都是本卷必须解释并回收的结果。如果本书不能回收 Maxwell 方程，而只能提出一套与经典电磁学不相容的表述，那么它就不能作为电磁力机制卷成立。

因此，本书对 Maxwell 理论的态度应当是“双重约束”：一方面不能把 Maxwell 方程作为公设；另一方面必须在合适极限下回收 Maxwell 方程。这一区别非常关键。将 Maxwell 方程作为公设，会破坏生成顺序；不能回收 Maxwell 方程，则会破坏经验与理论相容性。本卷必须走中间路线：从 $\rho_f^{(EM)}$ 出发，经过电荷定义、相位拓扑、三态结构、密度梯度、电磁能量子流和有效势表象，最后在经典极限中得到 Maxwell 结构。

本章的推导路线可以概括为：

$$\rho_f^{(EM)} \to q, \mathbf{J}_q \to \mathbf{E}, \mathbf{B} \to \text{Maxwell 极限}.$$

其中，电荷 q 不是预设源，而是

$$q = e_0 \int_{V_{\text{int}}} (\rho_f^{(EM)} - \rho_0) dV$$

并在相位拓扑条件下量子化为

$$q = e_0 n.$$

电流 $\mathbf{J}_q$ 不是独立给定对象，而是带电相位—密度结构运动时的有效流。电场 $\mathbf{E}$ 来自电磁能量子密度梯度，磁场 $\mathbf{B}$ 来自能量子流旋度、相位滞后和运动响应。Maxwell 方程则应当是这些有效变量在连续场极限下满足的宏观方程。

Maxwell 极限需要几个条件。第一，是弱梯度条件。若 $\rho_f^{(EM)}$ 的空间变化过于剧烈，局域相位拓扑、屏蔽层、强场非线性或单光子过程就不能被简单连续场吸收。第二，是高占有数条件。Maxwell 理论描述的是经典连续场，而不是单个光子或低占有数量子态。第三，是低噪声条件。若量子涨落项 $\mathcal{N}(f)$ 显著，经典方程需要量子修正。第四，是线性响应条件。若介质响应、强场自作用或非线性耦合显著，Maxwell 形式可能只作为最低阶近似成立。第五，是宏观平均条件。只有当局域密度、相位和流结构可在适当尺度上平均，$\mathbf{E}$、$\mathbf{B}$、ρ_q 和 $\mathbf{J}_q$ 才能成为稳定连续变量。

这意味着 Maxwell 理论是有效而非绝对的。它在大量经典情形中极其准确，但本卷必须保留其边界：强场非线性、局域光子层、相位绕数效应、单光子过程、近场强耦合、屏蔽长度偏离和 QED 精密效应，都可能要求回到更底层的 $\rho_f^{(EM)}$ 描述。这样处理不是削弱 Maxwell 理论，而是明确其适用域。

本章后续各节的任务，就是逐条回收 Maxwell 结构。Gauss 定律应从电荷定义、密度梯度和通量几何中获得；无磁单极条件应从磁场作为流旋度的定义中获得；Faraday 定律应从时间变化的能流旋度和相位结构诱导梯度场中获得；Ampère–Maxwell 方程应从带电结构流、能量子流旋度和位移项中获得；电磁波方程应从低耗散传播、相位可持续和连续场极限中获得。这样，Maxwell 方程组将不是突然出现的外部定律，而是前文推导链在经典极限中的闭合表达。

本节与弱力—强力主线的关系在于：每一卷都必须回收其对应标准理论的有效极限。强力—弱力卷不能否定已验证的短程相互作用结构；引力卷不能否定牛顿极限和 GR 弱场极限；电磁卷也不能否定 Maxwell 理论。不同之处在于，电磁卷需要回收的是长程、可屏蔽、双极性、连续场和低耗散传播的经典极限。这正是 Maxwell 理论的地位：它是电磁频段在宏观经典条件下的有效读出，而不是本卷的起点。

本节得到的定义和推论是：Maxwell 方程不是本书的对手，而是必须回收的经典极限。它不能作为基础公设直接引入，也不能被本书轻易否定。它应当在如下条件下出现：

$$\text{弱梯度} + \text{高占有数} + \text{低噪声} + \text{线性响应} + \text{宏观平均} \Rightarrow \text{Maxwell 极限}.$$

本节尚未解决的问题是：Maxwell 理论的地位已经明确，但具体方程尚未回收。下一节必须从 Gauss 定律开始，说明电荷定义、密度梯度和通量几何如何给出

$$\nabla \cdot \mathbf{E} = \frac{\rho_q}{\varepsilon_0},$$

并解释为什么该方程是 $\rho_f^{(EM)}$ 的密度偏差结构在经典连续场极限中的有效表达。

8.2 弱梯度、高占有数、宏观平均极限

本节的问题是：在什么条件下，前文建立的 $\rho_f^{(EM)}$、电荷结构、电磁能量子流、相位场和三态结构可以被压缩为 Maxwell 理论中的经典连续场变量？上一节已经说明，Maxwell 方程不是本书的起点，而是必须回收的经典极限。但“回收 Maxwell 极限”不能只是一句相容性声明。必须明确指出：哪些条件使 $\mathbf{E}$、$\mathbf{B}$、ρ_q 和 $\mathbf{J}_q$ 成为稳定有效变量？哪些条件允许局域密度、相位、流和涨落被宏观平均？哪些条件一旦失效，Maxwell 描述就需要修正或退回到更底层的 EQT 表述？

本节依赖 A1、A2、A3、A4 与元规范 M。A1 要求 Maxwell 极限中的场变量仍然必须追溯到 $\rho_f^{(EM)}$，而不能重新成为基础本体。A2 要求经典场中的频率、能量和波动仍然服从 $E = h\nu$ 的谱量原则，只是在高占有数条件下离散性被宏观平均。A3 要求 Maxwell 极限必须来自 EQT 主方程在特定近似条件下的有效形式。A4 要求介质响应、源项耦合、吸收和辐射仍然受频率匹配约束。M 要求 Maxwell 极限的成立条件必须明确，否则“相容 Maxwell 理论”就会变成不可证伪的泛化声明。

本节要推出的结论是：Maxwell 极限不是无条件成立的基础层，而是在弱梯度、高占有数、低噪声、线性响应、边界稳定和宏观平均六个条件共同满足时出现的经典连续场表象。可以概括为：

$$\text{弱梯度} + \text{高占有数} + \text{低噪声} + \text{线性响应} + \\ \text{边界稳定} + \text{宏观平均} \Rightarrow \text{Maxwell 极限}.$$

第一，Maxwell 极限要求弱梯度条件。前文已经将电场定义为电磁能量子密度梯度的有效表象：

$$\mathbf{E} = -\kappa_E(f)\nabla\rho_f^{(EM)}.$$

这个定义在局域强梯度区域仍然可以提供方向性信息，但不一定能直接压缩成经典 Maxwell 场变量。若 $\rho_f^{(EM)}$ 在极小尺度上剧烈变化，局域相位绕数、屏蔽层、边界重排、束缚态结构和强场非线性就会显著影响场的读出。此时，简单连续场近似可能失效。弱梯度条件要求 $\rho_f^{(EM)}$ 在所考察的宏观尺度上变化平滑，使 $\nabla\rho_f^{(EM)}$ 可以被视为连续、可微、可平均的有效变量。

弱梯度并不意味着没有梯度。没有梯度，就没有电场。弱梯度的意思是：梯度变化本身不剧烈到需要解析底层离散结构、相位拓扑边界或强非线性响应。只有在这种条件下，$\mathbf{E}$ 才能作为经典场变量进入 Maxwell 方程，而不是需要被拆解为更底层的密度、相位和局域流结构。

第二，Maxwell 极限要求高占有数条件。经典电磁场描述的是大量电磁能量子激发的连续平均，而不是单个光子的离散事件。若某一模式中只有少数自由态激发，吸收和发射会表现为离散量子事件；若进入单光子干涉、腔 QED 或低占有数量子光学情形，Maxwell 理论只能作为平均背景，不能完整描述全部现象。高占有数条件要求相关电磁模式中存在足够多的自由态或准自由态激发，使离散光子读出被统计平均为连续场。

在本书的术语中，这意味着：

$$\rho_{f,\text{free}}^{(EM)} \text{ 在给定宏观单元内具有高占有数} \Rightarrow \text{经典连续波或场表象}.$$

单个光子是自由态量子激发；大量光子或大量自由态激发的相干平均，则形成经典电磁波。Maxwell 理论描述的是后一种极限，而不是否定前一种量子结构。

第三，Maxwell 极限要求低噪声条件。EQT 主方程中包含量子涨落项：

$$\mathcal{N}(f).$$

这一项为 QED 有效表象、虚光子、真空涨落和微观响应提供入口。但在经典 Maxwell 极限中，这些涨落必须相对于平均场足够小，或者在宏观平均中相互抵消。若涨落项主导，场变量就会表现出显著随机性、量子噪声或真空极化修正，不能简单由经典 Maxwell 方程完全描述。

低噪声条件可以写成一种有效要求：

$$|\langle \mathcal{N}(f) \rangle_{\Delta V, \Delta t, \Delta f}| \ll \left| \langle \rho_f^{(EM)} \rangle_{\Delta V, \Delta t, \Delta f} \right|$$

或更准确地说，涨落对 $\mathbf{E}$、$\mathbf{B}$、ρ_q 和 $\mathbf{J}_q$ 的宏观贡献应当小于经典场主导项。若这一条件不成立，就进入 QED 修正、强场涨落、近场噪声或量子光学区域。

第四，Maxwell 极限要求线性响应条件。Maxwell 方程的标准形式是线性的场方程，至少在真空和普通线性介质中如此。可是 EQT 主方程包含非线性自持项：

$$k(f) \left(\rho_f^{(EM)} \right)^m,$$

也可能包含非线性源项、耗散项、相位锁定和束缚态重排。在弱场或低阶近似下，这些非线性作用可以被忽略、线性化或吸收到有效介质参数中；但在强场、强局域束缚、屏蔽层重排或高密度能量子结构中，非线性响应可能变得不可忽略。

线性响应条件要求：

$$\delta\rho_f^{(EM)} \quad \text{对外部扰动的响应近似线性.}$$

在此条件下，电场、电势、磁场和电流之间可以用线性方程表达；若该条件破坏，Maxwell 方程仍可作为最低阶近似，但需要非线性修正。后文关于强场非线性修正和可证伪窗口时，必须回到这一条件。

第五，Maxwell 极限要求边界稳定条件。电荷在本书中不是任意点源，而是

$$q = e_0 \int_{V_{\text{int}}} (\rho_f^{(EM)} - \rho_0) dV$$

所定义的稳定积分结构。若 V_{int} 的边界不稳定，或边界通量持续泄漏，或相位闭合频繁破裂，那么有效电荷密度 ρ_q 和有效电流密度 $\mathbf{J}_q$ 就不能稳定进入 Maxwell 方程。Maxwell 理论要求源项在所考察尺度上可定义、可守恒、可连续化。因此，边界稳定是把局域电荷结构压缩为经典源项的必要条件。

边界稳定也包括介质边界、导体边界、束缚态边界和屏蔽层边界的稳定。若边界快速重排或强烈非线性响应，经

典边界条件可能失效，需要使用更底层的 $\rho_f^{(EM)}$、$\mathbf{J}_f^{(EM)}$ 和 θ_f 描述。

第六，Maxwell 极限要求宏观平均条件。这是把底层能量子密度场转化为连续场变量的总体条件。设 $\langle\cdot\rangle_{\Delta V,\Delta t,\Delta f}$ 表示在空间、时间和频率带宽上的平均，则经典电磁场变量应当来自如下平均结构：

$$\bar{\rho}^{(EM)} = \left\langle \rho_f^{(EM)} \right\rangle_{\Delta V,\Delta t,\Delta f},$$

$$\bar{\mathbf{J}}^{(EM)} = \left\langle \mathbf{J}_f^{(EM)} \right\rangle_{\Delta V,\Delta t,\Delta f}.$$

类似地，有效电荷密度和有效电流密度可以理解为对大量局域相位—密度结构的平均读出：

$$\rho_q \sim \left\langle e_0(\rho_f^{(EM)} - \rho_0) \right\rangle_{\text{effective source scale}},$$

$$\mathbf{J}_q \sim \rho_q \mathbf{v}$$

在经典源项近似下成立。宏观平均使局域涨落、相位微扰和单光子事件不再逐个进入方程，而被压缩为连续场和连续源。

这六个条件共同定义 Maxwell 极限。若只满足其中一部分，Maxwell 方程可能仍然作为近似成立，但其精确性会下降。例如，高占有数但强非线性时，需要非线性电磁修正；弱梯度但低占有数时，需要量子光学描述；低噪声但边界不稳定时，源项不再清楚；宏观平均成立但频率耦合失配时，介质响应可能需要复杂频率核。由此可见，Maxwell 极限不是一句“经典极限”的泛称，而是一组具体条件的交集。

可以将 Maxwell 极限条件写成更紧凑的结构：

$$\mathcal{M}_{\text{Maxwell}} = \begin{cases} |\nabla\rho_f^{(EM)}| \text{ 在平均尺度上平滑}, \\ N_f \gg 1, \\ \mathcal{N}(f) \text{ 宏观可忽略或可平均}, \\ \delta\rho_f^{(EM)} \text{ 线性响应}, \\ \partial V_{\text{int}} \text{ 稳定}, \\ \langle\cdot\rangle_{\Delta V,\Delta t,\Delta f} \text{ 有效}. \end{cases}$$

当这些条件成立时，$\rho_f^{(EM)}$、$\mathbf{J}_f^{(EM)}$、θ_f 和局域电荷结构可以被压缩为 $\mathbf{E}, \mathbf{B}, \rho_q, \mathbf{J}_q$，并进入 Maxwell 方程组。

本节还要说明 Maxwell 极限与 QED 极限的区别。Maxwell 极限强调高占有数、宏观平均和低噪声；QED 有效表象则强调单激发、涨落、传播子、微扰耦合和量子读出。二者都应从 $\rho_f^{(EM)}$ 出发，但对应不同读出条件。不能用 Maxwell 极限覆盖全部量子电磁现象，也不能用 QED 语言取代经典场极限。本卷必须分别处理二者：第7章回收 Maxwell，第8章处理 QED 有效表象。

本节与弱力—强力主线的关系在于：标准理论极限的回收在各卷中都需要清楚条件。强力—弱力卷需要说明何时出现短程相互作用、强禁闭或弱衰变的有效描述；引力卷需要说明何时出现牛顿极限或 GR 弱场极限；电磁卷则需要说明何时出现 Maxwell 极限。电磁 Maxwell 极限的特殊性在于它依赖低耗散传播、高占有数、双极源项、连续场和宏观平均，这些条件不同于强弱力高频区的短程和非线性结构。

本节得到的定义和推论是：Maxwell 极限成立于弱梯度、高占有数、低噪声、线性响应、边界稳定和宏观平均条件共同满足时。在这些条件下，

$$\rho_f^{(EM)}, \mathbf{J}_f^{(EM)}, \theta_f, V_{\text{int}}$$

可以被有效压缩为经典变量：

$$\mathbf{E}, \mathbf{B}, \rho_q, \mathbf{J}_q.$$

因此，Maxwell 方程不是基础公设，而是这些底层结构在经典连续场条件下的有效方程。

本节尚未解决的问题是：Maxwell 极限条件已经明确，但还没有逐条回收 Maxwell 方程。下一节必须从 Gauss 定律开始，说明电荷密度 ρ_q 如何作为 $\rho_f^{(EM)} - \rho_0$ 的宏观源项出现，电场通量如何与该源项关联，并由此得到

$$\nabla \cdot \mathbf{E} = \frac{\rho_q}{\varepsilon_0}.$$

8.3 Gauss 定律的 EQT 回收

本节的问题是：在 Maxwell 极限条件下，Gauss 定律如何从 EQT 电磁机制中回收？上一节已经说明，Maxwell 极限成立于弱梯度、高占有数、低噪声、线性响应、边界稳定和宏观平均条件共同满足时。在这些条件下，$\rho_f^{(EM)}$、$\mathbf{J}_f^{(EM)}$、θ_f 和局域积分空间 V_{int} 可以被压缩为经典连续场变量 $\mathbf{E}, \mathbf{B}, \rho_q, \mathbf{J}_q$。本节要处理其中第一条经典场方程：

$$\nabla \cdot \mathbf{E} = \frac{\rho_q}{\varepsilon_0}.$$

在本卷中，这一方程不能作为起点，而必须从电荷定义、密度梯度、电场表象和通量几何中得到。

本节依赖 A1、A2、A3、A4 与元规范 M。A1 要求 Gauss 定律中的源项 ρ_q 不能被直接当作基础电荷密度，而必须来自电磁频段能量子密度场 $\rho_f^{(EM)}$ 相对于背景密度 ρ_0 的局域偏差。A2 要求电荷源项与电磁频段的能量谱量结构相容。A3 要求电荷密度和电场通量关系来自 $\rho_f^{(EM)}$ 的局域连续性、密度梯度和边界稳定。A4 要求可观测电荷源必须处在可耦合电磁频段中，而不能是任意密度偏差。M 要求 Gauss 定律必须作为经典极限被回收，不能作为隐藏公设预先放入。

本节要推出的结论是：Gauss 定律是电荷密度作为 $\rho_f^{(EM)} - \rho_0$ 的宏观积分结构、电场作为 $-\nabla\rho_f^{(EM)}$ 的有效表象、以及三维通量几何在 Maxwell 极限中的共同结果。其基本形式可写为：

$$\nabla \cdot \mathbf{E} \sim \frac{\rho_{\text{charge}}}{\varepsilon_0},$$

更具体地，在传统电磁单位下回收为：

$$\nabla \cdot \mathbf{E} = \frac{\rho_q}{\varepsilon_0}.$$

首先，需要重新说明 ρ_q 在本卷中的来源。传统 Maxwell 理论把电荷密度 ρ_q 作为场方程的源项给定；本书则必须从前文的电荷定义出发。对于一个局域电荷结构，有：

$$q = e_0 \int_{V_{\text{int}}} \left(\rho_f^{(EM)} - \rho_0\right) dV.$$

在宏观连续场极限下，许多这样的局域量子化电荷结构可以被平均为有效电荷密度：

$$\rho_q(\mathbf{x}) = \left\langle e_0 \left(\rho_f^{(EM)} - \rho_0\right) \right\rangle_{\Delta V, \Delta t, \Delta f}.$$

这里的平均不是对任意密度场进行数学压缩，而是在弱梯度、高占有数、边界稳定和宏观平均条件下，对可观测、可耦合、量子化的电荷结构进行有效读出。也就是说，ρ_q 不是新的基础对象，而是局域电荷积分结构在经典连续场尺度上的密度表达。

其次，电场已经在第6章中被定义为电磁能量子密度梯度的有效表象：

$$\mathbf{E} = -\kappa_E(f) \nabla \rho_f^{(EM)}.$$

在 Maxwell 极限下，频率依赖、相位涨落、局域边界效应和高阶非线性可以被平均或吸收到有效常数中，于是可以写成宏观有效形式：

$$\mathbf{E} \approx -\kappa_E^{\text{eff}} \nabla \bar{\rho}^{(EM)}.$$

其中，

$$\bar{\rho}^{(EM)} = \left\langle \rho_f^{(EM)} \right\rangle_{\Delta V, \Delta t, \Delta f}$$

是宏观平均后的电磁能量子密度。由此，电场的散度为：

$$\nabla \cdot \mathbf{E} = -\kappa_E^{\text{eff}} \nabla^2 \bar{\rho}^{(EM)}.$$

这说明，Gauss 定律的左端不是独立设定的场散度，而是电磁能量子密度场曲率或源性结构的有效表达。

第三，局域电荷结构在远场中表现为电场通量源。对于某一区域 V，若其内部包含净电荷结构，则该区域边界上的电场通量为：

$$\oint_{\partial V} \mathbf{E} \cdot d\mathbf{A}.$$

在 EQT 语言中，这一通量表达的是由内部 $\rho_f^{(EM)} - \rho_0$ 的稳定偏差结构所导致的外部密度梯度流出或流入。若 V 包含净正极性偏差，则外部电场通量表现为一种方向；若包含净负极性偏差，则通量方向相反；若内部正负偏差在该积分尺度上补偿，则净通量近似为零。

因此，可以写出积分形式的 Gauss 关系：

$$\oint_{\partial V} \mathbf{E} \cdot d\mathbf{A} = \frac{Q_{\text{enc}}}{\varepsilon_0},$$

其中

$$Q_{\text{enc}} = \int_V \rho_q(\mathbf{x}) dV.$$

在本书中，Q_{enc} 不是外加电荷，而是内部所有可观测电荷结构的宏观和：

$$Q_{\text{enc}} = \sum_i q_i = \sum_i e_0 n_i,$$

或者在连续极限中：

$$Q_{\text{enc}} = \int_V \left\langle e_0(\rho_f^{(EM)} - \rho_0) \right\rangle dV.$$

这就把 Gauss 定律的源项直接连接到前文的电荷结构定义。

第四，从积分形式到微分形式，需要宏观连续性条件。若 $\mathbf{E}$ 与 ρ_q 在宏观尺度上足够平滑，则由散度定理：

$$\oint_{\partial V} \mathbf{E} \cdot d\mathbf{A} = \int_V \nabla \cdot \mathbf{E} \, dV.$$

代入积分形式：

$$\int_V \nabla \cdot \mathbf{E} \, dV = \int_V \frac{\rho_q}{\varepsilon_0} dV.$$

由于该关系对任意宏观体积 V 成立，得到：

$$\nabla \cdot \mathbf{E} = \frac{\rho_q}{\varepsilon_0}.$$

这就是 Gauss 定律的微分形式。这里的“任意体积”仍然应理解为 Maxwell 极限中的宏观体积，而不是任意穿过相位拓扑边界、局域光子层或强场非线性区域的微观体积。在这些微观区域中，连续场近似可能需要修正。

第五，ε_0 在本卷中的地位也需要说明。传统电磁学中，ε_0 是真空介电常数，决定电荷与电场通量之间的比例关系。在 EQT 解释中，ε_0 不应被当作最底层公设，而应被理解为 Maxwell 极限中，把电荷密度源项 ρ_q 与电磁能量子密度梯度表象 $\mathbf{E}$ 连接起来的有效常数。它吸收了 κ_E^{eff}、频率平均、真空响应、单位制选择和宏观线性响应条件等因素。

因此，本节可以回收

$$\nabla \cdot \mathbf{E} = \frac{\rho_q}{\varepsilon_0},$$

但不能声称已经从第一原则计算出 ε_0 的数值。更严格的说法是：ε_0 是电磁频段在 Maxwell 极限中的有效响应参数；其深层来源应与 $\rho_f^{(EM)}$ 的梯度响应、真空背景密度、频率平均和单位制映射有关。若未来理论无法约束 ε_0 或其与其他常数的关系，则这一部分仍属于待完善内容。

第六，Gauss 定律也说明电中性结构如何在宏观上表现为零通量。若某一区域内正负电荷结构相互补偿，则

$$Q_{\text{enc}} = \sum_i e_0 n_i \approx 0.$$

于是：

$$\oint_{\partial V} \mathbf{E} \cdot d\mathbf{A} \approx 0.$$

这并不表示区域内部没有任何电磁能量子结构，而是表示在该宏观积分尺度上，正负偏差和相位绕数的净读出为零。原子、分子或宏观中性物体可以具有内部复杂的局域电荷结构、束缚态和极化响应，但在外部远场中表现为近似零净通量。这与前文关于电中性的定义一致。

第七，Gauss 定律的 EQT 回收也要解释局域屏蔽和介质效应。若在介质、等离子体或局域光子层中，电荷周围的 $\rho_f^{(EM)}$ 发生重排，则外部可观测通量可能被部分屏蔽。这并不否定 Gauss 定律，而是改变了有效电荷密度和边界条件。换言之，裸局域偏差、电磁弱禁闭壳层、介质极化和外部读出之间需要区分。Maxwell 极限中的 ρ_q 通常是已经经过宏观平均和响应重排后的有效源项。

第八，Gauss 定律也具有失败条件。若电荷密度 ρ_q 不能从 $\rho_f^{(EM)} - \rho_0$ 的积分结构中得到，Gauss 定律的 EQT 回收失败。若电场不能稳定地对应 $-\nabla\rho_f^{(EM)}$，则左端场散度缺乏机制基础。若宏观平均条件不成立，微分形式可能失效。若强场、相位拓扑边界、局域光子层或非线性屏蔽导致通量不再由简单 ρ_q/ε_0 表达，则需要修正。若这些修正无法被理论限定，而只能事后调节，则本卷的 Maxwell 极限回收不完整。

本节与弱力—强力主线的关系在于：Gauss 定律体现的是电磁频段的长程、双极、可屏蔽连续场极限。强力高频区由于强自耦和禁闭，不出现同样的无屏蔽长程通量定律；弱力相关过程由于短寿命中介和耗散结构，也不表现为经典 Gauss 型场方程。电磁卷能够回收 Gauss 定律，正是因为电磁频段支持低耗散传播、稳定电荷结构和宏观连续场表象。

本节得到的定义和推论是：Gauss 定律在 EQT 中可由三步回收。第一，电荷密度来自

$$\rho_f^{(EM)} - \rho_0$$

在物理积分空间中的稳定量子化结构及其宏观平均。第二，电场来自

$$\mathbf{E} = -\kappa_E(f)\nabla\rho_f^{(EM)}$$

的有效场表象。第三，在 Maxwell 极限下，电场通量与包围区域中的净电荷结构相联系，从而得到：

$$\oint_{\partial V} \mathbf{E} \cdot d\mathbf{A} = \frac{Q_{\text{enc}}}{\varepsilon_0},$$

以及微分形式：

$$\nabla \cdot \mathbf{E} = \frac{\rho_q}{\varepsilon_0}.$$

因此，Gauss 定律不是本书的公设，而是电荷密度偏差结构、密度梯度电场表象和宏观通量几何共同形成的经典极

限。

本节尚未解决的问题是：Gauss 定律回收了电荷与电场散度之间的关系，但 Maxwell 方程组还要求磁场满足无磁单极条件。下一节必须说明：

$$\nabla \cdot \mathbf{B} = 0$$

如何从磁场作为能量子流旋度和矢势旋度的定义中出现，并解释为什么该结果在本卷中不是独立公设，而是旋度型磁场结构的几何结果。

8.4 Faraday 定律与相位变化

本节的问题是：Faraday 定律如何在 EQT 电磁机制中得到回收？在 Maxwell 理论中，Faraday 定律通常写作：

$$\nabla \times \mathbf{E} = -\frac{\partial \mathbf{B}}{\partial t},$$

或积分形式：

$$\oint_{\partial S} \mathbf{E} \cdot d\mathbf{l} = -\frac{d}{dt} \int_S \mathbf{B} \cdot d\mathbf{A}.$$

它说明：变化的磁场会诱导环形电场。传统理论将这一关系作为 Maxwell 方程组的一部分；本卷则必须说明，为什么变化的磁流结构会对应相位—能流结构的变化，并在有效场语言中表现为旋度电场。

本节依赖 A1、A2、A3、A4 与元规范 M。A1 要求 Faraday 定律不能作为基础公设加入，而必须从 $\rho_f^{(EM)}$、电磁能量子流 $\mathbf{J}_f^{(EM)}$、相位场 θ_f 和有效势结构中出现。A2 要求感应过程具有频率—能量意义，不能脱离 $E = h\nu$ 的谱量原则。A3 要求变化的磁流和诱导电场必须与主方程中的对流、扩散、耗散、源项和涨落相容。A4 要求感应过程中不同频率模式、束缚态、凝聚态接口和自由态之间的耦合受洛伦兹共振核约束。M 要求 Faraday 定律必须作为 Maxwell 极限中的结果出现，而不是为了回收 Maxwell 方程而被直接放入。

本节要推出的结论是：Faraday 定律是电磁能量子流旋度与相位结构随时间变化时，在经典连续场极限中形成的有效关系。磁场对应能量流旋度和相位滞后；当这种旋度型结构发生变化时，周围的相位—能流组织必须重新调整，这种调整在有效场语言中表现为非保守电场，即：

$$\nabla \times \mathbf{E} = -\frac{\partial \mathbf{B}}{\partial t}.$$

首先，必须回到前文对磁场的定义。第6章已经说明，磁场不是基础本体，而是电磁能量子流旋度、相位滞后和运动响应的有效表象。传统形式

$$\mathbf{B} = \nabla \times \mathbf{A}$$

可以保留，但 $\mathbf{A}$ 在本卷中不是原初规范场，而是与电磁能

量子流和相位结构相关的有效矢量表达：

$$\mathbf{A} \sim \kappa_A(f)\mathbf{J}_f^{(EM)} + \lambda_A(f)\nabla\theta_f + \text{higher-order terms}.$$

因此，磁场可以理解为：

$$\mathbf{B} \leftrightarrow \nabla \times \mathbf{J}_f^{(EM)} \quad \text{及相位滞后结构}.$$

所谓“磁流变化”，在 EQT 语言中就是电磁能量子流的旋度结构、相位梯度结构或矢势表象随时间变化。

其次，电场在动态情形中不能只由静态密度梯度给出。第6章中，静态最低阶电场可写为：

$$\mathbf{E} = -\kappa_E(f)\nabla\rho_f^{(EM)}.$$

但在动态电磁场中，电场还包含由矢势时间变化产生的部分：

$$\mathbf{E} = -\nabla\phi - \frac{\partial \mathbf{A}}{\partial t}.$$

在 EQT 语言中，$-\nabla\phi$ 来自密度偏差的空间梯度，而

$$-\frac{\partial \mathbf{A}}{\partial t}$$

来自能量子流和相位结构的时间变化。Faraday 定律关注的正是后者：当 **A** 所编码的能流—相位结构随时间变化时，它会产生一个具有旋度的电场分量。

对电场取旋度：

$$\nabla \times \mathbf{E} = \nabla \times \left(-\nabla\phi - \frac{\partial \mathbf{A}}{\partial t} \right).$$

由于任意标量场的梯度旋度为零：

$$\nabla \times (-\nabla\phi) = 0,$$

因此：

$$\nabla \times \mathbf{E} = -\frac{\partial}{\partial t}(\nabla \times \mathbf{A}).$$

又因为：

$$\mathbf{B} = \nabla \times \mathbf{A},$$

所以得到：

$$\nabla \times \mathbf{E} = -\frac{\partial \mathbf{B}}{\partial t}.$$

这就是 Faraday 定律的微分形式。这里的关键是：Faraday 定律并不是独立加入的场方程，而是当电场和磁场都由同一个势结构 $(\phi, \mathbf{A})$ 表示时，自动出现的几何—动力学关系。进一步说，在 EQT 中，这个势结构又来自 $\rho_f^{(EM)}$、$\mathbf{J}_f^{(EM)}$ 和 θ_f 的有效压缩。

从物理机制上看，变化的磁场意味着能量子流旋度或相位滞后结构正在变化。若某一区域中的 $\mathbf{J}_f^{(EM)}$ 环流增强、减弱或方向改变，周围电磁频段的相位结构也必须调整。这个调整不能只表现为径向密度梯度，因为旋度型结构的变化具有环向性质。因此，它在有效场语言中表现为环形电场：

$$\oint_{\partial S} \mathbf{E} \cdot d\mathbf{l} \neq 0.$$

这正是 Faraday 感应的核心：变化的磁通不是产生一个保守静电场，而是产生一个绕闭合路径具有非零环量的电场。

积分形式可以这样理解。磁通为：

$$\Phi_B = \int_S \mathbf{B} \cdot d\mathbf{A}.$$

在 EQT 中，它对应穿过曲面 S 的能量子流旋度—相位结构的有效通量。当该通量随时间变化时，边界 ∂S 上的相位—能流结构必须发生相应调整，于是产生沿闭合路径的电场环量：

$$\oint_{\partial S} \mathbf{E} \cdot d\mathbf{l} = -\frac{d\Phi_B}{dt}.$$

负号表示感应响应的方向倾向于抵抗磁通变化。这一点可以理解为局域能量子流和相位结构的稳定性要求：系统不会无代价地允许旋度结构突变，而会产生相反方向的环向响应来维持连续性和边界一致性。传统语言中，这对应 Lenz 定律；在本卷中，它对应相位—能流结构对磁通变化的反向调整。

这一解释也说明 Faraday 定律与相位变化密切相关。磁场不仅是能流旋度，也是相位滞后结构的有效表象。当磁通变化时，闭合路径上的相位关系发生改变，导致沿路径的有效电场环量。可以用概念链表示为：

$$\frac{\partial}{\partial t}(\nabla \times \mathbf{J}_f^{(EM)},\ \theta_f) \to \frac{\partial \mathbf{A}}{\partial t} \to \nabla \times \mathbf{E} \to -\frac{\partial \mathbf{B}}{\partial t}.$$

这条链说明，Faraday 感应不是“磁场凭空产生电场”，而是变化的能流旋度与相位结构在连续场极限中表现为旋度电场。

Faraday 定律的成立也依赖 Maxwell 极限条件。第一，要求弱梯度和宏观平均，使 $\mathbf{E}$、$\mathbf{B}$ 和 $\mathbf{A}$ 可以作为连续变量。第二，要求低噪声，使量子涨落不主导感应响应。第三，要求线性响应，使感应电场与磁通变化之间保持线性关系。第四，要求边界稳定，使闭合路径和曲面上的通量定义有效。若这些条件被破坏，例如在强场、超短时标、局域光子层、非线性介质或量子相干器件中，Faraday 定律可能仍作为低阶近似成立，但需要加入 EQT 的相位、流和涨落修正。

本节还需要说明 Faraday 定律与电荷源项的区别。Gauss 定律把电场散度与电荷密度联系起来；Faraday 定律则把电场旋度与磁场时间变化联系起来。这意味着电场有两种来源：一种是密度偏差产生的梯度型电场，另一种是变化的能流—相位结构产生的旋度型电场。前者对应：

$$\mathbf{E}_{\text{grad}} = -\nabla\phi,$$

后者对应：

$$\mathbf{E}_{\mathrm{ind}} = -\frac{\partial \mathbf{A}}{\partial t}.$$

在静电情形中，$\nabla \times \mathbf{E} = 0$；在感应情形中，$\nabla \times \mathbf{E} \neq 0$。这一区分有助于保持本卷的结构清楚：电场并非永远只是密度梯度，在动态情况下，它还包含相位—能流变化的诱导部分。

本节与弱力—强力主线的关系在于：相位变化和流结构变化在其他频段中也可能存在，但 Faraday 型长程感应关系是电磁频段在低耗散、连续场和相位可传播条件下的特定极限。强力高频区因强耦合和禁闭，不表现为宏观长程感应场；弱力相关过程因短寿命和变频耗散，也不形成稳定 Maxwell 型感应关系。电磁频段的特殊性在于，能流旋度和相位结构的变化可以在宏观尺度上表现为可测电场环量。

本节得到的定义和推论是：Faraday 定律可由电磁势结构的有效出现回收。由于

$$\mathbf{E} = -\nabla\phi - \frac{\partial \mathbf{A}}{\partial t},$$

且

$$\mathbf{B} = \nabla \times \mathbf{A},$$

于是：

$$\nabla \times \mathbf{E} = -\frac{\partial \mathbf{B}}{\partial t}.$$

在 EQT 解释中，**A** 是能量子流和相位结构的有效表达，因此变化的磁流对应变化的相位—能流结构；这种变化在 Maxwell 极限中表现为感应电场。Faraday 定律不是基础公设，而是动态相位—能流结构在连续场表象中的有效关系。

本节尚未解决的问题是：Faraday 定律回收了变化磁场与旋度电场之间的关系，但 Maxwell 方程组还需要说明电流和变化电场如何产生磁场。下一节必须处理 Ampère–Maxwell 方程，说明带电结构流 $\mathbf{J}_q$、电磁能量子流旋度和位移项如何共同给出：

$$\nabla \times \mathbf{B} = \mu_0 \mathbf{J}_q + \mu_0 \varepsilon_0 \frac{\partial \mathbf{E}}{\partial t}.$$

8.5 Ampère–Maxwell 方程与位移电流

本节的问题是：Ampère–Maxwell 方程如何在 EQT 电磁机制中得到回收，尤其是其中的位移电流项应如何解释？在经典电磁学中，Ampère–Maxwell 方程写作：

$$\nabla \times \mathbf{B} = \mu_0 \mathbf{J}_q + \mu_0 \varepsilon_0 \frac{\partial \mathbf{E}}{\partial t}.$$

其中，$\mathbf{J}_q$ 是电荷电流密度，$\partial \mathbf{E}/\partial t$ 对应位移电流项。传统理论中，位移电流的引入保证了电荷守恒和电磁波传播的自洽性。本卷必须进一步说明：如果 **E** 与 **B** 都不是基础本体，而是 $\rho_f^{(EM)}$、$\mathbf{J}_f^{(EM)}$ 和 θ_f 的有效表象，那么位移电流应当如何从电磁能量子密度场的时间变化中出现。

本节依赖 A1、A2、A3、A4 与元规范 M。A1 要求 Ampère–Maxwell 方程不能作为基础场方程直接加入，而必须从 $\rho_f^{(EM)}$ 的流结构和有效场表象中回收。A2 要求电流、场变化和能量传播仍然服从频率—能量关系。A3 要求电荷流和位移项必须与 EQT 主方程中的局域连续性、对流、扩散、源项和耗散相容。A4 要求电磁场与物质接口或束缚态之间的响应仍受频率匹配约束。M 要求位移电流不能只是为了形式上补齐 Maxwell 方程而加入，而必须有明确的 EQT 机制解释。

本节要推出的结论是：Ampère–Maxwell 方程在 EQT 中表达的是旋度型磁场结构由两类来源共同生成：一类是带电相位—密度结构的真实输运，即 $\mathbf{J}_q$；另一类是电磁能量子密度场及其有效电场随时间变化所产生的流量项，即位移电流。位移电流可解释为 $\rho_f^{(EM)}$ 的时间变化在连续场极限中的有效通量表达。

首先，电荷电流 $\mathbf{J}_q$ 在本卷中不是原初对象。电荷已经被定义为：

$$q = e_0 \int_{V_{\text{int}}} (\rho_f^{(EM)} - \rho_0) dV = e_0 n.$$

当这样的量子化相位—密度结构在空间中运动时，其宏观平均就表现为电荷电流密度：

$$\mathbf{J}_q = \rho_q \mathbf{v}.$$

其中，ρ_q 是由大量局域电荷结构宏观平均得到的有效电荷密度，$\mathbf{v}$ 是这些结构的平均运动速度。换言之，$\mathbf{J}_q$ 是带电结构的输运，而不是独立于 $\rho_f^{(EM)}$ 的新基础流。

其次，磁场已经在第6章中被解释为电磁能量子流旋度、相位滞后和运动响应的有效表象：

$$\mathbf{B} = \nabla \times \mathbf{A},$$

其中 $\mathbf{A}$ 与 $\mathbf{J}_f^{(EM)}$、$\nabla\theta_f$ 和相位滞后相关。因此，$\nabla \times \mathbf{B}$ 表示磁场旋度结构的再旋度，也就是电磁能量子流和相位结构在空间中的环流响应。运动电荷结构会拖动、重排或诱导周围 $\rho_f^{(EM)}$ 的流结构，从而产生磁场旋度。传统 Ampère 项

$$\mu_0 \mathbf{J}_q$$

在 EQT 中对应的就是带电相位—密度结构的宏观运动所造成的能量子流环流。

因此，在稳恒电流情形下，可以把 Ampère 定律理解为：

$$\text{带电结构运动} \to \text{电磁能量子流环流} \to \nabla \times \mathbf{B}.$$

这说明电流产生磁场不是独立经验规则，而是运动电荷结构对周围电磁频段密度场和相位场的组织效应。

关键问题在于位移电流项：

$$\mu_0\varepsilon_0\frac{\partial \mathbf{E}}{\partial t}.$$

在传统理论中，这一项说明即使没有真实电荷穿过某一面，只要电场随时间变化，也会产生磁场旋度。典型例子是电容器极板之间的区域：导线中有传导电流，但极板之间没有自由电荷穿越真空间隙；变化的电场仍然维持磁场环流的连续性。EQT 对这一项的解释是：变化的电场并不是空无中的形式变化，而是电磁能量子密度场 $\rho_f^{(EM)}$ 的时间变化、梯度结构变化和相位—流结构重排在宏观场语言中的表达。

由于电场在最低阶近似中为：

$$\mathbf{E} = -\kappa_E(f)\nabla\rho_f^{(EM)},$$

因此：

$$\frac{\partial \mathbf{E}}{\partial t} = -\kappa_E(f)\nabla\frac{\partial \rho_f^{(EM)}}{\partial t}$$

在 $\kappa_E(f)$ 近似不随时间变化的条件下成立。这说明，电场的时间变化对应电磁能量子密度场时间变化的梯度结构。若某一区域内没有传导电荷穿过，但 $\rho_f^{(EM)}$ 的分布随时间改变，那么该区域仍然存在电磁结构的动态重排。这种重排在连续场极限中表现为位移电流。

因此，位移电流可写作有效形式：

$$\mathbf{J}_{\mathrm{disp}} = \varepsilon_0 \frac{\partial \mathbf{E}}{\partial t}.$$

在 EQT 解释中，它不是普通带电粒子流，而是电磁能量子密度梯度随时间变化所对应的有效流量项。它表达的是：场结构本身的变化可以承担电磁响应连续性的角色。也就是说，电流不只包括带电结构穿过某一曲面的输运，也包括 $\rho_f^{(EM)}$ 的局域重排所形成的等效通量。

这一点与局域连续性密切相关。第二章已经给出：

$$\frac{\partial \rho_f^{(EM)}}{\partial t} + \nabla \cdot \mathbf{J}_f^{(EM)} = k(f)(\rho_f^{(EM)})^m - \Gamma(f)\rho_f^{(EM)} + S_f + \mathcal{N}(f).$$

在 Maxwell 极限下，非线性自持、耗散、源项和涨落项被线性化、平均化或并入有效响应后，$\partial \rho_f^{(EM)}/\partial t$ 与 $\nabla \cdot \mathbf{J}_f^{(EM)}$ 共同保证局域电磁结构的连续性。位移电流项正是这种连续性的经典场表达：当真实电荷流不足以解释磁场环流的连续性时，电磁能量子密度场的时间变化补足了有效流量。

这也解释了为什么 Ampère 原始形式需要 Maxwell 修正。若只写：

$$\nabla \times \mathbf{B} = \mu_0 \mathbf{J}_q,$$

则对两边取散度，有：

$$\nabla \cdot (\nabla \times \mathbf{B}) = 0,$$

因此要求：

$$\nabla \cdot \mathbf{J}_q = 0.$$

这只适用于稳恒电流，不适用于电荷密度随时间变化的情形。电荷连续性要求：

$$\frac{\partial \rho_q}{\partial t} + \nabla \cdot \mathbf{J}_q = 0.$$

若 $\partial \rho_q / \partial t \neq 0$，则必须有额外项补偿。Gauss 定律给出：

$$\nabla \cdot \mathbf{E} = \frac{\rho_q}{\varepsilon_0}.$$

对时间求导：

$$\nabla \cdot \frac{\partial \mathbf{E}}{\partial t} = \frac{1}{\varepsilon_0} \frac{\partial \rho_q}{\partial t}.$$

结合电荷连续性，可得：

$$\nabla \cdot \left(\mathbf{J}_q + \varepsilon_0 \frac{\partial \mathbf{E}}{\partial t} \right) = 0.$$

因此，$\mathbf{J}_q + \varepsilon_0 \partial \mathbf{E} / \partial t$ 才是能够产生连续磁场环流的总有效电流。EQT 对这一数学结构的解释是：真实电荷结构的输运与电磁能量子密度场的时间重排共同构成总电磁流量。

由此，Ampère–Maxwell 方程可理解为：

$$\nabla \times \mathbf{B} = \mu_0 \left(\mathbf{J}_q + \mathbf{J}_{\text{disp}} \right),$$

其中：

$$\mathbf{J}_{\text{disp}} = \varepsilon_0 \frac{\partial \mathbf{E}}{\partial t}.$$

在 EQT 语言中：

$$\mathbf{J}_q \to \text{带电相位—密度结构的真实输运},$$

$$\mathbf{J}_{\text{disp}} \to \text{电磁能量子密度场时间变化的有效流量项}.$$

二者共同决定磁场的旋度。

这个解释还说明，位移电流不是虚构电流。它不是由带电粒子穿过空间造成的传导流，但也不是纯粹数学补丁。它对应 $\rho_f^{(EM)}$ 的场结构变化：密度梯度变化、相位结构变化和能量子流重排。经典理论把这些结构压缩为 $\partial\mathbf{E}/\partial t$，并称之为位移电流。EQT 则把它解释为电磁频段能量子密度场的动态流量表象。

本节也需要说明位移电流与自由态光子的关系。电磁波传播需要变化的电场和变化的磁场相互生成。若没有位移电流项，真空中无传导电流的区域就无法支持磁场旋度，也就无法形成自洽电磁波。由于本卷把光子定义为 $\rho_f^{(EM)}$ 的自由态量子激发，把连续电磁波定义为高占有数自由态的宏观平均，因此位移电流项正是连续波传播所需的场结构变化项。它使无源区域中的电磁场可以自洽传播。

位移电流也具有适用边界。在 Maxwell 极限中，它写作：

$$\varepsilon_0 \frac{\partial \mathbf{E}}{\partial t}.$$

但在强场、高频、非线性介质、局域光子层或量子涨落显著时，电磁能量子密度场的时间变化可能不能被简单压缩为这一线性项。更一般地，可能需要写成：

$$\mathbf{J}_{\text{disp}} = \mathcal{K}_{\text{disp}}\left[\frac{\partial \rho_f^{(EM)}}{\partial t}, \frac{\partial \nabla \rho_f^{(EM)}}{\partial t}, \frac{\partial \theta_f}{\partial t}, \Gamma(f), D(f)\right],$$

其中 $\mathcal{K}_{\text{disp}}$ 是有效响应泛函。Maxwell 形式是其线性、宏观、低噪声极限。

本节与弱力—强力主线的关系在于：场结构的时间变化和流量补偿在其他频段中也可能存在，但 Ampère–Maxwell 型位移电流是电磁频段连续场极限的特殊结果。强力高频区的短程和禁闭结构不表现为无源区中的长程位移电流；弱力相关过程由于短寿命中介和强耗散，也不形成同样的经典波动闭合关系。电磁频段能够产生位移电流，是因为它支持低耗散传播、高占有数连续场和相位可持续结构。

本节得到的定义和推论是：Ampère–Maxwell 方程

$$\nabla \times \mathbf{B} = \mu_0 \mathbf{J}_q + \mu_0 \varepsilon_0 \frac{\partial \mathbf{E}}{\partial t}$$

在 EQT 中可解释为：磁场旋度由带电结构的真实输运和电磁能量子密度场的时间变化共同产生。传导电流 $\mathbf{J}_q$ 来自带电相位—密度结构的运动；位移电流

$$\mathbf{J}_{\text{disp}} = \varepsilon_0 \frac{\partial \mathbf{E}}{\partial t}$$

则是 $\rho_f^{(EM)}$ 的密度梯度和有效电场随时间变化所形成的流量项。它不是新公设，而是电磁能量子密度场动态重排在 Maxwell 极限中的有效表达。

本节尚未解决的问题是：Gauss 定律、Faraday 定律和 Ampère–Maxwell 方程已经得到 EQT 回收，但 Maxwell 方程组还需要说明磁场无源条件及电磁波方程。下一节必须处理 $\nabla \cdot \mathbf{B} = 0$ 与波动方程，说明磁场作为旋度结构为何天然满足无磁单极条件，并说明在无源、低耗散、线性响应条件下，Maxwell 方程如何推出电磁波传播。

8.6 电磁波方程与光速极限

本节的问题是：电磁波方程和光速极限如何在 EQT 电磁机制中得到回收？前几节已经说明，Gauss 定律可以从电荷密度的密度偏差结构和电场通量关系中得到；Faraday 定律可以从变化的相位—能流结构中得到；Ampère–Maxwell 方程可以从带电结构真实输运与电磁能量子密度场时间变化共同得到。现在需要说明：在无源、低耗散、线性响应和自由态传播条件下，这些有效场方程如何合并为电磁波方程，并为什么光速可以作为电磁频段自由态传播的有效极限出现。

本节依赖 A1、A2、A3、A4 与元规范 M。A1 要求电磁波不能作为独立波动实体直接公设化，而必须来自 $\rho_f^{(EM)}$

的自由态传播和宏观连续场表象。A2 要求电磁波的频率、能量和光子读出仍服从 $E = h\nu$。A3 要求波动方程必须是 EQT 主方程在低耗散、线性化、无源和自由态传播条件下的有效形式。A4 要求电磁波与物质、束缚态、凝聚态接口之间的吸收和辐射仍受洛伦兹共振核约束。M 要求光速不能作为未经说明的标签加入，而必须作为电磁频段传播结构在 Maxwell 极限中的有效常数出现。

本节要推出的结论是：Maxwell 波动方程是 $\rho_f^{(EM)}$ 在低耗散、线性、自由态传播条件下的有效形式。经典电磁波不是本卷的基础对象，而是大量自由态电磁能量子激发在高占有数、相位可持续和宏观平均条件下形成的连续波动表象；光速 c 则是这一自由态传播在 Maxwell 极限中的有效传播速度。

首先，电磁波方程要求无源或远离源区的近似。在没有自由电荷和传导电流的区域，有：

$$\rho_q = 0, \qquad \mathbf{J}_q = 0.$$

此时，Maxwell 方程组中的源项消失，电场和磁场的相互生成成为主要结构：

$$\nabla \cdot \mathbf{E} = 0,$$

$$\nabla \cdot \mathbf{B} = 0,$$

$$\nabla \times \mathbf{E} = -\frac{\partial \mathbf{B}}{\partial t},$$

$$\nabla \times \mathbf{B} = \mu_0 \varepsilon_0 \frac{\partial \mathbf{E}}{\partial t}.$$

在 EQT 语言中，这对应的是远离局域电荷结构、束缚态边界和凝聚态接口的自由态传播区域。在该区域中，$\rho_f^{(EM)}$ 不再被局域积分空间闭合为电荷，也不主要表现为束缚态光子层，而是以自由态方式传播。

其次，电磁波方程来自 Faraday 定律和 Ampère–Maxwell 方程的组合。对 Faraday 定律取旋度：

$$\nabla \times (\nabla \times \mathbf{E}) = -\frac{\partial}{\partial t}(\nabla \times \mathbf{B}).$$

利用向量恒等式：

$$\nabla \times (\nabla \times \mathbf{E}) = \nabla(\nabla \cdot \mathbf{E}) - \nabla^2 \mathbf{E}.$$

在无源区域中，$\nabla \cdot \mathbf{E} = 0$，因此：

$$-\nabla^2 \mathbf{E} = -\frac{\partial}{\partial t}(\nabla \times \mathbf{B}).$$

再代入：

$$\nabla \times \mathbf{B} = \mu_0 \varepsilon_0 \frac{\partial \mathbf{E}}{\partial t},$$

得到：

$$\nabla^2 \mathbf{E} = \mu_0 \varepsilon_0 \frac{\partial^2 \mathbf{E}}{\partial t^2}.$$

即：

$$\nabla^2 \mathbf{E} - \frac{1}{c^2} \frac{\partial^2 \mathbf{E}}{\partial t^2} = 0,$$

其中：

$$c^2 = \frac{1}{\mu_0 \varepsilon_0}.$$

同理可得磁场波动方程：

$$\nabla^2 \mathbf{B} - \frac{1}{c^2} \frac{\partial^2 \mathbf{B}}{\partial t^2} = 0$$

这就是 Maxwell 电磁波方程。

在本卷中，这一推导的意义不在于重复标准数学步骤，而在于重新定位每一个量。 $\mathbf{E}$ 是 $\rho_f^{(EM)}$ 密度梯度和有效势结构的连续场表象；$\mathbf{B}$ 是 $\mathbf{J}_f^{(EM)}$ 旋度、相位滞后和矢势结构的连续场表象；ε_0 和 μ_0 是 Maxwell 极限中的有效响应常数；c 是电磁频段自由态传播在经典连续场中的有效速度。因此，波动方程不是独立于 $\rho_f^{(EM)}$ 的起点，而是 $\rho_f^{(EM)}$ 在特定极限下的压缩形式。

第三，电磁波方程要求低耗散条件。EQT 主方程中存在耗散项：

$$-\Gamma(f)\rho_f^{(EM)}.$$

若 $\Gamma(f)$ 在相关传播尺度上不可忽略，自由态传播将发生衰减，电磁波方程就不再是无耗散波动方程，而会出现衰减项、吸收项或色散项。无耗散或低耗散传播条件可表示为：在所考察的传播距离和时间尺度上，耗散项相对于自由传播项足够小。只有在这种条件下，$\rho_f^{(EM)}$ 的自由态激发才能被宏观平均为近似无衰减的 Maxwell 电磁波。

这说明，真空电磁波方程是理想极限。介质吸收、等离子体屏蔽、强场损耗、局域光子层吸收和边界散射都会偏离这一极限。这些偏离不是 Maxwell 理论的失败，而是表明系统离开了低耗散自由态传播条件，需要加入 EQT 主方程中的耗散、源项、束缚态转换或共振耦合修正。

第四，电磁波方程要求线性响应条件。若 $\rho_f^{(EM)}$ 的扰动很小，非线性自持项

$$k(f)(\rho_f^{(EM)})^m$$

可以在背景附近线性化或吸收到有效传播参数中。此时，电场和磁场之间的相互生成保持线性，波动方程成立。若电磁能量子密度过高、强场非线性显著、真空极化不可忽略，或束缚态边界发生非线性重排，那么波动方程需要修正。此时，$\mathbf{E}$ 和 $\mathbf{B}$ 可能不再满足简单线性波动关系，而会出现频率混合、非线性折射、强场散射或局域相位解锁。

因此，Maxwell 波动方程不是所有电磁过程的完整表达，而是低阶线性极限。EQT 的更底层结构允许说明何时线性波动成立，何时可能偏离。

第五，电磁波方程要求自由态传播条件。第五章已经定义：光子是 $\rho_f^{(EM)}$ 的自由态量子激发。若许多自由态激发处

于高占有数、相位可平均和低噪声条件下，它们的宏观表现就是经典电磁波。因此，自由态与电磁波之间的关系可以写为：

$$\rho_f^{(EM)} \to \text{自由态} \to \gamma_\nu,$$

$$\text{高占有数自由态平均} \to \text{Maxwell 电磁波}.$$

这说明，光子与电磁波不是两套互相竞争的对象。单个或低占有数自由态激发表现为光子；高占有数、相干或可平均自由态激发表现为经典波。Maxwell 波动方程描述的是后者。

第六，光速 c 在本卷中应被理解为电磁频段自由态传播的有效极限速度。在 Maxwell 理论中，

$$c = \frac{1}{\sqrt{\mu_0 \varepsilon_0}}.$$

在 EQT 解释中，ε_0 与 μ_0 不是最底层公设，而是电磁频段在 Maxwell 极限中的有效响应常数。它们分别压缩了电磁能量子密度梯度响应、能量子流旋度响应、真空背景响应和单位制映射。因此，c 是这些有效响应结构共同决定的传播速度。更直观地说，c 表示 $\rho_f^{(EM)}$ 的自由态扰动在低耗散、线性、无源和宏观平均条件下的稳定传播速度。

这并不意味着本节已经从 A1–A4 完整计算出 c 的数值。更谨慎的表述是：本节回收了 Maxwell 极限中的光速关系，并将 c 重定位为电磁自由态传播的有效常数。若未来要更

强地推导 c，还必须进一步说明 μ_0、ε_0、$D(f)$、$\Gamma(f)$、背景密度 ρ_0 和相位传播条件之间的定量关系。本节完成的是机制定位和经典极限回收，而不是基本常数数值推导。

第七，电磁波的横波性质也可在这一结构中获得位置。在无源 Maxwell 极限中：

$$\nabla \cdot \mathbf{E} = 0, \qquad \nabla \cdot \mathbf{B} = 0.$$

这意味着电场和磁场在传播方向上无纵向散度分量，表现为横波结构。在 EQT 语言中，这对应自由态 $\rho_f^{(EM)}$ 的传播扰动不形成局域电荷闭合，也不形成磁单极源，而是以密度梯度表象和流旋度表象的横向耦合传播。电场和磁场相互垂直，并与传播方向共同构成横向传播结构。这是自由态传播与局域电荷结构的区别之一。

第八，电磁波方程与 A4 的关系在于吸收和辐射边界。无源自由传播区可以近似满足真空波动方程；但一旦电磁波遇到束缚态、凝聚态接口或物质结构，其自由态传播可能转化为吸收、散射、反射或辐射。A4 的洛伦兹共振核控制这种转换：

$$A(\nu_B, \nu_F) = \frac{A_0}{(\nu_B - \nu_F)^2 + \gamma^2}.$$

频率匹配时，自由态电磁波更容易被吸收或转换为束缚态；频率失配时，传播更接近自由态。由此，电磁波方程描述的是自由传播极限，而不自动包括所有吸收、辐射和介质响应过程。

第九，电磁波方程也具有失败条件。若 $\mathbf{E}$ 和 $\mathbf{B}$ 无法从 $\rho_f^{(EM)}$、$\mathbf{J}_f^{(EM)}$ 和相位结构中获得，波动方程的 EQT 回收失败。若低耗散条件不成立，真空波动方程需要修正。若线性响应条件不成立，波动方程必须加入非线性项。若高占有数和宏观平均不成立，经典电磁波描述需要转入光子或 QED 表象。若 c 只能被直接设为标签，而无法与 Maxwell 有效常数和自由态传播联系，本卷对光速极限的解释仍然不完整。

本节与弱力—强力主线的关系在于：电磁波方程是电磁频段特有的低耗散、长程、连续场极限。强力高频区由于强耦合和禁闭，不形成类似自由传播 Maxwell 波；弱力相关过程由于短寿命中介和强耗散，也不形成稳定长程电磁波方程。电磁频段能够支持自由态光子和经典电磁波，正是其区别于强弱力区的重要机制特征。

本节得到的定义和推论是：在无源、低耗散、线性响应和自由态传播条件下，Maxwell 方程组推出电磁波方程：

$$\nabla^2\mathbf{E} - \frac{1}{c^2}\frac{\partial^2\mathbf{E}}{\partial t^2} = 0,$$

$$\nabla^2\mathbf{B} - \frac{1}{c^2}\frac{\partial^2\mathbf{B}}{\partial t^2} = 0,$$

其中

$$c = \frac{1}{\sqrt{\mu_0\varepsilon_0}}.$$

在 EQT 中，这些方程表示 $\rho_f^{(EM)}$ 的自由态传播在高占有数、低噪声和宏观平均条件下形成的经典连续波动表象。光速 c 是电磁频段自由态传播在 Maxwell 极限中的有效速度。

本节尚未解决的问题是：Maxwell 方程组的主要结构已经得到回收，但本章还需要总结这些回收如何共同构成标准经典电磁理论极限，并说明为什么下一章必须转入 QED 有效表象。

8.7 本章小结

本章的任务，是在前文已经定义 $\rho_f^{(EM)}$、电荷、相位拓扑、三态、电场、磁场和 Lorentz 力之后，说明 Maxwell 方程组如何作为经典连续场极限被回收。本章的核心结论是：Maxwell 理论不是本卷的基础公设，也不是本卷要推翻的对象，而是电磁频段能量子密度场在弱梯度、高占有数、低噪声、线性响应、边界稳定和宏观平均条件下的有效场方程。

首先，本章明确了 Maxwell 理论的地位。Maxwell 方程不能作为本书起点，因为那会把 $\mathbf{E}, \mathbf{B}, \rho_q, \mathbf{J}_q$ 直接放进理论前提，破坏从 $\rho_f^{(EM)}$ 推出电磁对象的顺序。但 Maxwell 方程也不能被否定，因为它是经典电磁学的高度成功极限。本卷必须满足双重约束：不以 Maxwell 方程为公设，又必须在适当条件下回收 Maxwell 方程。

第二，本章给出了 Maxwell 极限的成立条件。该极限要求：

$$\text{弱梯度} + \text{高占有数} + \text{低噪声} + \text{线性响应}+ \\ \text{边界稳定} + \text{宏观平均} \Rightarrow \text{Maxwell 极限}.$$

在这些条件下，底层结构

$$\rho_f^{(EM)}, \quad \mathbf{J}_f^{(EM)}, \quad \theta_f, \quad V_{\text{int}}$$

可以被压缩为经典变量：

$$\mathbf{E}, \quad \mathbf{B}, \quad \rho_q, \quad \mathbf{J}_q.$$

若这些条件失效，例如进入单光子、强场、局域光子层、相位拓扑边界、非线性介质或 QED 精密响应区域，Maxwell 理论仍可作为近似背景，但必须回到更底层的 EQT 描述或进入 QED 有效表象。

第三，本章回收了 Gauss 定律。电荷密度 ρ_q 来自 $\rho_f^{(EM)} - \rho_0$ 在物理积分空间中的稳定量子化结构及其宏观平均；电场 $\mathbf{E}$ 来自 $-\kappa_E(f)\nabla\rho_f^{(EM)}$ 的有效表象；通量几何把电场通量与包围区域中的净电荷联系起来。因此得到：

$$\oint_{\partial V} \mathbf{E} \cdot d\mathbf{A} = \frac{Q_{\text{enc}}}{\varepsilon_0},$$

以及微分形式：

$$\nabla \cdot \mathbf{E} = \frac{\rho_q}{\varepsilon_0}.$$

这说明 Gauss 定律不是本卷公设，而是电荷密度偏差结构、密度梯度电场表象和宏观通量几何共同形成的经典极限。

第四，本章回收了 Faraday 定律。磁场不是基础本体，而是电磁能量子流旋度、相位滞后和矢势结构的有效表象；电场在动态情形下不仅来自标量势梯度，还来自矢势时间变化。由于

$$\mathbf{E} = -\nabla\phi - \frac{\partial \mathbf{A}}{\partial t},$$

且

$$\mathbf{B} = \nabla \times \mathbf{A},$$

可得：

$$\nabla \times \mathbf{E} = -\frac{\partial \mathbf{B}}{\partial t}.$$

在 EQT 解释中，这意味着变化的磁流结构对应变化的相位—能流结构；该变化在连续场极限中表现为感应电场。Faraday 定律因此不是孤立经验规则，而是动态相位—能流结构在 Maxwell 极限中的有效关系。

第五，本章回收了 Ampère–Maxwell 方程。电荷电流 $\mathbf{J}_q$ 来自带电相位—密度结构的宏观输运；位移电流则来自电磁能量子密度场随时间变化所形成的有效流量项。由于

$$\mathbf{E} = -\kappa_E(f)\nabla\rho_f^{(EM)},$$

电场变化对应 $\rho_f^{(EM)}$ 的时间变化和梯度重排。因此，

$$\mathbf{J}_{\rm disp} = \varepsilon_0\frac{\partial \mathbf{E}}{\partial t}$$

可以解释为电磁能量子密度场动态变化的经典场表象。由此得到：

$$\nabla \times \mathbf{B} = \mu_0 \mathbf{J}_q + \mu_0 \varepsilon_0 \frac{\partial \mathbf{E}}{\partial t}.$$

这说明磁场旋度由两类结构共同产生：带电结构的真实输运，以及电磁能量子场自身的动态重排。

第五，本章回收了电磁波方程和光速极限。在无源、低耗散、线性响应和自由态传播条件下，Maxwell 方程推出：

$$\nabla^2 \mathbf{E} - \frac{1}{c^2} \frac{\partial^2 \mathbf{E}}{\partial t^2} = 0,$$

$$\nabla^2 \mathbf{B} - \frac{1}{c^2} \frac{\partial^2 \mathbf{B}}{\partial t^2} = 0,$$

其中：

$$c = \frac{1}{\sqrt{\mu_0 \varepsilon_0}}.$$

在本卷中，电磁波是 $\rho_f^{(EM)}$ 的自由态激发在高占有数、低噪声和宏观平均条件下的连续波表象；光子是低占有数自由态的离散读出；光速 c 则是电磁频段自由态传播在 Maxwell 极限中的有效速度。这里并不声称已经从 A1–A4 完整计算出 c 的数值，而是将其重新定位为电磁自由态传播的经典极限常数。

由此，本章完成了本卷中一个关键回收任务。前文从

$$\rho_f^{(EM)}$$

出发，依次定义电荷、相位拓扑、量子化、三态、电场、磁场、电磁势和 Lorentz 力；本章则说明，在经典连续场条件下，这些结构能够压缩为 Maxwell 方程组。推导链可以概括为：

$$\rho_f^{(EM)} \to q, \mathbf{J}_q \to \mathbf{E}, \mathbf{B} \to \text{Maxwell 方程组}.$$

这条链条说明，Maxwell 方程不是被预设的前提，而是从电磁频段能量子密度场及其有效变量中得到的经典极限。

本章与弱力—强力主线的关系也很明确。强力—弱力卷必须回收其对应短程相互作用和强弱过渡结构；引力卷必须回收牛顿极限和 GR 弱场接口；电磁卷必须回收 Maxwell 极限。不同卷的标准理论极限不同，但方法论相同：不能把标准理论成功变量直接作为公设，也不能否定其有效性，而必须说明它们在统一公设体系下如何作为极限出现。

本章同时明确了失败条件。若本卷不能从 $\rho_f^{(EM)}$ 推出可用的 ρ_q、$\mathbf{J}_q$、$\mathbf{E}$ 和 $\mathbf{B}$，则 Maxwell 回收失败。若不能得到 Gauss 定律、Faraday 定律、Ampère–Maxwell 方程和电磁波方程的有效结构，则本卷失败。若这些回收只能依赖额外加入的 Maxwell 公设，而不能从前文定义中获得，则本卷失败。若 Maxwell 极限的成立条件无法明确区分，理论也会失去可证伪性。

本章尚未解决的问题是：Maxwell 理论作为经典连续场

极限已经获得位置，但量子电动力学尚未处理。Maxwell 方程不能解释全部量子电磁现象，尤其不能直接说明单光子、传播子、虚光子、真空涨落、顶点耦合和量子修正。下一章必须进入 QED 有效表象，说明 QED 不是本卷的公设，而是 $\rho_f^{(EM)}$ 在单激发、涨落响应、微扰耦合和量子读出条件下形成的有效量子表象。

第九章　QED 有效表象：光子、虚光子与传播子

9.1　QED 在本卷中的地位

本节的问题是：QED 在本卷中应当处于什么位置？第7章已经说明，Maxwell 方程不是本书的前提，而是 $\rho_f^{(EM)}$ 在弱梯度、高占有数、低噪声、线性响应和宏观平均条件下形成的经典连续场极限。但是，Maxwell 理论并不能穷尽电磁现象。单光子、传播子、虚光子、真空涨落、辐射修正、顶点耦合、散射振幅和精密量子修正，都属于 QED 的核心解释范围。因此，本章必须处理 QED。处理方式不是否定 QED，也不是重新发明 QED 的计算体系，而是在 A1–A4 与元规范 M 的约束下，重排 QED 对象的本体位置。

本节依赖 A1、A2、A3、A4 与元规范 M。A1 要求 QED 中的光子、虚光子、规范场和带电粒子不能作为本卷的基础对象，而必须从 $\rho_f^{(EM)}$ 及其状态结构中获得位置。A2 要

求 QED 中的能量交换、频率、光子量子和辐射过程服从 $E = h\nu$ 的谱量原则。A3 要求 QED 的传播、涨落、响应和修正必须能够追溯到电磁频段主方程中的自由态、束缚态、源项、耗散项和量子涨落项。A4 要求光子与束缚态、凝聚态、质量子接口和带电结构之间的耦合受洛伦兹共振核约束。M 要求本卷保留 QED 的计算成功，同时不能把 QED 变量直接升级为不可解释的本体起点。

本节要推出的结论是：QED 的计算成功必须保留；本卷只重排其本体解释。也就是说，QED 在本卷中的地位不是错误理论，也不是被替代的经验公式，而是电磁频段能量子密度场在单激发、涨落响应、微扰耦合和量子读出条件下形成的有效量子表象。

因此，第8章的功能应限定为“有效表象定位”：正文只说明 QED 对象在 EQT 生成链中的层级位置，不重写 QED 教材，也不替代其计算体系。光子、虚光子、传播子、真空涨落、顶点耦合和重整化在本章中都应被处理为 $\rho_f^{(EM)}$ 在单激发、涨落响应、线性近似和量子读出条件下的有效对象，而不是新的基础公设。

首先，QED 的计算成功不能被否定。QED 在散射截面、精细结构、反常磁矩、Lamb 位移、真空极化、辐射修正和光—物质相互作用等方面具有极高的精度。任何电磁机制理论如果不能解释为什么 QED 计算有效，或不能在适当极限下与 QED 相容，就不能作为严肃电磁理论成立。因此，本章的基本态度必须明确：QED 是本卷必须回收和重定位的量子有效理论，而不是需要轻易推翻的对象。

其次，QED 不能作为本卷的基础公设。若直接从 QED 的场算符、规范场、传播子、顶点耦合和虚光子图像出发，那么本卷前文建立的生成链就会被绕过。光子会重新成为基础量子对象，电荷会重新成为规范耦合参数，虚光子会重新成为内部线语言中的基本中介，规范结构会重新成为起点。这样，本卷就无法回答更前置的问题：光子如何从 $\rho_f^{(EM)}$ 的自由态出现？电荷为何量子化？虚光子为何可以作为涨落—响应表象出现？规范自由度为何是有效冗余而非本体起点？

因此，本章必须保持如下顺序：

$$\rho_f^{(EM)} \to \text{自由态、束缚态、凝聚态} \to \text{光子与局域响应} \to \text{QED 有效表象}.$$

这意味着，QED 的对象可以被保留，但它们在本书中的层级必须改变。

第三，真实光子在本卷中应被解释为 $\rho_f^{(EM)}$ 的自由态量子激发。第五章已经定义：

$$\rho_f^{(EM)} \to \text{自由态} \to \gamma_\nu, \qquad E = h\nu.$$

QED 中的外线光子、吸收光子、发射光子和散射光子，可以在本卷中理解为电磁频段自由态激发的量子读出。它们不是独立于 $\rho_f^{(EM)}$ 的原初实体，而是自由态在低占有数、离散探测和量子交换条件下的有效对象。这样，QED 的光子语言得到保留，但其本体基础被重排到 $\rho_f^{(EM)}$ 的自由态结构中。

第四，虚光子在本卷中应被解释为涨落—响应表象，而不是独立传播实体。QED 中的虚光子是内部线，是微扰展开中的传播子结构。它们不是直接可探测的自由态光子。在本卷中，更合适的解释是：虚光子对应 $\rho_f^{(EM)}$ 的量子涨落项、局域响应核、束缚态扰动和电磁能量子流重排的有效图像。也就是说，虚光子不是“看不见的真实小粒子”，而是电磁频段密度场在局域耦合和微扰计算中的响应表象。

这一点与 A3 主方程中的涨落项直接相关：

$$\mathcal{N}(f).$$

$\mathcal{N}(f)$ 为真空涨落、局域响应、传播子修正和量子不确定性提供机制入口。QED 的虚光子语言可以被理解为这种涨落—响应结构在微扰计算中的有效表达。

第五，电荷在 QED 中作为规范耦合参数出现；在本卷中，它必须先作为结构结果出现。前文已经推出：

$$q = e_0 \int_{V_{\rm int}} (\rho_f^{(EM)} - \rho_0) dV$$

并在相位拓扑条件下得到：

$$q = e_0 n.$$

因此，QED 顶点中的电荷耦合参数不应被视为本体起点，而应被解释为量子化相位—密度结构与电磁自由态或涨落响应之间的有效耦合强度。也就是说，QED 的顶点耦合保留其计算功能；但在本书中，它应当来自电荷结构、相位拓扑和频率匹配，而不是直接作为不可解释参数加入。

第六，规范结构在 QED 中具有基础形式；在本卷中则应被理解为相位—势描述的有效冗余。第6章已经说明，标量势 ϕ 是密度偏差的有效标量表达，矢势 $\mathbf{A}$ 是能量子流和相位结构的有效矢量表达。规范自由度不是起点，而是同一物理电磁结构可以由不同势函数表示时产生的冗余表述。QED 的规范形式因此可以被保留，但其解释应从“原初规范场”转向“相位—流结构的有效量子表象”。

第七，QED 与 Maxwell 的关系在本卷中应当清楚区分。Maxwell 极限对应高占有数、低噪声、宏观平均和线性连续场条件；QED 有效表象对应单激发、涨落、微扰耦合、传播子和量子读出条件。二者不是互相排斥，而是同一 $\rho_f^{(EM)}$

在不同读出条件下的两个有效极限：

$$\text{高占有数、宏观平均} \Rightarrow \text{Maxwell 极限};$$

$$\text{单激发、涨落响应、微扰耦合} \Rightarrow \text{QED 有效表象}.$$

这一区分有助于避免两个错误：一是用 Maxwell 连续场替代所有量子电磁现象；二是用 QED 形式语言遮蔽电荷、光子和相位结构的生成性问题。

与强弱力卷的边界只需保留一点：本章处理的是 QED 对象在电磁频段中的有效表象，不能把强弱力卷中的中介、禁闭或衰变机制移植为电磁机制。标准理论的计算成功应保留，但其对象不能未经推导地成为基础公设。

本节得到的定义和推论是：QED 在本卷中是电磁频段 $\rho_f^{(EM)}$ 的有效量子表象。其计算成功必须保留；本卷只重排其本体解释。真实光子对应自由态量子激发，虚光子对应涨落—响应表象，电荷耦合对应量子化相位—密度结构与电磁模式的有效耦合，规范自由度对应相位—势语言中的冗余表述。QED 不是本卷的起点，而是本卷必须回收的量子极限。

本节尚未解决的问题是：QED 的总体地位已经明确，但具体对象仍需逐一重排。下一节必须首先处理真实光子与虚光子的区别，说明自由态光子、束缚态局域响应和涨落传播子如何分别对应 QED 中不同光子概念，并避免把虚光子误解为独立实体。

9.2 光子作为自由态激发

本节的问题是：QED 中的真实光子，在本卷的 EQT 电磁机制中应当如何理解？上一节已经明确，QED 的计算成功必须保留，但其本体解释需要重排。真实光子不能在本卷中作为基础公设直接加入，也不能被理解为独立于 $\rho_f^{(EM)}$ 的原初粒子。按照本卷的推导顺序，光子必须来自电磁频段能量子密度场的状态分化。更准确地说，光子是 $\rho_f^{(EM)}$ 在自由态条件下形成的量子激发。

本节依赖 A1、A2、A3、A4 与元规范 M。A1 要求光子不能作为与 ρ_f 并列的基础对象，而必须作为 $\rho_f^{(EM)}$ 的状态结果。A2 要求光子能量满足

$$E = h\nu,$$

因此光子必须是频率可标记的谱量激发。A3 要求光子的形成、传播、耗散和涨落必须与 EQT 主方程中的自由传播、低耗散、源项和量子涨落项相容。A4 要求光子的吸收、辐射、散射和束缚态转换受洛伦兹共振核约束。M 要求光子定义不能成为为迎合 QED 而加入的新公设，而必须从前文的三态结构和自由态传播条件中得到。

本节要推出的结论是：光子是电磁频段 $\rho_f^{(EM)}$ 的自由态量子激发。它不是基础公设，不是脱离场结构独立漂浮的实体，也不是任意电磁扰动；它是在低耗散、无局域闭合、相位可持续、频率可标记并可被离散读出的条件下，由 $\rho_f^{(EM)}$ 表现出来的自由传播量子。

可以将其定义为：

$$\gamma_\nu = \text{电磁频段 } \rho_f^{(EM)} \text{ 在频率 } \nu \text{ 上的自由态量子激发},$$

并满足：

$$E_\gamma = h\nu.$$

这个定义将 QED 中的真实光子放置在 EQT 的状态层级中。光子不是本体起点，而是自由态的量子读出。其生成链为：

$$\rho_f^{(EM)} \to \text{自由态} \to \gamma_\nu.$$

首先，光子必须区别于局域电荷结构。电荷是 $\rho_f^{(EM)} - \rho_0$ 在物理积分空间 V_{int} 中的稳定密度偏差结构，并通过相位拓扑获得量子化：

$$q = e_0 n.$$

光子则不是这种局域闭合结构。它不对应某个稳定电荷积分空间，也不携带电荷符号。光子可以与电荷发生相互作用，可以被带电结构吸收或发射，但它自身不是电荷。它是电磁频段自由态传播激发，而不是相位—密度闭合的带电结构。

其次，光子必须区别于束缚态局域光子层。第五章已经定义，束缚态是电磁能量子在质量子或电荷结构附近，被局域频率—相位条件锁定后形成的非自由传播结构。局域光子层、屏蔽结构、近场响应和虚光子云的某些有效表象，都更接近束缚态或涨落—响应结构。真实光子则属于自由态。它可以远离局域源，保持低耗散传播，并在吸收或探测时表现为离散能量交换。因此，不能把所有电磁能量子结构都叫作光子；光子是自由态的特殊量子读出。

第三，光子必须满足低耗散传播条件。EQT 主方程包含耗散项：

$$-\Gamma(f)\rho_f^{(EM)}.$$

若耗散过强，自由态激发无法长程传播，也难以成为可观测真实光子。光子要求在相关传播尺度上，耗散项不主导自由态演化。也就是说，$\Gamma(f)$ 必须足够小，或传播过程中的耗散能够被视为可忽略修正。若介质吸收、强场损耗或局域束缚态转换显著，光子自由态就会被破坏，表现为吸收、散射、衰减或状态转换。

第四，光子必须满足相位可持续条件。光子不仅是能量包，也是具有相位、频率、偏振和传播方向的电磁自由态激发。若相位结构无法维持，电磁能量子分布可能表现为非相干噪声或局域热化，而不是稳定光子传播。因此，光子自由态要求 θ_f 在传播过程中具有可持续的相干关系。这个条件也解释了为什么光子可以产生干涉、衍射和偏振效应：这些效应不是附加性质，而是自由态相位结构的直接表现。

第五，光子必须满足频率可标记条件。按照 A2，光子能量由频率决定：

$$E = h\nu.$$

因此，光子不是任意局域电磁扰动，而是频率可识别、能量可量子化的自由态激发。频率决定它与束缚态、凝聚态接口和物质结构的耦合可能性。若自由态光子的频率与某一局域束缚模式或物质接口频率匹配，它更容易被吸收；若频率失配，则更可能透射、反射或弱散射。这一点由 A4 约束：

$$A(\nu_B, \nu_F) = \frac{A_0}{(\nu_B - \nu_F)^2 + \gamma^2}.$$

由此，真实光子的吸收、辐射和散射不是任意过程，而是受频率匹配和相位条件控制的自由态—束缚态转换。

第六，光子必须满足离散读出条件。经典电磁波可以看作高占有数自由态激发的宏观平均；真实光子则是在低占有数或单激发读出中表现出来的离散量子对象。二者并不矛盾。可以写成：

$$\text{低占有数自由态} \Rightarrow \gamma_\nu,$$

$$\text{高占有数自由态平均} \Rightarrow \text{经典电磁波}.$$

这一区分使本卷可以同时保留 QED 光子语言和 Maxwell 波动语言。QED 处理的是单激发、散射、吸收、发射和量子涨落条件下的有效表象；Maxwell 理论处理的是高占有数、宏观平均、低噪声条件下的连续场极限。二者是同一 $\rho_f^{(EM)}$ 在不同读出条件下的表现。

第七，光子在 QED 中的外线地位可以得到重新解释。QED 计算中的入射光子和出射光子通常作为外部态处理。在 EQT 中，这些外部态可以理解为自由态 $\rho_f^{(EM)}$ 激发在远离局域相互作用区时的量子读出。它们进入相互作用区后，可能与束缚态、带电结构或凝聚态接口发生耦合；离开相互作用区后，又重新表现为自由态光子。由此，QED 外线光子对应 EQT 的自由态边界条件，而内部传播子和虚光子则需要在后续节中解释为涨落—响应结构。

第八，光子的 EQT 定义也重排了"光子是否真实"的问题。在本卷中，真实光子不是基础实体意义上的真实，而是自由态量子激发意义上的真实。它可以被发射、传播、吸收和探测，因此具有可观测实在性；但这种实在性来自 $\rho_f^{(EM)}$ 的自由态结构，而不是来自光子作为独立本体的先验设定。这样既保留实验意义上的光子真实性，又避免把光子放在 A1 之前。

第九，光子定义具有明确失败条件。如果无法将真实光子与自由态 $\rho_f^{(EM)}$ 激发对应，本卷的 QED 接口失败。如果光子能量不能由 $E = h\nu$ 解释，A2 失效。如果自由态不能区别于束缚态和凝聚态，三态结构失效。如果吸收、辐射和散射不能由 A4 的频率匹配约束，本卷对光—物质相互作用的解释不足。如果 QED 外线光子无法在自由态定义中获得位置，本章的重排也不完整。

与强弱力卷相比，真实光子的特征是低耗散、相位可持续和长程自由传播；它不是强力禁闭激发，也不是弱力短寿命中介。

本节得到的定义和推论是：QED 中的真实光子，在本卷中应被定义为电磁频段 $\rho_f^{(EM)}$ 的自由态量子激发：

$$\gamma_\nu = \text{free-state excitation of } \rho_f^{(EM)} \text{ at frequency } \nu,$$

$$E_\gamma = h\nu.$$

光子不是基础公设，不是独立于 ρ_f 的实体，而是低耗散、无局域闭合、相位可持续、频率可标记并可离散读出的自由传播模式。Maxwell 波动语言和 QED 光子语言分别对应高占有数自由态平均与低占有数自由态读出。

本节尚未解决的问题是：真实光子已经获得自由态定义，但 QED 中更容易引起本体误解的是虚光子。下一节必须说明：虚光子不应被理解为独立传播实体，而应被解释为 $\rho_f^{(EM)}$ 的涨落—响应结构、传播子表象和局域耦合计算工具。

9.3 虚光子作为涨落—响应表象

本节的问题是：QED 中的虚光子应当如何在 EQT 电磁机制中获得解释？上一节已经将真实光子定义为电磁频段 $\rho_f^{(EM)}$ 的自由态量子激发。真实光子可以作为入射态或出射态被探测，满足频率—能量关系

$$E = h\nu.$$

但是，QED 中还有另一类更容易引起本体误解的对象：虚光子。虚光子出现在微扰计算的内部线中，用于表示带电结构之间的相互作用、传播子响应和量子修正。它们不是可直接探测的自由态光子，也不满足真实光子的同样壳层条件。因此，本节必须说明：虚光子不是最底层实体，而是 $\rho_f^{(EM)}$ 的涨落谱和线性响应函数在 QED 图像中的有效表示。

本节依赖 A1、A2、A3、A4 与元规范 M。A1 要求虚光子不能作为与 $\rho_f^{(EM)}$ 并列的基础实体，而必须从电磁频段能量子密度场的涨落和响应结构中获得解释。A2 要求虚光子相关的能量—频率交换仍需服从谱量原则，但虚光子不应被等同于真实自由态光子。A3 要求虚光子表象必须与 EQT 主方程中的量子涨落项、源项、线性响应和局域守恒

结构相联系。A4 要求带电结构、束缚态、凝聚态接口与电磁响应之间的耦合仍受洛伦兹共振核约束。M 要求本节不能把“虚光子交换”当作不可再解释的底层机制，而必须说明其作为有效计算语言的来源和边界。

本节要推出的结论是：虚光子不是独立传播实体，而是电磁频段能量子密度场 $\rho_f^{(EM)}$ 的涨落谱、局域响应核和线性传播函数在 QED 微扰图像中的有效表示。传统 QED 中所谓“虚光子交换”，在本卷中应被理解为带电相位—密度结构之间通过 $\rho_f^{(EM)}$ 的密度梯度、相位扰动、能量子流重排和涨落响应发生耦合的计算表象。

首先，必须区分真实光子与虚光子。真实光子是自由态量子激发，可以作为外部态被发射、传播、吸收和探测。它对应：

$$\rho_f^{(EM)} \to \text{自由态} \to \gamma_\nu.$$

虚光子则不同。它不是自由传播到探测器的光子，也不应被理解为“短暂存在的真实粒子”。它是 QED 微扰展开中的内部传播子，用于表达两个或多个带电结构之间的相互作用响应。换言之，真实光子对应自由态读出；虚光子对应内部响应计算。二者都与 $\rho_f^{(EM)}$ 有关，但状态地位不同。

在 EQT 语言中，这一区别可以写作：

$$\text{真实光子} = \rho_f^{(EM)} \text{ 的自由态量子激发;}$$

$$虚光子 = \rho_f^{(EM)} 的涨落—响应表象.$$

这一重排可以避免一种常见误解：把电磁相互作用想象成带电粒子之间不断投掷不可见小粒子。QED 的图像在计算上非常有效，但虚光子不应被强行本体化为自由态粒子。它更准确地表示电磁场量子涨落和响应函数在微扰计算中的传播结构。

其次，虚光子的来源应追溯到 EQT 主方程中的涨落项。电磁频段主方程包含：

$$\mathcal{N}(f).$$

这一项表示 $\rho_f^{(EM)}$ 中的量子涨落、局域扰动和非经典响应。在线性响应近似下，系统对一个带电结构的扰动会产生某种响应核；另一个带电结构通过该响应核感受到相互作用。QED 中的传播子可以被理解为这种涨落—响应关系的有效数学表达。于是，虚光子不再是额外实体，而是 $\mathcal{N}(f)$ 与线性化场响应共同形成的计算对象。

可以用概念链表示为：

$$\rho_f^{(EM)} + \mathcal{N}(f) + 线性响应 \to 传播子 \to 虚光子表象.$$

这里，传播子不是最底层机制，而是对电磁能量子密度场响应结构的压缩表示。

第三，虚光子表象也与束缚态和近场响应有关。第5章已经定义，束缚态是电磁能量子在电荷结构或质量子接口附近，被局域频率—相位条件锁定后形成的非自由传播结构。带电结构周围的局域光子层、屏蔽结构、近场响应和相位滞后，都不能简单理解为自由态真实光子的集合。它们更接近束缚态、涨落响应和局域场重排的组合。QED 中虚光子的某些图像，正是对这类非自由传播响应的有效表示。

因此，库仑作用不必被理解为两个电荷之间交换真实粒子。按照第6章和第7章的推导，库仑势可以来自：

$$\rho_f(r) \to \nabla\rho_f(r) \to \mathbf{E}(r) \to V(r) \to F(r).$$

也就是说，静态电荷之间的作用可以理解为电磁能量子密度场的远场梯度、通量几何和响应结构，而不必在底层上依赖"粒子交换"图像。QED 中的虚光子交换是这种响应关系的微扰计算语言，而不是更基础的物理实体。

第四，虚光子与线性响应函数密切相关。在微扰 QED 中，传播子表示一个扰动如何从一个点传递到另一个点。在 EQT 中，对应的是：一个带电结构改变局部 $\rho_f^{(EM)}$ 的密度、相位和能量子流结构；这种改变通过电磁频段的响应核影响另一个带电结构。在低阶线性近似中，这种响应可写为某种核函数：

$$\delta\rho_f^{(EM)}(x) = \int G_f(x,x')S_f(x'), dx',$$

其中，$G_f(x,x')$ 是电磁频段的有效响应函数，$S_f(x')$ 是源扰动。QED 中的虚光子传播子，可以被理解为 G_f 在量子场论表象中的对应物。它不是独立对象，而是响应函数。

第五，虚光子表象受频率结构限制。按照 A4，带电结构、束缚态、自由态和凝聚态接口之间的耦合并非任意，而受洛伦兹共振核约束：

$$A(\nu_B,\nu_F)=\frac{A_0}{(\nu_B-\nu_F)^2+\gamma^2}.$$

这意味着，虚光子所表示的涨落响应也应具有频率选择性。某些频率扰动更容易耦合，某些频率扰动被压制。QED 中的传播子通常以动量—能量结构表达这一点；EQT 中则应追溯到频率匹配、相位结构和局域响应核。二者并不矛盾，只是表述层级不同。

第六，虚光子也解释了为什么 QED 能够计算静态势。传统上，库仑势可由光子传播子的静态极限得到。在 EQT 中，这一事实可重新理解为：静态电荷结构激发的是 $\rho_f^{(EM)}$ 的线性响应，而该响应在远场弱梯度条件下表现为 $1/r$ 势。QED 的虚光子传播子能够计算这一势，是因为它有效编码了电磁密度场的响应函数，而不是因为静态力在底层必须被理解为真实粒子往返传递。

因此，虚光子表象和密度梯度解释不是竞争关系。密度梯度解释给出机制图像；传播子形式给出量子计算工具。

二者可以在不同层级上兼容：

$$\text{EQT 机制层：}\rho_f^{(EM)}\text{ 的密度—相位—流响应;}$$

$$\text{QED 计算层：虚光子传播子与微扰图像.}$$

第七，虚光子不是任意概念，也有明确失败边界。若某个"虚光子解释"无法对应任何 $\rho_f^{(EM)}$ 的涨落谱、响应核或局域相位—流重排，那么它在本卷中不能被赋予本体意义。若虚光子被当成真实自由态光子，就会混淆自由态和涨落响应。若所有相互作用都被模糊地归入"虚光子交换"，而不区分自由态、束缚态、凝聚态、涨落和响应函数，那么本章的三态结构和公设纪律都会被破坏。

第八，这一解释也保留了 QED 的计算有效性。QED 的 Feynman 图、传播子、顶点因子和重整化程序仍然可以作为有效计算体系使用。本书并不要求在每次计算中放弃虚光子语言。相反，虚光子语言仍然是极其高效的数学工具。只是，当讨论本体解释时，虚光子应被理解为 $\rho_f^{(EM)}$ 的涨落—响应表象，而不是最底层实体。这样，计算语言与机制解释可以分层共存。

与强弱力卷相比，本节只处理电磁虚光子的涨落—响应表象。强力内部线受强耦合和禁闭约束，弱力传播子受质量项和短程衰减约束，不能直接类比为电磁虚光子云。

本节得到的定义和推论是：虚光子不是最底层实体，而是电磁频段能量子密度场 $\rho_f^{(EM)}$ 的涨落谱、线性响应函数和局域相位—能流重排在 QED 图像中的有效表示。真实光子对应自由态量子激发；虚光子对应内部涨落—响应结构。库仑作用可以解释为密度场响应和梯度结构，而不必在底层上依赖“真实粒子交换”的图像。

本节尚未解决的问题是：虚光子已经被重新定位为涨落—响应表象，但 QED 的核心还包括顶点耦合与电荷参数。下一节必须说明，QED 顶点中的电荷耦合如何在 EQT 中解释为量子化相位—密度结构与自由态或涨落响应模式之间的有效耦合，并说明为什么电荷耦合不是新增公设，而是前文 $q = e_0 n$ 的量子场论表象。

9.4 QED 传播子的 EQT 线性响应解释

本节的问题是：QED 传播子在 EQT 电磁卷中应当如何解释？上一节已经说明，虚光子不是最底层实体，而是 $\rho_f^{(EM)}$ 的涨落谱、线性响应函数和局域相位—能流重排在 QED 图像中的有效表示。现在需要进一步说明：所谓“传播子”为什么可以被理解为一种线性响应结构？它与 EQT 主方程中的扩散、耗散、涨落和自能修正之间有什么关系？同时，本节必须保持克制：这里不是宣称用一个简单响应核完整替代 QED，而是说明在低阶响应层面，QED 传播子可以获得一种机制性解释。

本节依赖 A1、A2、A3、A4 与元规范 M。A1 要求传播子不能作为独立基础对象出现，而必须从 $\rho_f^{(EM)}$ 的响应结构中获得位置。A2 要求传播子的频率变量 ω 与能量交换、谱量关系和光子频率相容。A3 要求传播子与 EQT 主方程中的扩散项、耗散项、源项、涨落项和线性化动力学相联系。A4 要求传播子所描述的耦合不能任意发生，而应受频率匹配和洛伦兹共振核约束。M 要求本节不能夸大结论：EQT 可以提供传播子的机制性低阶解释，但不能在尚未完成严格量子场论重构之前宣称已经完整替代 QED。

本节要推出的结论是：QED 传播子可以在 EQT 中被理解为电磁频段能量子密度场对局域扰动的线性响应函数。示意性地，可以写作：

$$G(k,\omega) \sim \left[-i\omega + D(f)k^2 + \Gamma(f) + \Sigma(f,k,\omega)\right]^{-1}.$$

这里，$G(k,\omega)$ 表示频率—动量空间中的有效响应核；$-i\omega$ 表示时间演化项；$D(f)k^2$ 表示扩散或传播型空间响应；$\Gamma(f)$ 表示耗散或衰减；$\Sigma(f,k,\omega)$ 表示自能修正、涨落响应、介质效应、边界效应或更高阶耦合的有效汇总。这个表达只是机制示意，不是完整 QED 光子传播子的严格替代。

首先，需要说明为什么传播子可以被看作响应函数。在

QED 中，传播子描述场扰动从一个时空点传播到另一个时空点的振幅结构。它不是一个普通粒子轨迹，而是量子场对源扰动的响应。在 EQT 语言中，若某一带电相位—密度结构扰动了局部 $\rho_f^{(EM)}$，则电磁频段能量子密度场会通过密度重排、相位调整、能量子流变化和涨落响应，把这一扰动传递到其他区域。传播子就是这种“扰动—响应”关系在频率—动量空间中的有效表达。

因此，可以从线性响应角度写出：

$$\delta\rho_f^{(EM)}(k,\omega) = G(k,\omega), S_f(k,\omega),$$

其中，$S_f(k,\omega)$ 是外部源扰动或局域耦合项，$\delta\rho_f^{(EM)}(k,\omega)$ 是电磁能量子密度场的响应，$G(k,\omega)$ 是响应核。QED 中的虚光子传播子，可以在这个层面上理解为 $G(k,\omega)$ 的量子场论表象。

其次，这一响应核可以从 A3 主方程的线性化中获得动机。电磁频段主方程可抽象写作：

$$\frac{\partial\rho_f^{(EM)}}{\partial t} = k(f)(\rho_f^{(EM)})^m + D(f)\nabla^2\rho_f^{(EM)} - \nabla\cdot(\rho_f^{(EM)}\mathbf{v}_f) - \Gamma(f)\rho_f^{(EM)} + S_f + \mathcal{N}(f).$$

在某个背景态附近，令：

$$\rho_f^{(EM)} = \rho_0 + \delta\rho_f.$$

若扰动 $\delta\rho_f$ 足够小，可以对主方程进行线性化。忽略高阶非线性项，并将对流、相位项、涨落修正和边界效应暂时压缩进有效修正项，则可得到类似：

$$\frac{\partial \delta\rho_f}{\partial t} = D(f)\nabla^2\delta\rho_f - \Gamma(f)\delta\rho_f + S_f + \text{response corrections}.$$

对时间和空间作 Fourier 变换：

$$\partial_t \to -i\omega, \qquad \nabla^2 \to -k^2,$$

则响应关系可写成：

$$\left[-i\omega + D(f)k^2 + \Gamma(f) + \Sigma(f,k,\omega)\right]\delta\rho_f(k,\omega) = S_f(k,\omega).$$

因此：

$$\delta\rho_f(k,\omega) = \left[-i\omega + D(f)k^2 + \Gamma(f) + \Sigma(f,k,\omega)\right]^{-1} S_f(k,\omega).$$

于是得到示意性传播核：

$$G(k,\omega) \sim \left[-i\omega + D(f)k^2 + \Gamma(f) + \Sigma(f,k,\omega)\right]^{-1}.$$

这个推导的意义，是说明传播子可以被理解为线性化动力学算子的逆。也就是说，传播子不是独立实体，而是“场如何响应扰动”的数学表达。

第三，$D(f)k^2$ 项表示空间传播或扩散响应。在普通扩散方程中，Dk^2 控制空间扰动的衰减和扩散尺度；在电磁自由态传播中，真实响应可能不仅是扩散型，也包含波动型、相位型和横向传播型成分。因此，本节写出 $D(f)k^2$ 只是为了表达最低阶空间响应结构，而不是说 QED 光子传播子本质上等同于普通扩散传播子。更完整的电磁响应核可能需要包含二阶时间项、横向投影结构、规范约束和相位传播项。

因此应明确：上式是“机制示意式”，不是最终传播子公式。它说明 EQT 主方程的线性化可以产生传播子型响应核；但标准 QED 传播子的完整 Lorentz 协变结构、规范固定、横向自由度、极化张量和重整化结构，还需要进一步构造。

第四，$\Gamma(f)$ 项表示耗散、吸收或衰减。在理想真空 QED 中，光子传播子通常体现无质量、长程传播特征；但在介质、屏蔽、等离子体、边界或有效环境中，传播可能出现衰减、屏蔽或色散。EQT 中的 $\Gamma(f)$ 提供了描述这些偏离的入口。若 $\Gamma(f)$ 很小，则传播近似长程、低耗散；若 $\Gamma(f)$ 显著，则响应被抑制，可能出现屏蔽长度、衰减长度或局域束缚效应。

这与电磁卷前文一致：电磁频段的自由态传播要求低耗散；束缚态和局域光子层则往往与局域耗散、边界锁定和频率匹配有关。传播子中的 $\Gamma(f)$ 因而可以解释为什么不同环境中电磁响应不同。

第五，$\Sigma(f,k,\omega)$ 表示自能修正和高阶响应。QED 中传播子并不是永远保持裸形式，真空极化、环图修正、介质效应和重整化都会改变传播结构。在 EQT 示意式中，$\Sigma(f,k,\omega)$ 可以作为这些修正的机制占位：

$$\Sigma(f,k,\omega)=\text{涨落修正}+\text{相位响应}+\text{边界效应}+\text{介质极化}+\text{高阶耦合}.$$

这里必须保持谨慎。不能简单宣称 Σ 已经完整等同于 QED 自能；更准确地说，EQT 可以把 QED 自能修正解释为 $\rho_f^{(EM)}$ 的涨落、耦合和响应结构在更高阶近似中的有效表现。完整定量对应需要进一步推导。

第六，这一解释有助于重排虚光子的地位。QED 图像中，虚光子内部线对应传播子；在本节解释中，传播子是线性响应算子的逆。因此，虚光子不是自由态实体，而是响应函数的图像化表达。所谓“虚光子交换”可重写为：

$$\text{带电结构 A 扰动 }\rho_f^{(EM)}\to G(k,\omega)\to\text{带电结构 B 响应}.$$

这使库仑作用、近场响应和散射振幅获得共同表述：它们都是带电相位—密度结构通过电磁频段响应核发生耦合的不同极限。

第七，QED 传播子的 EQT 解释必须与电荷定义相容。QED 顶点中的电荷耦合参数不能被直接作为公设，而应来自前文：

$$q=e_0n.$$

传播子描述场响应；顶点描述带电结构如何耦合到这种响应。若传播子是 $\rho_f^{(EM)}$ 的线性响应函数，则顶点耦合应表示量子化相位—密度结构与该响应核之间的耦合强度。这样，QED 图像中的“顶点—传播子—顶点”结构可以解释为：

$$(q_1\ \text{结构}) \to G(k,\omega) \to (q_2\ \text{结构}).$$

这里 q_1, q_2 来自密度偏差和相位绕数，而不是外加标签。

第八，A4 对传播子响应具有约束作用。传播子描述响应传播，但响应强度和可耦合性仍受频率匹配控制。若某一自由态或束缚态模式与局域结构频率匹配，则响应增强；若频率失配，则响应压低。洛伦兹共振核

$$A(\nu_B, \nu_F) = \frac{A_0}{(\nu_B - \nu_F)^2 + \gamma^2}$$

可以进入 S_f、$G(k,\omega)$ 或 $\Sigma(f,k,\omega)$ 的有效结构中。换言之，传播子不是在抽象真空中任意传播的数学对象，而是带有频率窗口、相位条件和耦合选择规则的响应函数。

第九，必须明确本节的限制。标准 QED 传播子具有 Lorentz 协变性、规范结构、极化投影和重整化体系。上面的 EQT 响应核只说明一种可能的机制基础：传播子可以被理解为线性化响应算子的逆。它没有直接给出完整 QED 传播子的所有结构，也没有证明所有 QED 计算都可由该式替代。因此，本节的正确表述应是：EQT 在低阶响应层面为 QED 传播子提供机制解释，而不是宣称已经完整替代

QED。

更严格地说，本节完成的是三件事。第一，说明传播子为何不应被本体化为虚粒子。第二，说明传播子可以来自 $\rho_f^{(EM)}$ 的线性响应。第三，说明扩散、耗散、涨落和自能修正可以在响应核中获得位置。尚未完成的是完整的协变传播子构造、规范固定、重整化对应和精密常数推导。

第十，本节也给出失败条件。若无法从 EQT 主方程线性化得到传播子型响应核，则本节机制解释失败。若该响应核无法在低阶极限中对应 QED 光子传播子的有效结构，则 QED 接口不完整。若 $\Sigma(f, k, \omega)$ 只能作为任意补丁，而不能由涨落、相位、边界和耦合机制约束，则理论失去可证伪性。若传播子解释无法与电荷量子化 $q = e_0 n$、真实光子自由态和虚光子涨落响应统一起来，则本章的对象重排失败。

与强弱力卷相比，电磁传播子的特殊性在于低耗散、长程响应、屏蔽结构和无质量极限；本节只说明电磁频段的线性响应核，不外推到强弱力传播子。

本节得到的定义和推论是：QED 传播子可以在 EQT 中解释为电磁频段能量子密度场对局域扰动的线性响应函数。示意性地，

$$G(k, \omega) \sim \left[-i\omega + D(f)k^2 + \Gamma(f) + \Sigma(f, k, \omega)\right]^{-1}.$$

其中 $D(f)k^2$ 表示最低阶空间响应，$\Gamma(f)$ 表示耗散或屏蔽，$\Sigma(f,k,\omega)$ 表示涨落、自能、介质、边界和高阶耦合修正。这个表达提供机制解释，但不等同于完整替代 QED 传播子。

本节尚未解决的问题是：传播子作为线性响应核已经获得位置，但 QED 的顶点耦合仍需解释。下一节必须讨论 QED 顶点中的电荷耦合如何从 $q = e_0 n$、相位拓扑和频率匹配中获得有效意义，并说明顶点耦合不是新增公设，而是量子化电荷结构与电磁响应核之间的耦合表象。

9.5 重整化的 EQT 解释边界

本节的问题是：QED 中的重整化在本卷中应当如何解释？上一节已经把 QED 传播子重排为 $\rho_f^{(EM)}$ 的线性响应函数，把虚光子解释为涨落—响应表象。但 QED 的成功不仅来自传播子和顶点规则，还来自成熟的重整化技术。重整化使理论能够处理不同能标下的有效电荷、真空极化、辐射修正和发散结构，并给出高精度可检验结果。因此，本节必须处理重整化，但必须保持边界：本卷可以提供机制性重释，不能轻率声称已经替代完整 QED 重整化程序。

本节依赖 A1、A2、A3、A4 与元规范 M。A1 要求重整化中的有效电荷、真空极化和场强重标定不能被看作独立基础本体，而必须回到 $\rho_f^{(EM)}$ 的尺度依赖响应。A2 要求不同能标下的电磁响应仍与频率—能量关系相关。A3 要求重整化修正与主方程中的涨落项、局域响应、源项、耗散项和非线性项相联系。A4 要求尺度依赖耦合和响应修正受频率匹配与共振核约束。M 要求本节不得把尚未完成的机制解释夸大为完整数学替代；若不能给出严格可计算的重整化方案，就必须承认其边界。

本节要推出的结论是：EQT 可以对 QED 重整化提供三层机制性重释。第一，有效电荷可以理解为不同尺度积分空间下的可测耦合；第二，真空极化可以理解为局域 $\rho_f^{(EM)}$ 的重排；第三，传播子和顶点修正可以理解为涨落—响应核的尺度依赖修正。但是，完整重整化程序仍属于 QED 的成熟技术体系，本卷在当前层面只提供本体和机制解释，而不宣称替代其计算框架。

首先，有效电荷可以理解为不同尺度积分空间下的可测耦合。第三章已经定义电荷：

$$q = e_0 \int_{V_{\text{int}}} \left(\rho_f^{(EM)} - \rho_0 \right) dV.$$

第四章进一步说明，电荷量子化来自相位拓扑：

$$q = e_0 n.$$

然而，实际实验中测得的电磁耦合强度并不总是简单等同于一个裸的、无尺度结构的电荷值。在 QED 中，有效电荷会随能标变化，通常被描述为跑动耦合。EQT 可以把这一点解释为：可观测电荷不是对无限小点源的直接读出，而是在某个物理尺度、频率窗口和可耦合积分空间中，对 $\rho_f^{(EM)} - \rho_0$ 及其周围响应结构的有效读出。

换言之，不同实验尺度对应不同的有效 V_{int}、不同的屏蔽层分辨率、不同的虚响应贡献和不同的频率窗口。低能或长距离测量看到的是被局域 $\rho_f^{(EM)}$ 重排和屏蔽结构包裹后的有效电荷；高能或短距离测量能够穿透部分屏蔽层，读出更接近核心的耦合。因此，有效电荷的尺度依赖可以被机制性解释为：

$$q_{\text{eff}}(\ell) = e_0 \int_{V_{\text{int}}(\ell)} \left[\rho_f^{(EM)} - \rho_0 + \delta\rho_{\text{pol}}^{(EM)}(\ell)\right] dV.$$

这里，ℓ 表示观测尺度，$\delta\rho_{\text{pol}}^{(EM)}(\ell)$ 表示该尺度下可被读出的局域极化或响应重排。这个表达不是 QED 跑动耦合的完整替代公式，而是说明有效电荷为什么可以具有尺度依赖。

其次，真空极化可以理解为局域 $\rho_f^{(EM)}$ 重排。QED 中，真空极化描述带电粒子—反粒子涨落对电磁传播和有效电荷的修正。在 EQT 语言中，真空不是空无，而是具有背景电磁能量子密度 ρ_0、涨落项 $\mathcal{N}(f)$ 和可响应结构的电磁频段背景。带电结构放入这一背景后，会引起局域 $\rho_f^{(EM)}$ 的重排，使周围的密度梯度、相位结构和响应核发生变化。

因此，真空极化可用概念链表示为：

$$q \to \delta\rho_f^{(EM)} \to \text{局域响应重排} \to q_{\text{eff}}(\ell).$$

这说明，有效电荷不是一个孤立裸参数，而是电荷核心与其周围电磁频段响应结构共同形成的可测耦合。低能观测看到被重排后的外部响应；高能观测则能更细致地区分核心与局域响应层。这与 QED 中有效电荷随动量尺度变化的思想相容，但本卷只提供机制解释，不给出完整重整化群方程。

第三，传播子修正可以理解为响应核的尺度依赖。上一节已经给出示意性响应结构：

$$G(k,\omega) \sim \left[-i\omega + D(f)k^2 + \Gamma(f) + \Sigma(f,k,\omega)\right]^{-1}.$$

其中，$\Sigma(f,k,\omega)$ 可表示涨落、自能、介质、边界和高阶耦合修正。在 QED 中，自能修正和真空极化会改变传播子结构；在 EQT 中，可将其解释为 $\rho_f^{(EM)}$ 的涨落谱与局域响应核在不同频率、动量和尺度下发生改变。也就是说，重整化不仅改变有效电荷，也改变有效传播结构。

但这里必须谨慎。$\Sigma(f,k,\omega)$ 不能被当作任意补丁。如果它只是为了匹配 QED 结果而任意引入，那么它违反 M。它必须在后续更严格理论中由 $\mathcal{N}(f)$、边界条件、相位结构、频率共振和局域响应推导或约束。本节只能说明 Σ 的机制位置，而不能声称已经完成 QED 自能函数的定量推导。

第四，顶点修正可以理解为量子化电荷结构与响应核之间的耦合修正。QED 中，顶点修正改变带电粒子与光子场之间的有效耦合。在本卷中，电荷不是点状公设，而是相位—密度结构：

$$q = e_0 n.$$

该结构与自由态光子或涨落响应核耦合时，耦合强度不仅取决于 n，也取决于局域相位匹配、积分空间边界、频率窗口和束缚态/凝聚态接口。顶点修正可以被机制性理解为这些局域结构和频率响应对有效耦合的修正。用概念表达：

$$\Gamma_{\text{vertex}} \sim \Gamma_{\text{eff}}[q, \theta_f, V_{\text{int}}, G(k,\omega), A(\nu_B, \nu_F)].$$

这不是 QED 顶点函数的完整公式，而是说明顶点修正不应被本体化为抽象数学发散，而可被理解为局域电荷结构与电磁响应模式之间的尺度依赖耦合。

第五，重整化的 EQT 解释必须保留 QED 技术体系的独立成熟性。QED 重整化包括正规化、反项、重整化条件、Ward 恒等式、规范不变性、重整化群流和高阶微扰计算。这些内容已经形成严格数学与实验技术体系。本卷目前并不重建这些技术细节，也不能用几条机制解释替代它们。更准确地说，本卷的贡献是把这些技术对象重新放入生成性图景中：有效电荷、传播子修正、真空极化和顶点修正都可

以被理解为 $\rho_f^{(EM)}$ 的尺度依赖响应，而不是无本体解释的纯计算符号。

因此，本节必须明确边界：

$$\text{EQT 本节目标} \neq \text{完整替代 QED 重整化}.$$

更合适的表述是：

$$\text{EQT 提供重整化对象的机制性重释;}$$

$$\text{QED 保留其成熟计算程序}.$$

只有在未来能够从 A1–A4 严格推出重整化群方程、传播子结构、顶点函数和实验常数时，才能进一步讨论替代性。当前阶段只能说：EQT 为 QED 重整化的本体解释提供候选机制。

第六，重整化解释与 Maxwell 极限也有关。在 Maxwell 极限中，许多涨落和尺度依赖被宏观平均，电荷和场表现为经典常数与连续变量；在 QED 极限中，尺度依赖、涨落响应和虚过程变得重要。二者的区别可以写为：

$$\text{宏观平均、低噪声} \Rightarrow \varepsilon_0, \mu_0, q \text{ 近似固定;}$$

$$\text{微观尺度、涨落响应} \Rightarrow q_{\text{eff}}(\ell), G(k,\omega), \Sigma \text{ 显著}.$$

这说明，重整化不是与 Maxwell 理论矛盾，而是当观察尺度进入微观量子响应区时，经典常数和场变量显露出其尺度依赖结构。

第七，本节也要说明失败条件。若有效电荷的尺度依赖无法与 V_{int}、局域 $\rho_f^{(EM)}$ 重排或频率窗口联系起来，那么本节解释失败。若真空极化无法被理解为电磁频段背景的局域响应，则 EQT 对 QED 修正的机制解释不足。若 $\Sigma(f,k,\omega)$ 和顶点修正只能作为任意占位符，而无独立约束，则本章会退化为事后解释。若本卷声称完整替代 QED 重整化却不能复现其定量结果，也会构成严重失败。因此，保持边界本身是本节的学术要求。

与强弱力卷相比，本节只讨论 QED 重整化对象在电磁频段中的机制性重释；强力跑动耦合、强禁闭、弱力质量项和短程传播均不在本章展开。

本节得到的定义和推论是：有效电荷可理解为不同尺度积分空间下的可测耦合；真空极化可理解为局域 $\rho_f^{(EM)}$ 的重排；传播子和顶点修正可理解为涨落—响应核的尺度依赖修正。但完整重整化程序仍属于 QED 的成熟技术体系，本卷只提供机制性重释。其合理表述是：

$$\text{QED 重整化} = \text{成熟计算程序};$$

$$\text{EQT 解释} = \rho_f^{(EM)} \text{ 的尺度依赖响应机制}.$$

本节尚未解决的问题是：重整化的解释边界已经明确，但 QED 对象仍需进入可观察、可实验化的量子光学场景。下一节进入“与量子光学的接口”，说明单光子态、相干态、腔 QED、受激辐射和真空涨落如何分别检验自由态激发、束缚态耦合、相位结构与涨落响应。

9.6　与量子光学的接口

本节的问题是：EQT 电磁卷如何与量子光学中的核心对象相连接？前几节已经说明，QED 在本卷中不是基础公设，而是 $\rho_f^{(EM)}$ 在单激发、涨落响应、微扰耦合和量子读出条件下形成的有效量子表象。可是，QED 的抽象场论语言并不是唯一的量子电磁语言。量子光学更直接地处理单光子态、相干态、腔 QED、受激辐射、真空涨落和光—物质相互作用实验。因此，本节必须说明：这些量子光学对象如何在本卷的自由态、束缚态、凝聚态、相位结构和涨落—响应框架中获得位置。

本节依赖 A1、A2、A3、A4 与元规范 M。A1 要求量子光学中的光子态、相干态和真空涨落不能被当作独立基础对象，而必须从 $\rho_f^{(EM)}$ 的状态结构中解释。A2 要求单光子能量、模式频率和跃迁频率满足 $E = h\nu$。A3 要求光场模式、腔内演化、耗散、噪声和涨落与 EQT 主方程中的源项、耗散项、涨落项和边界条件相容。A4 要求光场与原子、腔模、束缚态和凝聚态接口之间的耦合由频率匹配和洛伦兹共振核约束。M 要求本节不能把量子光学现象作为独立证据堆砌，而必须说明它们如何成为本卷机制的检验接口。

本节要推出的结论是：量子光学可以被视为 EQT 电磁卷的重要实验接口。单光子态对应低占有数自由态激发；相干态对应高相干、多占有数自由态的相位组织；腔 QED 对应边界受限的自由态—束缚态耦合；受激辐射对应频率匹配下的自由态放大过程；真空涨落对应 $\rho_f^{(EM)}$ 背景中的涨落项 $\mathcal{N}(f)$ 及其可测响应。

首先，单光子态可以被理解为 $\rho_f^{(EM)}$ 的低占有数自由态量子激发。第五章和本章前文已经定义：

$$\gamma_\nu = \text{电磁频段 } \rho_f^{(EM)} \text{ 在频率 } \nu \text{ 上的自由态量子激发},$$

$$E_\gamma = h\nu.$$

量子光学中的单光子态正好对应这一读出条件：相关模式中激发数接近一，能量交换表现为离散事件，探测表现为单次点击或单量子吸收。此时，Maxwell 连续场近似不再充分，因为高占有数平均条件不成立。EQT 的解释是：同一 $\rho_f^{(EM)}$ 在低占有数读出下表现为单光子态，在高占有数宏观平均下表现为经典电磁波。由此，单光子态不是独立本体，而是自由态激发的低占有数读出。

其次，相干态可以被理解为多自由态激发在共同相位结构下的宏观量子组织。量子光学中的相干态既具有经典场特征，又保留量子涨落特征。它不像单光子态那样只有一个离散激发，也不像纯粹经典波那样完全忽略量子噪声。在 EQT 语言中，相干态对应大量 $\rho_f^{(EM)}$ 自由态激发在相位场 θ_f 上形成稳定相干关系：

$$\rho_f^{(EM)} + \theta_f \text{ 相干组织} \to \text{相干态.}$$

这说明，相干态的核心不是“许多光子简单堆积”，而是多激发自由态在相位结构上的协调。其经典场幅度来自高占有数平均，其量子涨落来自 $\mathcal{N}(f)$ 的残余贡献。这一解释可以把 Maxwell 波、QED 光子和量子光学相干态连接起来：三者不是不同本体，而是不同占有数、相位相干和读出尺度下的同一电磁频段结构。

第三，腔 QED 可以被理解为边界受限条件下的自由态—束缚态耦合。腔体不是普通自由空间，而是通过边界条件选择允许的电磁模式。电磁能量子在腔中不再具有无限自由传播的模式空间，而是在特定频率、相位和边界条件下形成受限自由态或准束缚态。可以写作：

$$\rho_f^{(EM)} + \text{腔边界} \to \text{离散腔模.}$$

当腔模与原子、量子点、超导量子比特或其他局域结构耦合时，就出现自由态、束缚态和凝聚态接口之间的精细相互作用。A4 在这里尤其重要：若腔模频率 ν_F 与局域跃迁频率 ν_B 匹配，则耦合增强：

$$A(\nu_B, \nu_F) = \frac{A_0}{(\nu_B - \nu_F)^2 + \gamma^2}.$$

因此，腔 QED 可以被视为本卷三态转换和频率共振核的精密实验平台。它不是与 EQT 机制无关的量子技术分支，而是检验自由态、束缚态、相位锁定、频率匹配和边界稳定的关键接口。

第四，受激辐射可以被解释为已有自由态模式对束缚态释放过程的相位—频率引导。在传统量子光学中，受激辐射指入射光场促进受激系统发射出与入射光同频、同相、同方向的光子。在 EQT 语言中，这可以解释为：一个已有的自由态 $\rho_f^{(EM)}$ 相位模式为局域束缚态或激发态提供相位与频率模板，使其释放出的能量子更容易进入同一自由态模式。概念链为：

$$\text{已有自由态模式} + \text{局域束缚态激发} \to \\ \text{相位匹配释放} \to \text{自由态增强}.$$

受激辐射的关键不是简单“多发出一个光子”，而是自由态相位结构对束缚态解锁和能量释放方向的组织作用。A4 的频率匹配保证释放通道被增强；相位结构保证发射进入同一相干模式。这为激光的相干放大提供 EQT 语言下的机制解释。

第五，真空涨落可以被理解为 $\rho_f^{(EM)}$ 背景态中的涨落项 $\mathcal{N}(f)$ 及其可测响应。量子光学中的真空不是空无，而是具有零点涨落、真空噪声、自发辐射触发、Casimir 效应和 Lamb 位移等可测影响。在 EQT 中，真空涨落不应被当作独立神秘实体，而应放入电磁频段背景密度 ρ_0 与涨落项 $\mathcal{N}(f)$ 的框架：

$$\rho_f^{(EM)} = \rho_0 + \delta\rho_f + \mathcal{N}(f).$$

这里，ρ_0 表示背景密度，$\delta\rho_f$ 表示可响应扰动，$\mathcal{N}(f)$ 表示量子涨落和噪声结构。真空涨落在宏观 Maxwell 极限中通常被平均掉；在量子光学、腔 QED 和精密光谱中则可能被放大为可测效应。由此，真空涨落成为连接 EQT 主方程、QED 修正和量子光学实验的共同接口。

第六，量子光学也有助于区分自由态、束缚态和涨落响应。单光子态主要对应自由态读出；腔模对应边界受限自由态或准束缚态；原子跃迁附近的局域电磁结构对应束缚态与凝聚态接口；真空涨落对应背景涨落和响应核；受激辐射对应自由态对束缚态释放通道的相位组织。这样，量子光学的不同现象不再是孤立案例，而可以被放入同一三态—相位—响应框架：

$$\text{自由态} \leftrightarrow \text{束缚态} \leftrightarrow \text{凝聚态接口}, \qquad \mathcal{N}(f) \to \text{涨落响应}.$$

第七，本节也必须明确边界。本卷不试图重写量子光学教材，也不替代已有的量子光学计算工具。Fock 态、相干态、压缩态、主方程、输入—输出理论、Jaynes–Cummings 模型、Lindblad 耗散和腔 QED 的成熟公式体系，仍属于量子光学的技术系统。本卷的任务是提供本体和机制重排：这些对象如何从 $\rho_f^{(EM)}$ 的自由态、束缚态、相位结构、边界条件和涨落项中获得位置。

第八，量子光学也提供可证伪接口。若单光子态不能被解释为自由态低占有数读出，光子定义失败。若相干态无法与相位场 θ_f 的稳定组织相联系，相位结构解释不足。若腔 QED 中的频率匹配、模式选择和强耦合不能由 A4 和边界条件解释，三态转换机制不完整。若真空涨落无法与 $\mathcal{N}(f)$ 和局域响应核联系起来，QED 涨落接口失败。因此，量子光学不是附属应用，而是本卷机制的一组关键检验窗口。

与强弱力卷相比，量子光学之所以属于电磁卷，是因为电磁频段支持低耗散自由态、相干相位传播和可控边界模式；这些条件不能直接移植到强力或弱力频段。

本节得到的定义和推论是：单光子态对应 $\rho_f^{(EM)}$ 的低占有数自由态激发；相干态对应多自由态激发的稳定相位组织；腔 QED 对应边界受限的自由态—束缚态耦合；受激辐射对应自由态模式对束缚态释放过程的相位—频率引导；真空涨落对应背景 $\rho_f^{(EM)}$ 中的 $\mathcal{N}(f)$ 及其可测响应。量子光学因此是 EQT 电磁卷连接实验、QED 和状态机制的重要接口。

本节尚未解决的问题是：量子光学接口已经说明了 QED 对象如何进入实验读出，但本章仍需总结 QED 有效表象在全书中的地位。下一节必须明确：QED 不是本卷公设，而是 $\rho_f^{(EM)}$ 在单激发、涨落响应、微扰耦合和量子读出条件下的有效量子理论；同时指出哪些部分已经获得机制解释，哪些部分仍需保留给成熟 QED 技术体系。

9.7 本章小结：QED 不是被废除，而是被机制化解释

本章的任务，是在第7章回收 Maxwell 经典极限之后，进一步说明量子电动力学在本卷中的位置。Maxwell 理论处理的是高占有数、低噪声、线性响应、宏观平均条件下的经典连续场；QED 则处理单光子、虚光子、传播子、涨落响应、微扰耦合、重整化和量子光学等量子电磁现象。二者都不能被本卷否定。区别在于：Maxwell 是经典有效极限，QED 是量子有效表象；二者都必须从 $\rho_f^{(EM)}$ 的不同读出条件中获得位置。

本章的核心结论是：QED 不是被废除，而是被机制化解释。QED 的计算成功必须保留；本卷所做的不是替代其成熟计算体系，而是在 A1–A4 和元规范 M 的约束下，重新安排其基本对象的本体顺序。真实光子、虚光子、传播子、有效电荷、真空极化、重整化、相干态和腔 QED，都不再被直接放在理论起点，而是被解释为 $\rho_f^{(EM)}$ 在单激发、涨落响应、频率耦合、边界受限和量子读出条件下形成的有效结构。

首先，本章重新定义了真实光子。真实光子不是基础公设，也不是独立于 $\rho_f^{(EM)}$ 的原初粒子，而是电磁频段能量子密度场的自由态量子激发：

$$\gamma_\nu = \text{free-state excitation of } \rho_f^{(EM)} \text{ at frequency } \nu,$$

$$E_\gamma = h\nu.$$

这一解释使 QED 中的外线光子、吸收光子、发射光子和散射光子获得自由态位置。单光子是低占有数自由态读出，经典电磁波是高占有数自由态平均。由此，QED 光子语言和 Maxwell 波动语言不再冲突，而是同一电磁频段能量子密度场在不同读出条件下的有效表象。

其次，本章重新定位了虚光子。虚光子不是短暂存在的真实自由态粒子，也不是独立传播实体，而是 $\rho_f^{(EM)}$ 的涨落谱、线性响应核和局域相位—能流重排在 QED 微扰图像中的有效表示。真实光子对应自由态，虚光子对应涨落—响应。所谓“虚光子交换”，在机制层应理解为带电相位—密度结构通过电磁频段响应核发生耦合；在计算层，它仍然可以被 QED 的传播子语言高效表达。

第三，本章给出了 QED 传播子的低阶 EQT 解释。传播子可以被理解为电磁频段能量子密度场对局域扰动的线性响应函数。示意性地，

$$G(k,\omega) \sim \left[-i\omega + D(f)k^2 + \Gamma(f) + \Sigma(f,k,\omega)\right]^{-1}.$$

其中，$D(f)k^2$ 表示空间响应，$\Gamma(f)$ 表示耗散或屏蔽，$\Sigma(f,k,\omega)$ 表示涨落、自能、介质、边界和高阶耦合修正。这个表达不是完整 QED 传播子的替代，而是说明：传播子可以在机制上被理解为线性化响应算子的逆。

第四，本章为重整化提供了机制性边界解释。有效电荷可以理解为不同尺度积分空间下的可测耦合；真空极化可以理解为局域 $\rho_f^{(EM)}$ 的重排；传播子和顶点修正可以理解为涨落—响应核的尺度依赖修正。但本章没有声称替代完整 QED 重整化程序。严格的正规化、反项、Ward 恒等式、重整化群方程和高阶计算仍属于 QED 的成熟技术体系。本卷当前提供的是机制性重释，而不是完整数学替代。

第五，本章建立了与量子光学的接口。单光子态对应低占有数自由态激发；相干态对应多自由态激发的稳定相位组织；腔 QED 对应边界受限的自由态—束缚态耦合；受激辐射对应自由态模式对束缚态释放过程的相位—频率引导；真空涨落对应背景 $\rho_f^{(EM)}$ 中的 $\mathcal{N}(f)$ 及其可测响应。量子光学因此不是附属应用，而是检验自由态、相位结构、边界条件、频率匹配和涨落响应的重要实验接口。

本章同时区分了 Maxwell 极限与 QED 有效表象。Maxwell 极限可以概括为：

$$\text{高占有数、宏观平均、低噪声} \Rightarrow \text{经典连续场}.$$

QED 有效表象可以概括为：

$$\text{单激发、涨落响应、微扰耦合、量子读出} \Rightarrow \text{QED 有效表象}.$$

二者都来自 $\rho_f^{(EM)}$，但对应不同条件。Maxwell 不能覆盖全部量子电磁现象；QED 也不能未经解释地成为本卷的基础本体。

本章与弱力—强力主线的边界也已经明确。电磁 QED 的光子、虚光子和传播子不能直接类比为强力胶子、弱力中介或高频禁闭结构。电磁频段的特殊性在于低耗散自由态、长程响应、相位可持续、屏蔽结构和无质量极限；这些条件使 QED 成为电磁频段的有效量子表象，而不是所有相互作用的通用本体语言。

本章得到的定义和推论可以概括为四点。第一，真实光子是 $\rho_f^{(EM)}$ 的自由态量子激发。第二，虚光子是 $\rho_f^{(EM)}$ 的涨落—响应表象。第三，QED 传播子是线性响应核的量子场论表象。第四，重整化对象可被机制性解释为尺度依赖的密度场响应，但完整计算程序仍由 QED 保留。

本章尚未解决的问题是：虽然 QED 的有效表象已经获得位置，但电磁相互作用的局域结构和近场响应还没有充分展开。下一章必须进入电磁弱禁闭，说明电荷附近的局域光子层、束缚态电磁结构、屏蔽长度和可释放条件如何形成，并解释为什么电磁力既能长程传播，又能在局域带电结构附近形成弱束缚响应。

第五部分

电磁弱禁闭与过程动力学

第十章 电磁弱禁闭：光子壳层、屏蔽与作用范围

10.1 为什么电磁力需要弱禁闭概念

本节的问题是：为什么电磁卷必须引入“电磁弱禁闭”这一概念？前文已经建立了电荷的密度偏差定义、相位拓扑量子化、自由态—束缚态—凝聚态三态结构、$\mathbf{E}, \mathbf{B}$ 的有效场表象，以及 Maxwell/QED 的经典和量子极限。但是，仍有一个核心机制没有完成：电磁能量子为什么既能长程传播，又能在电荷或物质结构附近形成局域束缚、屏蔽、近场响应和光子壳层？如果没有弱禁闭概念，本卷就只能在“自由传播光子”和“经典电磁场”之间跳转，而无法解释电磁相互作用中的局域结构。

本节依赖 A1、A2、A3、A4 与元规范 M。A1 要求电磁弱禁闭不能作为新基础对象，而必须是 $\rho_f^{(EM)}$ 的局域状态结果。A2 要求弱禁闭结构具有频率—能量意义，不能只是

空间壳层的形象比喻。A3 要求弱禁闭来自主方程中扩散、自持、耗散、对流、源项和涨落之间的局域平衡。A4 要求局域束缚、吸收、释放和解锁都受频率匹配和洛伦兹共振核约束。M 要求弱禁闭必须有失败条件：若它不能解释屏蔽、局域光子层、可释放性和长程传播的共存，就不能保留为核心机制。

本节要推出的结论是：电磁力既不是强力式强禁闭，也不是引力式单向低频统计吸引，而是一种具有可屏蔽性、双极性、长程传播、局域光子壳层和强扰动可解锁性的相互作用。因此，必须引入“电磁弱禁闭”概念，用以描述电磁能量子在电荷或质量子接口附近形成局域受限结构，但这种受限结构不是绝对封闭，而是可扰动、可释放、可屏蔽、可转换的弱束缚状态。

首先，电磁力不是强力式强禁闭。强力相关机制的核心特征是高频、强耦合、短程、强自束缚和不可自由分离。电磁相互作用显然不能按这种方式理解。光子可以作为自由态长程传播；电荷之间的相互作用可以在宏观尺度上表现为远程作用；电磁场可以在真空中形成经典波；电磁束缚也可以通过吸收、辐射、电离和复合发生转换。因此，若把电磁局域结构解释为强禁闭，就会错误地抹去电磁力的可传播性和可释放性。

但是，电磁力也不是完全无束缚的自由传播。带电结构周围存在近场、屏蔽层、极化响应、束缚态光子结构和局域电磁能量分布。第五章已经将这类结构定义为束缚态：

$$\rho_f^{(EM)} \xrightarrow{\text{局域频率—相位锁定}} \rho_{f,\mathrm{bound}}^{(EM)}.$$

因此，电磁力需要一种介于“完全自由传播”和“强力式强禁闭”之间的概念。这个中间概念就是电磁弱禁闭。

其次，电磁力不是引力式单向低频统计吸引。引力卷处理的是低频密度梯度、宏观累积、单向吸引和几何极限。电磁力虽然也可以表现为长程相互作用，但它具有与引力根本不同的结构：它有正负极性，有吸引也有排斥；它可以被屏蔽；它与相位、频率、自由态光子、束缚态光子层和量子化电荷密切相关。若用引力式低频统计吸引来解释电磁力，就无法解释双极性、屏蔽性和局域相位结构。

因此，电磁力必须被定位为电磁频段的特殊机制：它既保留长程传播，又保留局域束缚；既能形成自由态光子，又能形成束缚态光子层；既有连续 Maxwell 极限，又有 QED 的涨落—响应表象。这种特殊性不能由强禁闭或低频引力统计吸引替代。

第三，电磁弱禁闭必须解释可屏蔽性。屏蔽是电磁力区别于引力的重要特征。正负电荷可以在宏观上相互补偿，介质可以发生极化，等离子体可以形成 Debye 屏蔽，导体可以重新分布电荷以抵消内部电场。在 EQT 语言中，屏蔽意味着外部电荷结构引起的 $\rho_f^{(EM)}$ 梯度可以被局域束缚态、相反极性分支或介质响应重排部分抵消。若不存在局域弱禁闭结构，就很难说明屏蔽如何在电荷周围形成。

屏蔽不是简单“场消失”，而是 $\rho_f^{(EM)}$ 的局域重排：

$$\rho_f^{(EM)} \to \rho_f^{(EM)} + \delta\rho_{\text{screen}}^{(EM)}.$$

这里，$\delta\rho_{\text{screen}}^{(EM)}$ 表示由局域束缚态、极化结构或响应层形成的补偿分布。电磁弱禁闭正是这种补偿结构得以局域保持的机制基础。

第四，电磁弱禁闭必须解释双极性。前文已经说明，正负电荷不是两种实体，而是同一 $\rho_f^{(EM)}$ 的两类稳定相位—密度分支。电磁弱禁闭必须允许两种极性分支周围形成不同方向的局域光子层和密度响应。若一个正极性结构引起某种密度梯度和相位组织，相反极性结构应引起相反或互补的局域响应。于是，同号结构倾向于排斥，异号结构倾向于结合或屏蔽。弱禁闭必须兼容这种双极性，而不是像强禁闭那样只强调不可分离束缚。

第五，电磁弱禁闭必须兼容长程传播。电磁力可以在远距离上传播，电磁波可以离开源区成为自由态光子或经典波。若局域束缚过强，光子无法自由传播；若完全无束缚，又无法解释近场和吸收辐射。因此，电磁弱禁闭必须具有局域性：它只在电荷结构、质量子接口、介质边界或束缚态条件附近形成；离开这些区域后，$\rho_f^{(EM)}$ 可以重新表现为自由态传播。

可以概括为：

$$\text{近源区} \Rightarrow \text{束缚态与弱禁闭};$$

$$\text{远离源区} \Rightarrow \text{自由态传播}.$$

这一区分使电磁力能够同时具有近场局域结构和远场传播能力。

第六，电磁弱禁闭必须解释局域光子壳层。所谓光子壳层，不是围绕电荷的实体硬壳，而是电磁能量子在电荷结构附近形成的局域受限分布。它可以表现为近场响应、屏蔽层、极化层、虚光子云的有效表象或束缚态电磁能量子结构。其形式可写作：

$$\rho_{f,\text{shell}}^{(EM)}(r) \subset \rho_{f,\text{bound}}^{(EM)}.$$

电磁弱禁闭提供这一结构的机制：局域频率—相位锁定、边界稳定、密度梯度补偿和耗散—自持平衡共同使一部分电磁能量子停留在电荷结构附近，但又允许其在扰动下释放或重排。

第七，电磁弱禁闭必须允许强扰动解锁。电磁束缚不同于强力禁闭的一个关键特征，是它可以被外部能量输入、频率匹配、强场扰动或相位破坏解锁。吸收、辐射、电离、复合和散射都依赖这种可解锁性。例如，电离可以理解为束缚态破裂：

$$\text{束缚态} + \text{外部输入} \rightarrow \text{解锁结构} + \text{自由态或准自由态}.$$

如果电磁束缚不能解锁，就无法解释辐射释放、光电效应、电离过程和光—物质相互作用。因此，弱禁闭必须被定义为“可稳定但非绝对封闭”的局域结构。

第八，电磁弱禁闭还必须由 A3 主方程支持。弱禁闭不是现象命名，而是局域动力学平衡。非线性自持项支持局域结构，扩散项倾向于释放和展开，耗散项决定寿命，源项和涨落项可以触发扰动，对流项决定局域流动或环流。电磁弱禁闭成立，意味着这些项在电荷或质量子接口附近形成准稳态：

$$\frac{\partial \rho_{f,\text{bound}}^{(EM)}}{\partial t} \approx 0$$

在相关时间尺度上成立。若外部扰动破坏该平衡，弱禁闭结构就会解锁、释放或重排。

第九，电磁弱禁闭必须受 A4 约束。局域束缚不是任意发生，而依赖频率匹配。若自由态光子、束缚态模式和局域接口之间频率匹配，则吸收、束缚和壳层形成更容易；若频率失配，则自由态更可能透射或散射。洛伦兹共振核

$$A(\nu_B, \nu_F) = \frac{A_0}{(\nu_B - \nu_F)^2 + \gamma^2}$$

规定了这一耦合选择性。因此，弱禁闭不是万能吸附机制，而是频率—相位—边界共同限定的局域耦合机制。

本节与弱力—强力主线的关系在于：强力卷中的禁闭是高频强耦合、短程强束缚机制；电磁卷中的弱禁闭则是低耗散电磁频段中的局域可释放束缚。二者共享“局域受限”这一形式，但机制强度、尺度、可释放性和传播性质完全不同。引力卷的低频统计吸引则与此更不同：它不具有电磁式双极性、屏蔽性和光子壳层。因此，电磁弱禁闭是电磁卷必须单独提出的机制，而不是强禁闭或引力吸引的弱化版本。

本节得到的定义和推论是：电磁力需要弱禁闭概念，因为它同时具有可屏蔽性、双极性、长程传播、局域光子壳层和强扰动可解锁性。电磁弱禁闭是 $\rho_f^{(EM)}$ 在电荷结构或质量子接口附近，由频率匹配、相位锁定、边界稳定和局域动力学平衡形成的可释放束缚结构。它不同于强力式强禁闭，也不同于引力式单向低频统计吸引。

本节尚未解决的问题是：为什么弱禁闭会形成具体的局域光子壳层？下一节必须进一步定义光子壳层的结构，说明它如何由束缚态 $\rho_f^{(EM)}$、屏蔽长度、频率—空间共振半径和电荷极性共同决定，并为后续电磁屏蔽和可解锁过程提供机制基础。

10.2 电子/质子周围的局域光子层

本节的问题是：电子、质子或其他稳定带电结构周围，是否存在一种既不同于自由态光子、又不同于电荷核心本身的局域电磁结构？上一节已经说明，电磁力需要弱禁闭概念，因为它既能长程传播，又能在电荷或质量子接口附近形成局域束缚、屏蔽和近场响应。本节进一步定义这种局域结构：光子壳层。所谓光子壳层，不是由真实自由态光子围成的实体硬壳，而是电荷结构周围的束缚态电磁能量子分布。

本节依赖 A1、A2、A3、A4 与元规范 M。A1 要求光子壳层不能作为新增基础对象，而必须是 $\rho_f^{(EM)}$ 的局域状态结果。A2 要求壳层中的能量子结构具有频率—能量意义，不能只是空间图像。A3 要求光子壳层来自扩散、自持、耗散、对流、源项和涨落之间的局域平衡。A4 要求壳层形成、维持、吸收和释放受频率匹配与洛伦兹共振核约束。M 要求光子壳层必须有明确解释功能和失败条件，不能成为任意包裹电荷的辅助假设。

本节要推出的结论是：电子、质子或其他稳定带电结构周围可以定义一个局域光子壳层：

$$\rho_f^{shell}(r),$$

它表示围绕电荷结构形成的束缚态电磁能量子分布。该壳层不是电荷核心，不是自由态光子流，也不是强禁闭结构，而是由电荷相位—密度结构、局域频率匹配、相位锁定、屏蔽响应和边界稳定共同形成的电磁弱禁闭区域。

首先，需要区分电荷核心与光子壳层。前文已经定义，电荷是电磁频段能量子密度相对于背景密度的稳定偏差积分：

$$q = e_0 \int_{V_{\text{int}}} \left(\rho_f^{(EM)} - \rho_0\right) dV,$$

并且在相位拓扑条件下表现为：

$$q = e_0 n.$$

这一定义描述的是电荷结构本身，即稳定相位—密度偏差在物理积分空间中的读出。光子壳层则不是这个电荷核心，而是该核心周围由电磁能量子重新分布形成的局域束缚态区域。可以写成：

$$q \to \rho_f^{shell}(r).$$

这表示，稳定电荷结构会改变其周围的 $\rho_f^{(EM)}$ 分布，使一部分电磁频段能量子在核心附近进入束缚态或准束缚态。

其次，光子壳层不同于自由态光子。自由态光子是低耗散、无局域闭合、相位可持续并可远程传播的量子激发：

$$\rho_f^{(EM)} \to \text{自由态} \to \gamma_\nu.$$

而光子壳层属于束缚态结构。它不以远场自由传播为主要特征，而以局域滞留、频率—相位锁定、屏蔽响应和近场作用为特征。因此，不能把光子壳层理解为许多真实光子围绕电子或质子旋转。更准确地说，它是 $\rho_f^{(EM)}$ 在电荷附近的非自由传播分布：

$$\rho_f^{shell}(r) \subset \rho_{f,\mathrm{bound}}^{(EM)}.$$

这里的 $\rho_{f,\mathrm{bound}}^{(EM)}$ 表示束缚态电磁能量子密度，$\rho_f^{shell}(r)$ 表示其围绕某一电荷结构的壳层式空间分布。

第三，光子壳层的形成来自电荷结构周围的密度梯度。电荷核心是 $\rho_f^{(EM)} - \rho_0$ 的稳定偏差结构，它必然改变附近电磁能量子密度分布。该分布在远场表现为电场和库仑势，在近场则可能形成更复杂的局域重排。远场中可使用：

$$\mathbf{E} = -\kappa_E(f)\nabla\rho_f^{(EM)};$$

近场中，$\nabla\rho_f^{(EM)}$ 不一定能完全压缩为简单连续电场，因为相位锁定、边界稳定、涨落项和束缚态结构变得重要。光子壳层正是这一区域的局域束缚态表达。

可以将总密度分布分解为：

$$\rho_f^{(EM)}(r) = \rho_0 + \rho_f^{core}(r) + \rho_f^{shell}(r) + \rho_f^{far}(r),$$

其中，$\rho_f^{core}(r)$ 表示电荷核心结构，$\rho_f^{shell}(r)$ 表示局域壳层分布，$\rho_f^{far}(r)$ 表示远场连续场尾部。这个分解只是概念性分解，不意味着三者是三种独立实体。它们都是同一 $\rho_f^{(EM)}$ 在不同空间区间和状态条件下的表现。

第四，光子壳层的尺度不能任意指定。它应由频率—空间共振半径 R_c、屏蔽长度、局域稳定性和相位条件共同决定。第四章已经给出频率—空间共振半径的示意形式：

$$R_c \sim \sqrt{\frac{D(f)}{k(f)\rho_0}},$$

或更一般地：

$$R_c = R_c[D(f), k(f), \rho_0, \Gamma(f)].$$

在光子壳层问题中，R_c 可以作为局域束缚态形成的基本尺度之一。若电磁能量子扩散过强，壳层无法保持；若自持或局域耦合过强，则结构可能趋向更强束缚；若耗散过大，则壳层寿命不足；若频率不匹配，则壳层难以形成稳定模式。因此，光子壳层的存在范围必须由动力学和频率条件限定，而不能被任意画出。

第五，光子壳层与电子、质子的差异有关。电子和质子都表现为带电结构，但其质量子接口、内部稳定结构、相位边界和可耦合频率模式并不相同。因此，它们周围的 $\rho_f^{shell}(r)$ 不应简单假定完全相同。电子周围的壳层可能更接近轻质量子接口和单电荷结构的局域响应；质子周围的壳层则可能受到其内部强相互作用结构、复合性和更复杂质量子接口影响。本卷不需要重新展开质子内部结构，但必须承认：同为电荷源，不同局域接口会影响壳层形态。

可以写成：

$$\rho_{f,e}^{shell}(r) \neq \rho_{f,p}^{shell}(r)$$

在一般情况下可能成立；但在远场 Maxwell 极限中，它们都可被压缩为相同单位电荷幅度的有效电场源，只是符号相反或耦合边界不同。这一区分非常重要：远场同样的电荷量不意味着近场壳层结构完全相同。

第六，光子壳层是屏蔽效应的局域基础。电磁屏蔽不是抽象地让电场消失，而是通过局域电磁能量子分布重排，改变外部可读出的密度梯度。对于一个带电结构，壳层可以产生补偿性分布：

$$\rho_f^{shell}(r) \to \delta\rho_{\text{screen}}^{(EM)}(r).$$

这种分布可以部分抵消、重定向或延迟电荷核心产生的外部梯度，使远场有效电荷发生变化。介质极化、导体屏蔽、等离子体屏蔽和原子外层电子云对核电荷的屏蔽，都可以在后续被放入这种壳层—响应框架中讨论。

第七，光子壳层为虚光子云提供机制解释。QED 语言中，带电粒子周围常用虚光子云或电磁涨落修饰来描述其近场结构。在本卷中，虚光子不是底层实体，而是 $\rho_f^{(EM)}$ 的涨落—响应表象。因此，所谓虚光子云可以机制化解释为：

电荷结构附近的 $\rho_f^{shell}(r)$、涨落项 $\mathcal{N}(f)$、相位滞后和响应核共同形成的局域电磁结构。也就是说：

$$\text{虚光子云表象} \leftrightarrow \rho_f^{shell}(r) + \mathcal{N}(f) + \text{局域响应核}.$$

这保留了 QED 计算语言，同时避免把虚光子云理解为真实光子粒子群。

第八，光子壳层必须具有可解锁性。若外部输入满足频率匹配、能量阈值和相位条件，壳层中的束缚态电磁能量子可以被释放、重排或转化为自由态光子。这是吸收、辐射、电离和复合过程的重要前提。可以写作：

$$\rho_f^{shell}(r) + \text{外部扰动} \to \text{解锁} \to \gamma_\nu \text{ 或新的束缚态}.$$

若壳层不能解锁，它就会变成强禁闭结构，无法解释电磁过程的可逆性和可释放性。因此，光子壳层必须是弱禁闭结构：稳定但可扰动，局域但可释放，受限但不绝对封闭。

第九，光子壳层受 A4 频率匹配约束。壳层中的束缚模式与外部自由态光子、局域物质跃迁或凝聚态接口之间的耦合强度由共振核控制：

$$A(\nu_B, \nu_F) = \frac{A_0}{(\nu_B - \nu_F)^2 + \gamma^2}.$$

当外部频率与壳层束缚模式匹配时，吸收、释放或重排更容易发生；当频率失配时，壳层对外部自由态的响应减弱。

这一点使光子壳层不是静态图像，而是具有频率选择性的动态响应结构。

第十，光子壳层也有失败条件。若不能从 $\rho_f^{(EM)}$ 的束缚态分布中定义 $\rho_f^{shell}(r)$，该概念失败。若壳层不能解释屏蔽、近场响应、虚光子云表象或吸收辐射接口，它就是多余概念。若壳层尺度可以任意设定，而不受 R_c、屏蔽长度、耗散、自持和频率匹配约束，它就违反 M。若壳层被误解为真实自由态光子的机械堆积，也会破坏自由态与束缚态的区分。

本节与弱力—强力主线的关系在于：强力中的局域结构是强禁闭和高频强耦合结果；电磁光子壳层则是弱禁闭和低耗散电磁响应结果。引力卷中的低频场没有正负屏蔽和光子壳层。电磁卷的特殊性就在于：带电结构可以同时拥有远场连续电场、近场束缚态壳层和可释放自由态光子。这三者必须通过 $\rho_f^{(EM)}$ 的状态分化统一起来。

本节得到的定义和推论是：电子、质子或其他稳定带电结构周围的局域光子壳层可定义为：

$$\rho_f^{shell}(r),$$

它表示围绕电荷结构形成的束缚态电磁能量子分布。它不是电荷核心，不是真实自由态光子群，也不是强禁闭实体，而是电荷结构附近由密度梯度、相位锁定、频率匹配、屏蔽响应和局域动力学平衡共同形成的电磁弱禁闭结构。

本节尚未解决的问题是：光子壳层已经定义，但其空间衰减和可观测屏蔽尺度尚未明确。下一节必须进一步讨论屏蔽长度与弱禁闭半径，说明 $\rho_f^{shell}(r)$ 如何从近场束缚结构过渡到远场 Maxwell 场，以及何种尺度决定电磁作用的局域屏蔽与长程传播边界。

10.3 屏蔽长度与束缚尺度

本节的问题是：电磁弱禁闭形成局域光子壳层之后，其空间范围如何确定？上一节已经定义：

$$\rho_f^{shell}(r)$$

表示电荷结构周围的束缚态电磁能量子分布。但是，仅有“壳层”概念还不够。必须进一步说明：壳层从哪里开始衰减？它在什么尺度上仍然影响外部电磁响应？什么时候表现为屏蔽？什么时候又回到远场 Maxwell 极限？如果不能给出屏蔽长度与束缚尺度的机制解释，电磁弱禁闭就会停留在形象描述，而不能成为可检验的结构概念。

本节依赖 A1、A2、A3、A4 与元规范 M。A1 要求屏蔽长度不能作为外加空间常数，而必须来自 $\rho_f^{(EM)}$ 的局域分布与状态转换。A2 要求屏蔽尺度与频率—能量结构相关，因为不同频段、不同激发和不同介质条件会改变可响应范围。A3 要求屏蔽来自扩散、自持、耗散、源项、涨落和边界稳定之间的动力学平衡。A4 要求屏蔽层与外部自由态光子、束缚态模式、凝聚态接口之间的耦合受频率匹配约束。M 要求屏蔽长度必须有明确失败条件，不能被任意调节以适配任何现象。

本节要推出的结论是：屏蔽长度与束缚尺度是电磁弱禁闭的空间表现。它们描述 $\rho_f^{shell}(r)$ 从近场束缚态区域过渡到远场 Maxwell 区域的尺度。Debye 屏蔽、真空极化屏蔽、原子尺度屏蔽和强场下屏蔽破裂，都是这一机制在不同环境、不同频率窗口和不同扰动强度下的具体表现。

首先，屏蔽长度描述外部电荷结构对 $\rho_f^{(EM)}$ 的局域重排范围。一个稳定电荷核心会在周围形成密度梯度和相位响应。若周围环境中存在可移动电荷、可极化介质、真空涨落响应或束缚态结构，则这些响应会部分抵消原始梯度，使远场可读出的电场减弱。可以写作：

$$\rho_f^{(EM)}(r) = \rho_0 + \rho_f^{core}(r) + \rho_f^{shell}(r) + \rho_f^{far}(r).$$

其中，$\rho_f^{shell}(r)$ 是局域屏蔽和弱禁闭的主要承载区，$\rho_f^{far}(r)$ 则对应远场 Maxwell 区域。屏蔽长度 λ_s 可以理解为 $\rho_f^{shell}(r)$ 的有效衰减尺度：

$$\rho_f^{shell}(r) \sim \rho_f^{shell}(0)e^{-r/\lambda_s}$$

在某些线性近似下成立。这里的指数形式不是普遍公设，而是许多屏蔽问题中的最低阶有效表达。更一般地，屏蔽尺度应写为：

$$\lambda_s = \lambda_s[D(f), k(f), \Gamma(f), \rho_0, \mathcal{N}(f), A(\nu_B, \nu_F)].$$

这表示屏蔽长度由扩散、自持、耗散、背景密度、涨落响应和频率耦合共同决定。

第二，Debye 屏蔽可以作为介质中电磁弱禁闭的经典例子。在等离子体或可移动带电粒子系统中，一个外加电荷会吸引相反电荷、排斥同号电荷，从而形成局域补偿云。传统上，这种补偿产生 Debye 长度。EQT 语言下，Debye 屏蔽意味着可移动带电相位—密度结构重新分布，使外部电荷产生的 $\rho_f^{(EM)}$ 梯度在长度 λ_D 上被部分抵消。其机制链为：

$$q_{\text{source}} \to \nabla\rho_f^{(EM)} \to \text{带电结构重排} \to \rho_f^{shell}(r) \to \text{远场屏蔽}.$$

因此，Debye 屏蔽不是对 Coulomb 势的任意修正，而是介质中大量可移动电荷结构对电磁能量子密度梯度的集体响应。在这种情况下，远场势通常从

$$V(r) \propto \frac{1}{r}$$

变为近似

$$V(r) \propto \frac{e^{-r/\lambda_D}}{r}.$$

在本书中，这表示 Maxwell 远场被局域弱禁闭和集体重排修正。

第三，真空极化屏蔽可以理解为背景 $\rho_f^{(EM)}$ 的涨落响应。第8章已经指出，真空极化不是空无中的神秘效应，而是电磁频段背景密度 ρ_0、涨落项 $\mathcal{N}(f)$ 和局域响应核共同作用的结果。带电结构会引发局域 $\rho_f^{(EM)}$ 重排，使有效电荷随尺度变化。用本章语言说，真空极化就是没有普通介质时，背景电磁能量子密度场自身形成的一种弱屏蔽壳层：

$$q \to \delta\rho_f^{(EM)} \to \rho_f^{shell}(r) \to q_{\text{eff}}(\ell).$$

在长距离上，外部观测到的是被真空响应修饰后的有效电荷；在短距离上，探针可能更接近电荷核心结构，看到不同的有效耦合。这与 QED 中有效电荷的尺度依赖相容。EQT 的贡献是提供机制性语言：有效电荷的变化来自不同尺度下可读出的 $\rho_f^{shell}(r)$ 与涨落响应。

第四，原子尺度屏蔽是电磁弱禁闭在束缚系统中的具体表现。原子中，原子核的正电荷被电子云部分屏蔽。传统上，这可以通过电子波函数、有效核电荷和多体相互作用描述。在本卷语言中，原子尺度屏蔽表示：核电荷结构周围的电磁能量子密度梯度，被束缚电子结构、局域光子壳层和相位—密度分支重排部分补偿。电子并不是简单“挡住”核电荷，而是通过其自身电荷结构和周围 $\rho_f^{shell}(r)$ 改变外部可读出的电磁梯度。

因此，原子外层电子看到的核电荷通常不是裸核电荷，而是经过内层电子与局域电磁壳层重排后的有效电荷：

$$Z_{\text{eff}} = Z - \sigma_{\text{screen}},$$

其中 σ_{screen} 可在 EQT 机制上理解为多层 ρ_f^{shell} 与带电结构重排的有效屏蔽贡献。这个表达保留传统原子物理中的有效核电荷语言，同时把它放入电磁弱禁闭和局域壳层框架中。

第五，强场下屏蔽可能破裂。弱禁闭的关键特征之一，是它稳定但可解锁。当外部电场、强激光、碰撞过程或高能探针输入足够强时，原本维持壳层的频率—相位锁定、边界稳定和局域平衡可能被破坏。此时，屏蔽结构会重排、破裂或释放自由态激发。可以写作：

$$\rho_f^{shell}(r) + \text{strong perturbation} \to \text{screening breakdown} + \text{free or rearranged modes}.$$

物理上，这可以对应强场电离、场致发射、非线性极化、等离子体屏蔽失效、真空极化增强或局域束缚态解锁。屏蔽破裂说明，屏蔽长度不是固定几何常数，而是依赖外部扰动强度、频率匹配和局域稳定阈值的动态尺度。

第六，屏蔽长度与束缚尺度不同但相关。束缚尺度描述电磁能量子被局域结构锁定的空间范围；屏蔽长度描述外部场被局域响应显著削弱的空间范围。二者可能接近，也可能不同。例如，在某些介质中，局域束缚态范围较小，但集体屏蔽长度较大；在强局域原子系统中，束缚尺度接近原子轨道尺度，而外部有效屏蔽则取决于电子分布和可极化性。EQT 中应区分：

$$R_{\text{bound}} = \text{局域束缚态尺度},$$

$$\lambda_s = \text{有效屏蔽长度}.$$

二者都与 $\rho_f^{shell}(r)$ 有关，但一个强调状态锁定，一个强调外部可读出场的衰减。

第七，屏蔽长度必须受 A4 频率条件限制。不同频率的外部探针可能看到不同屏蔽结构。低频探针可能主要看到宏观极化和集体响应；高频探针可能穿透某些慢响应层；共振频率附近的探针可能强烈耦合到束缚态模式。由洛伦兹共振核：

$$A(\nu_B, \nu_F) = \frac{A_0}{(\nu_B - \nu_F)^2 + \gamma^2},$$

可知，当外部频率 ν_F 与束缚模式 ν_B 匹配时，屏蔽或吸收响应增强；失配时，响应减弱。因此，屏蔽长度不应被理解为完全静态常数，而应具有频率依赖：

$$\lambda_s = \lambda_s(f).$$

这为实验检验提供接口：不同频率、不同强度、不同介质环境下的屏蔽行为应当不同。

第八，屏蔽长度也与 Maxwell 极限和 QED 极限相连。在宏观 Maxwell 极限中，屏蔽常被压缩为介电常数、边界条件或有效电荷分布；在 QED 极限中，屏蔽表现为真空极化、有效电荷跑动和传播子修正；在 EQT 机制层，它们都可以追溯为 $\rho_f^{(EM)}$ 的局域重排与响应核。三种表述对应不同层级：

$$\text{EQT 机制层：}\rho_f^{shell}(r),\ \delta\rho_f^{(EM)},\ \mathcal{N}(f);$$

$$\text{Maxwell 层：}\varepsilon,\ \rho_q^{eff},\ \lambda_s;$$

$$\text{QED 层：vacuum polarization},\ q_{\text{eff}}(\ell),\ \Sigma(k,\omega).$$

因此，本节是第7章和第8章之间的机制桥梁。

第九，本节的失败条件必须明确。若屏蔽长度可以任意选取，而不能由 $D(f), k(f), \Gamma(f), \rho_0, \mathcal{N}(f)$ 和频率匹配约束，则弱禁闭概念失败。若 Debye 屏蔽、真空极化屏蔽、原子尺度屏蔽和强场屏蔽破裂不能在同一框架中获得层级区分，则本节解释不足。若屏蔽被说成“场消失”而不能说明 $\rho_f^{(EM)}$ 如何重排，也不符合本卷的生成性要求。若强场下屏蔽破裂无法与束缚态解锁联系起来，电磁弱禁闭也不完整。

与强弱力卷和引力卷相比，屏蔽长度是电磁卷特有尺度：它来自双极性、电荷重排、局域光子壳层和低耗散传播，而不是强禁闭、弱衰变或引力单向吸引。

本节得到的定义和推论是：屏蔽长度 λ_s 和束缚尺度 R_{bound} 是电磁弱禁闭的空间尺度表现。Debye 屏蔽对应可移动电荷结构的集体重排；真空极化屏蔽对应背景 $\rho_f^{(EM)}$ 的涨落响应；原子尺度屏蔽对应束缚电子结构和局域壳层对核电荷的补偿；强场下屏蔽破裂对应外部扰动使相位—频率锁定和边界稳定失效。屏蔽不是外加修正，而是 $\rho_f^{shell}(r)$ 与 $\rho_f^{(EM)}$ 重排的可观测结果。

本节尚未解决的问题是：屏蔽长度说明了弱禁闭的空间范围，但尚未说明局域壳层结构如何与 QED 中的虚光子云语言相对应。下一节只作这一对接：把局域光子壳层、屏蔽响应和涨落—响应结构同 QED 虚光子云建立有限对应，同时明确二者的概念边界。

10.4 与 QED 虚光子云的对应

本节的问题是：QED 中常说的“虚光子云”应当如何在 EQT 电磁机制中获得解释？第8章已经说明，虚光子不是最底层实体，而是 $\rho_f^{(EM)}$ 的涨落谱、线性响应函数和局域相位—能流重排在 QED 图像中的有效表示。第9章前几节又进一步定义了电磁弱禁闭、局域光子壳层和屏蔽长度。因此，现在可以把两个层级连接起来：QED 的虚光子云，不应被理解为围绕带电粒子飞行的一群真实光子，而应被重新解释为 EQT 中的局域光子壳层、涨落响应结构和近场电磁重排的有效表象。

本节依赖 A1、A2、A3、A4 与元规范 M。A1 要求虚光子云不能作为独立基础对象出现，而必须从 $\rho_f^{(EM)}$ 的局域结构中获得位置。A2 要求虚光子云所涉及的能量、频率和响应仍然服从谱量原则，不能脱离电磁频段的频率结构。A3 要求虚光子云对应的近场重排、涨落和屏蔽必须与 EQT 主方程中的扩散、自持、耗散、源项和涨落项相关。A4 要求局域光子壳层与自由态光子、束缚态模式和凝聚态接口之间的耦合受洛伦兹共振核约束。M 要求本节不能把 QED 图像直接本体化，而必须明确其有效性、边界和失败条件。

本节要推出的结论是：QED 虚光子云可以被重新解释为 EQT 中的局域光子壳层或涨落响应结构。更具体地说，带电结构周围的虚光子云表象，对应的是 $\rho_f^{(EM)}$ 在电荷核心附近形成的束缚态壳层、真空涨落响应、密度梯度重排、相位滞后和线性响应核。它不是自由态真实光子的集合，而是近场电磁结构在 QED 微扰语言中的有效表达。

首先，需要区分真实光子与虚光子云。真实光子是自由态电磁能量子激发：

$$\rho_f^{(EM)} \to \text{自由态} \to \gamma_\nu.$$

它可以离开源区传播，可以作为外线进入散射过程，也可以被探测器吸收。虚光子云则不是这种自由态光子群。它不能被直接探测为一组真实光子，也不应被理解为电子或质子周围有许多小粒子在轨道上运动。QED 中的虚光子云是一种有效图像，用来表示带电结构周围的电磁涨落、近场响应和传播子修正。

在 EQT 中，这一图像可重写为：

$$\text{QED 虚光子云} \leftrightarrow \rho_f^{shell}(r) + \mathcal{N}(f) + G(k,\omega) + \text{局域相位—能流重排}.$$

其中，$\rho_f^{shell}(r)$ 表示局域光子壳层，$\mathcal{N}(f)$ 表示涨落项，$G(k,\omega)$ 表示线性响应核。这个对应关系说明，虚光子云不是新本体，而是多种局域响应结构在 QED 图像中的压缩表述。

其次，局域光子壳层为虚光子云提供空间结构基础。上一节已经定义：

$$\rho_f^{shell}(r) \subset \rho_{f,\mathrm{bound}}^{(EM)}.$$

它表示电荷结构周围的束缚态电磁能量子分布。这个壳层不是强禁闭壳，也不是真实自由光子的集合，而是由局域频率—相位锁定、密度梯度、屏蔽响应和边界稳定共同形成的弱禁闭结构。QED 中所谓带电粒子的“虚光子云”，可以在机制层面理解为这一壳层及其涨落响应的量子场论表象。

因此，虚光子云并不是完全虚无的计算幻象，也不是可直接观测的真实粒子群。它的合理位置介于二者之间：它对应真实的局域响应结构，但这种结构不能被简单粒子化。EQT 的表述可以避免两个极端：一方面避免把虚光子云当成不存在的纯符号，另一方面也避免把它当成真实光子云。

第三，虚光子云与屏蔽长度直接相关。QED 中，真空极化会改变有效电荷，使电荷在不同尺度下表现出不同耦合强度。EQT 中，这可解释为电荷周围 $\rho_f^{shell}(r)$ 与背景 $\rho_f^{(EM)}$ 的局域重排：

$$q \to \rho_f^{shell}(r) \to q_{\text{eff}}(\ell).$$

当观测尺度较大时，探针看到的是电荷核心与其壳层响应共同形成的有效电荷；当观测尺度缩小时，探针可以部分穿透屏蔽层，看到不同的耦合强度。由此，QED 中虚光子云对有效电荷的修饰，可以被机制性解释为局域光子壳层和涨落响应在不同尺度下的可读出变化。

第四，虚光子云与库仑作用的解释相关。QED 可以把静态 Coulomb 作用写成虚光子交换的结果；EQT 则把库仑作用解释为密度场响应链：

$$\rho_f(r) \to \nabla\rho_f(r) \to \mathbf{E}(r) \to V(r) \to F(r).$$

两者并不冲突。QED 的虚光子交换是计算层语言；EQT 的密度梯度和壳层响应是机制层语言。所谓两个电荷之间的虚光子交换，可以重写为：一个电荷结构扰动 $\rho_f^{(EM)}$，该扰动通过响应核和壳层重排影响另一个电荷结构。于是：

$$q_1 \to \delta\rho_f^{(EM)} \to G(k,\omega) \to q_2.$$

这个过程在 QED 图像中表现为虚光子传播子，在 EQT 图像中表现为电磁能量子密度场的局域响应和远场梯度。

第五，虚光子云还与相位滞后和能流环流相关。带电结构周围不仅存在密度重排，也存在相位结构和能量子流结构。磁效应、近场响应和辐射修正都涉及 θ_f、$\nabla\theta_f$、$\mathbf{J}_f^{(EM)}$ 和相位滞后。虚光子云作为 QED 表象，不只对应静态密度壳层，也对应这些动态响应结构。更完整地说：

$$\text{虚光子云} \leftrightarrow \left(\rho_f^{shell}, \delta\rho_f, \theta_f, \mathbf{J}_f^{(EM)}, \mathcal{N}(f)\right)_{\text{near-field response}}.$$

这说明虚光子云不是单一对象，而是近场电磁响应的复合表象。

第六，虚光子云必须区别于电磁弱禁闭本身。电磁弱禁闭是机制概念，指 $\rho_f^{(EM)}$ 在电荷或质量子接口附近形成可释放、可屏蔽、可解锁的局域束缚结构。虚光子云是 QED 图像中的有效表述。二者不是完全相同的概念。更准确地说：

$$\text{电磁弱禁闭} = \text{机制层结构};$$

$$\text{虚光子云} = \text{QED 表象层描述}.$$

前者解释壳层为什么存在、如何屏蔽、如何解锁；后者用于计算涨落、传播子修正和量子相互作用。把二者区分开，可以避免混淆机制语言和计算语言。

第七，虚光子云的存在和形态应受 A4 频率匹配约束。不同频率的外部探针会看到不同的近场响应。若探针频率与局域束缚模式匹配，壳层响应增强，可能表现为吸收、共振、强散射或显著极化；若频率失配，响应较弱。洛伦兹共振核给出：

$$A(\nu_B, \nu_F) = \frac{A_0}{(\nu_B - \nu_F)^2 + \gamma^2}.$$

因此，虚光子云不是一个固定静态包裹，而是频率依赖的响应结构。它随观测尺度、频率、外场强度和边界条件而改变。这一点也与 QED 中有效电荷和传播子修正的尺度依赖相容。

第八，虚光子云还必须具有可解锁性。在强场、碰撞、高频探针或共振激发下，局域光子壳层可以被扰动、重排、部分释放或转化为自由态光子。这个过程在 QED 语言中可能表现为辐射修正、散射、实光子发射、Bremsstrahlung 或强场效应；在 EQT 语言中，则是束缚态壳层与涨落响应结构的解锁。可以写作：

$$\begin{aligned}&\rho_f^{shell}(r) + \text{strong or resonant perturbation} \rightarrow \\ &\qquad \text{rearranged response} + \gamma_\nu \text{ or new bound configuration.}\end{aligned}$$

这说明虚光子云不是静止不变的附属物，而是动态响应结构。

第九，本节也需要明确失败条件。如果虚光子云无法对应任何 $\rho_f^{shell}(r)$、$\mathcal{N}(f)$、响应核或相位—能流结构，那么 EQT 对 QED 近场图像的解释失败。如果局域光子壳层不能解释有效电荷、屏蔽、真空极化和近场响应，那么壳层概念不足。如果虚光子云被误解为自由态真实光子群，则自由态/束缚态区分失败。如果虚光子云的尺度和频率依赖完全无法由 R_c、λ_s、A4 共振核或响应函数约束，那么本节会退化为任意解释。

与强弱力卷相比，QED 虚光子云在本卷中只对应电磁近场的低耗散、可屏蔽、双极性涨落—响应结构；它不能泛化为所有相互作用的共同图像。

本节得到的定义和推论是：QED 虚光子云可被重新解释为 EQT 中的局域光子壳层或涨落响应结构。其机制基础包括：

$$\rho_f^{shell}(r), \qquad \mathcal{N}(f), \qquad G(k,\omega), \qquad \theta_f, \qquad \mathbf{J}_f^{(EM)}.$$

它不是自由态真实光子集合，也不是最底层实体，而是电荷附近 $\rho_f^{(EM)}$ 的束缚态分布、涨落谱、线性响应核和相位—能流重排在 QED 语言中的有效表示。

本节尚未解决的问题是：虚光子云已经与局域光子壳层建立对应，但仍需防止与强力强禁闭或引力单向低频吸引发生概念混淆。下一节只做最小对照，说明电磁弱禁闭为何是可屏蔽、可极化、可扰动和可释放的局域束缚，而不是强力式不可分离禁闭或引力式单向统计吸引。

10.5 与强禁闭和引力单向禁闭的最小对照

本节的问题是：电磁弱禁闭与强力意义上的强禁闭、以及引力卷中讨论的低频单向束缚或统计吸引有什么最小区别？前几节已经定义了电磁弱禁闭、局域光子壳层、屏蔽长度，以及与 QED 虚光子云的对应关系。为了避免概念泛化，本节必须做一个最小对照：电磁弱禁闭不是强禁闭的弱化版本，也不是引力吸引的电磁版本。它是电磁频段 $\rho_f^{(EM)}$ 的特殊局域束缚机制。

本节依赖 A1、A2、A3、A4 与元规范 M。A1 要求所有对照都必须回到频率分族的能量子密度场，而不能把“禁闭”当作跨领域通用实体。A2 要求三类机制按频率—能量结构区分。A3 要求它们的差异必须体现为扩散、自持、耗散、对流、源项和涨落项的不同平衡。A4 要求不同频段之间的耦合和转换受洛伦兹共振核约束。M 要求本节只做最小对照，不展开强力卷或引力卷的完整内容，以免偏离电磁卷主线。

本节要推出的结论是：电磁弱禁闭、强禁闭和引力单向束缚分别对应三种不同机制。电磁弱禁闭是低耗散、双极性、可屏蔽、可解锁的局域束缚；强禁闭是高频强耦合、短程、自束缚、不可自由分离的强局域化机制；引力单向束缚则是低频密度梯度和宏观累积形成的单向吸引结构。三者不能互相替代。

首先，电磁弱禁闭不同于强禁闭。强禁闭的核心特征是高频、强自耦、短程、强束缚和不可自由分离。它不以长程自由传播为主，也不以屏蔽和双极补偿为基本特征。电磁弱禁闭则相反：它必须同时允许局域束缚和自由传播。电荷附近可以形成局域光子壳层：

$$\rho_f^{shell}(r) \subset \rho_{f,\mathrm{bound}}^{(EM)},$$

但离开局域束缚区后，电磁能量子仍可表现为自由态光子：

$$\rho_f^{(EM)} \to \text{自由态} \to \gamma_\nu.$$

因此，电磁弱禁闭不是“较弱的强禁闭”。它不是把强力机制缩小一档，而是在电磁频段中形成的一种可释放、可扰动、可屏蔽的局域束缚。

其次，电磁弱禁闭不同于引力式单向束缚。引力卷中的低频机制主要表现为密度梯度、宏观累积和单向吸引。引力没有正负电荷式的双极性，也没有普通意义上的屏蔽结构。

电磁力则具有正负分支：

$$\rho_f^{(EM)} > \rho_0 \Rightarrow \text{一种极性分支},$$

$$\rho_f^{(EM)} < \rho_0 \Rightarrow \text{另一种极性分支}.$$

这种双极性使电磁相互作用可以吸引，也可以排斥；可以增强，也可以抵消；可以形成屏蔽，也可以在强扰动下解锁。引力式单向吸引无法解释这些性质。因此，电磁弱禁闭不能被解释为低频引力束缚在电磁频段中的变体。

第三，三者在频率区间和耗散结构上不同。强禁闭属于高频强耦合区域，非线性自持和局域耦合占主导，扩散和自由传播受到强烈压制。引力单向束缚属于低频宏观累积区域，强调密度梯度、统计叠加和长期结构保持。电磁弱禁闭则处在电磁频段：它必须维持低耗散传播，同时允许局域束缚态存在。可以概括为：

$$\text{强禁闭} \Rightarrow \text{高频、强耦合、短程、不可自由分离};$$

$$\text{引力单向束缚} \Rightarrow \text{低频、宏观累积、单向吸引、不可屏蔽};$$

$$\text{电磁弱禁闭} \Rightarrow \text{电磁频段、弱束缚、双极性、可屏蔽、可解锁}.$$

第四，三者在可解锁性上不同。电磁弱禁闭的关键特征是可解锁：外部自由态光子、强场扰动、碰撞过程或频率匹配输入，可以破坏局域光子壳层的相位—频率锁定，使束缚态转化为自由态或新的局域结构。这里仅说明判别特征，不展开吸收、辐射、电离和复合的具体过程；这些动态机制留到第10章处理。

$$\rho_f^{shell}(r) + \text{外部扰动} \to \text{解锁} \to \gamma_\nu \text{ 或新的束缚态}.$$

强禁闭意义上的局域束缚不具有这种普通电磁过程中的可释放性；引力束缚也不是通过相位—光子壳层解锁来发生。由此，电磁弱禁闭的过程特征具有独立性。

第五，三者在屏蔽性上不同。电磁弱禁闭天然联系屏蔽：电荷周围的 $\rho_f^{shell}(r)$、介质极化、真空极化和带电结构重排，都可以改变外部可读出的电场。强禁闭不以宏观可屏蔽长程场为基本形态；引力吸引则通常不表现为正负补偿式屏蔽。屏蔽性因此是电磁弱禁闭的判别特征之一。

第六，三者在标准理论接口上不同。电磁弱禁闭必须同时与 Maxwell 和 QED 对接：在宏观平均下，它要表现为屏蔽长度、介电响应和边界条件；在 QED 表象中，它要对应虚光子云、真空极化和近场响应。强禁闭的标准接口属于强相互作用理论；引力单向束缚的接口属于牛顿极限和 GR 弱场结构。本节不展开这些内容，只强调：不同卷的标准理论接口不同，不能将某一卷的机制语言直接移植到另一卷。

本节得到的定义和推论是：电磁弱禁闭是一种独立机制。它不是强禁闭的弱化版本，也不是引力单向吸引的电磁翻版。它的最小定义是：电磁频段 $\rho_f^{(EM)}$ 在电荷结构或质量子接口附近，由频率匹配、相位锁定、边界稳定和局域动力学平衡形成的可屏蔽、双极性、可释放、可解锁的局域束缚结构。

本节尚未解决的问题是：最小对照已经排除了概念混淆，但本章还需要收束电磁弱禁闭的特殊性。下一节作为本章小结，只概括电磁力为何同时具有长程传播、双极性、可屏蔽性、局域光子壳层和弱禁闭结构；吸收、辐射、电离和复合中的解锁、释放与重建过程，则在第10章正式展开。

10.6 本章小结：电磁力的特殊性

本章的任务，是在 Maxwell 极限和 QED 有效表象之后，进一步说明电磁力为什么不能只被理解为“长程场传播”，也不能只被理解为“光子交换”。电磁相互作用具有一个特殊的双重结构：它一方面允许自由态光子长程传播，另一方面又能在电荷结构、质量子接口、介质边界和原子尺度附近形成局域束缚、屏蔽、近场响应和光子壳层。为了同时解释这两面，本章引入并限定了“电磁弱禁闭”概念。

本章的核心结论是：电磁力的特殊性来自电磁频段的低耗散传播、双极性、相位耦合、弱禁闭和可屏蔽结构。它既不是强力式强禁闭，也不是引力式单向低频统计吸引；它是在 $\rho_f^{(EM)}$ 的特定频段中，由自由态传播、局域束缚、相位结构、频率匹配和可释放屏蔽共同形成的相互作用机制。

首先，电磁力的第一项特殊性是低耗散传播。电磁频段能够支持自由态光子：

$$\rho_f^{(EM)} \to \text{自由态} \to \gamma_\nu, \qquad E = h\nu.$$

在高占有数、低噪声、线性响应和宏观平均条件下，这些自由态激发进一步表现为 Maxwell 电磁波。正因为电磁频段具有低耗散传播能力，电磁作用才可以表现为长程场、辐射、光传播和经典电磁波。这一点使电磁力不同于强力高频区的强禁闭结构，也不同于弱力相关短寿命中介过程。

其次，电磁力的第二项特殊性是双极性。电荷不是本卷的基础公设，而是 $\rho_f^{(EM)} - \rho_0$ 在物理积分空间中的稳定相位—密度偏差结构：

$$q = e_0 \int_{V_{\text{int}}} (\rho_f^{(EM)} - \rho_0) dV, \qquad q = e_0 n.$$

正负电荷不是两种实体，而是同一 $\rho_f^{(EM)}$ 的两类稳定相位—密度分支。双极性使电磁力能够表现为吸引和排斥，也使电中性、屏蔽、极化和局域补偿成为可能。引力式单向吸引不能解释这种结构；强禁闭式局域束缚也不能替代这种双极响应。

第三，电磁力的第三项特殊性是相位耦合。电荷量子化来自相位拓扑：

$$\oint_{\partial V_{\text{int}}} \nabla \theta_f \cdot d\mathbf{l} = 2\pi n.$$

电荷极性来自密度分支与相位分支的稳定化；光子传播依赖相位可持续；磁场依赖能量流旋度与相位滞后；QED 中的规范自由度也可以被理解为相位—势表述中的有效冗余。由此，电磁力不是单纯的密度梯度作用，而是密度、相位、频率和能量子流共同组织出来的结构。

第四，电磁力的第四项特殊性是弱禁闭。电磁弱禁闭不是强力式强禁闭的弱化版本，而是电磁频段特有的局域可释放束缚。它描述 $\rho_f^{(EM)}$ 在电荷结构或质量子接口附近，由频率匹配、相位锁定、边界稳定和局域动力学平衡形成的束缚态结构。这种结构既能保持局域响应，又不会阻止自由态光子的释放和长程传播。其基本形式可写作：

$$\rho_f^{shell}(r) \subset \rho_{f,\mathrm{bound}}^{(EM)}.$$

这里，$\rho_f^{shell}(r)$ 表示电子、质子或其他稳定带电结构周围的局域光子壳层。它不是电荷核心，不是真实自由态光子群，也不是强禁闭壳，而是束缚态电磁能量子在近场区域的局域分布。

第五，电磁力的第五项特殊性是可屏蔽结构。屏蔽不是简单地“电场消失”，而是 $\rho_f^{(EM)}$ 在电荷周围发生局域重排，使外部可读出的密度梯度被部分抵消。Debye 屏蔽、真空极化屏蔽、原子尺度屏蔽和强场下屏蔽破裂，都可以放入这一机制链：

$$q \to \rho_f^{shell}(r) \to \delta\rho_{\mathrm{screen}}^{(EM)} \to q_{\mathrm{eff}}(\ell).$$

屏蔽长度 λ_s 和束缚尺度 $R_{\rm bound}$ 是电磁弱禁闭的空间尺度表现。它们不是任意参数，而应受 $D(f)$、$k(f)$、$\Gamma(f)$、ρ_0、$\mathcal{N}(f)$ 和频率匹配条件共同约束：

$$\lambda_s = \lambda_s[D(f), k(f), \Gamma(f), \rho_0, \mathcal{N}(f), A(\nu_B, \nu_F)].$$

第六，本章还重新解释了 QED 虚光子云。虚光子云不应被理解为围绕带电粒子飞行的一群真实光子，而应被解释为局域光子壳层、涨落响应结构和近场电磁重排的有效表象：

$$\text{QED 虚光子云} \leftrightarrow \rho_f^{shell}(r) + \mathcal{N}(f) + G(k,\omega) + \text{局域相位—能流重排}.$$

这一区分保留了 QED 的计算语言，同时避免把虚光子本体化为自由态实体。真实光子对应自由态激发；虚光子云对应束缚态壳层、涨落谱、响应核和近场相位—能流结构。

第七，本章通过最小对照进一步明确了电磁弱禁闭的边界。强禁闭对应高频、强耦合、短程、自束缚和不可自由分离；引力单向束缚对应低频、宏观累积、单向吸引和不可屏蔽；电磁弱禁闭则对应电磁频段、弱束缚、双极性、可屏蔽、可释放和可解锁。三者不能互相替代。电磁弱禁闭的判别特征正在于：它同时允许局域壳层和远场传播，同时允许稳定束缚和外部扰动解锁。

本章得到的主要定义和推论可以概括为五点。

1. 第一，电磁弱禁闭是 $\rho_f^{(EM)}$ 在电荷结构或质量子接口附近形成的可释放局域束缚结构。

2. 第二，局域光子壳层 $\rho_f^{shell}(r)$ 是电磁弱禁闭的空间表现。

3. 第三，屏蔽长度和束缚尺度描述壳层从近场束缚区向远场 Maxwell 区域过渡的范围。

4. 第四，QED 虚光子云是这一局域壳层和涨落响应结构的有效表象。

5. 第五，电磁弱禁闭区别于强禁闭和引力单向束缚，是电磁力特殊性的核心机制之一。

本章也明确了失败条件。若电磁弱禁闭不能解释局域光子壳层，它失败。若它不能解释屏蔽、真空极化、原子尺度屏蔽和强场屏蔽破裂之间的层级关系，它失败。若虚光子云无法对应任何 $\rho_f^{shell}(r)$、$\mathcal{N}(f)$ 或响应核结构，它失败。若弱禁闭尺度可以任意选择，而不受频率、相位、扩散、耗散和边界条件约束，它也失败。若电磁弱禁闭被混同为强禁闭或引力吸引的变体，则本章的概念区分失败。

本章尚未解决的问题是：弱禁闭结构已经获得定义和空间尺度，但电磁过程还没有系统展开。下一章必须进入过程动力学，说明吸收、辐射、电离、复合、散射和非平衡转化如何分别对应自由态、束缚态和凝聚态之间的状态转换。只有完成这一章，本卷才能从“电磁结构如何存在”推进到“电磁过程如何发生”。

第十一章 电磁过程动力学：吸收、辐射、电离与复合

11.1 三态转换动力学方程

本节的问题是：自由态、束缚态和凝聚态之间的转换，如何从概念图式进一步写成动力学模型？第五章已经给出三态结构：

$$\text{自由态} \leftrightarrow \text{束缚态} \leftrightarrow \text{凝聚态}.$$

第九章又说明，电磁弱禁闭和局域光子壳层主要发生在束缚态层面，并且可以通过外部扰动、频率匹配或相位解锁发生释放、重排和重建。现在需要把这些概念转化为过程动力学：吸收、辐射、电离、复合、屏蔽破裂和壳层重建，不能只是现象名称，而应被理解为三态之间的转换过程。

本节依赖 A1、A2、A3、A4 与元规范 M。A1 要求自由态、束缚态和凝聚态不能作为三种独立实体，而必须是 $\rho_f^{(EM)}$ 在不同条件下的状态分化。A2 要求状态转换满足频率—能量关系，尤其是自由态光子的能量满足 $E = h\nu$。A3 要求转换动力学受 EQT 主方程中的扩散、自持、耗散、对流、源项和涨落项约束。A4 要求三态之间的转换率受洛伦兹共振核约束，不能任意发生。M 要求转换方程必须具有失败条件，不能成为可以解释一切过程的任意框架。

本节要推出的结论是：电磁过程可以用自由态、束缚态和凝聚态之间的状态转换方程表示。自由态对应可传播光子或连续波模式；束缚态对应局域光子层、屏蔽结构和近场响应；凝聚态对应质量子接口、局域物质边界和稳定吸收/辐射接口。吸收、辐射、电离和复合分别是这些状态之间的不同转换方向。

为避免本章变成现象列表，以下各节统一按三个问题展开：过程方向是什么，机制条件是什么，失败条件是什么。吸收、辐射、电离和复合分别对应不同的三态转换方向；它们都必须同时受到频率匹配、相位锁定或解锁、局域守恒、边界稳定和跨频耦合的约束。

首先，设三种状态的电磁能量子密度分别为：

$$\rho_F(\mathbf{x}, t; f),$$

$$\rho_B(\mathbf{x},t;f),$$

$$\rho_C(\mathbf{x},t;f).$$

其中，ρ_F 表示自由态电磁能量子密度，主要对应自由态光子或经典电磁波；ρ_B 表示束缚态电磁能量子密度，主要对应局域光子壳层、屏蔽层、近场响应和虚光子云的机制基础；ρ_C 表示凝聚态接口相关的电磁耦合密度，主要对应质量子接口、原子/分子/介质边界和稳定局域结构。

三者不是三种基础场，而是同一 $\rho_f^{(EM)}$ 的状态分解：

$$\rho_f^{(EM)} = \rho_F + \rho_B + \rho_C$$

在给定频率窗口、空间尺度和状态划分下成立。这个分解是有效分解，不是本体分裂。

其次，三态转换可以写成最低阶速率方程：

$$\frac{\partial \rho_F}{\partial t} = -\Gamma_{F\to B}\rho_F + \Gamma_{B\to F}\rho_B + D_F\nabla^2\rho_F - \Gamma_F\rho_F + S_F + \mathcal{N}_F,$$

$$\frac{\partial \rho_B}{\partial t} = \Gamma_{F\to B}\rho_F - \Gamma_{B\to F}\rho_B\Gamma_{B\to C}\rho_B + \Gamma_{C\to B}\rho_C + D_B\nabla^2\rho_B - \Gamma_B\rho_B + S_B + \mathcal{N}_B,$$

$$\frac{\partial \rho_C}{\partial t} = \Gamma_{B\to C}\rho_B - \Gamma_{C\to B}\rho_C + D_C\nabla^2\rho_C - \Gamma_C\rho_C + S_C + \mathcal{N}_C.$$

这里，$\Gamma_{i\to j}$ 表示状态 i 向状态 j 的转换率；D_i 表示各状态的有效扩散或传播系数；Γ_i 表示状态内耗散；S_i 表示源项；

$\mathcal{N}_i$ 表示涨落项。这个方程组不是最终微观方程，而是三态过程动力学的最低阶有效模型。

第三，转换率不能任意指定，而必须受 A4 的频率匹配约束。对于自由态向束缚态的转换，例如吸收过程，可写为：

$$\Gamma_{F\to B}(f)\propto A(\nu_B,\nu_F)=\frac{A_0}{(\nu_B-\nu_F)^2+\gamma^2}.$$

这表示，当自由态光子或自由态电磁模式的频率 ν_F 与局域束缚模式 ν_B 接近时，吸收和束缚增强；当二者失配时，自由态更可能透射、反射或弱散射。由此，吸收不是“光子碰到物质就被吃掉”，而是自由态在频率匹配、相位相容和边界稳定条件下进入束缚态。

第四，辐射对应束缚态向自由态的转换：

$$\rho_B\to\rho_F.$$

其动力学项为：

$$\Gamma_{B\to F}\rho_B.$$

在物理解释上，辐射不是无中生有地产生光子，而是束缚态电磁能量子在相位解锁、能级转换、边界重排或凝聚态接口扰动下释放为自由态光子：

$$\text{束缚态}\to\text{自由态}+\text{局域结构重排}.$$

如果释放出的自由态频率为 ν，则其能量读出满足：

$$E=h\nu.$$

因此，辐射过程连接 A2 的谱量原则与 A4 的频率匹配条件。

第五，电离对应束缚态破裂。电离不是简单的“粒子离开轨道”，而是局域束缚态、光子壳层或相位锁定结构在外部能量输入下发生解锁。可用转换项表示为：

$$\Gamma_{\mathrm{ion}}\rho_B.$$

在三态方程中，它可以表现为束缚态向自由态或准自由结构的释放：

$$\rho_B \to \rho_F + \text{解锁电荷结构}.$$

若电离发生在原子或凝聚态接口中，还可能伴随：

$$\rho_C \to \rho_B \to \rho_F$$

这样的级联过程。强场下屏蔽破裂，也可被理解为 ρ_B 的稳定性被外部扰动破坏，导致原有 $\rho_f^{shell}(r)$ 结构重排。

第六，复合对应束缚态重建。复合不是简单“两个粒子结合”，而是自由态或准自由结构在凝聚态接口附近重新满足频率匹配、相位锁定和边界稳定条件，从而进入束缚态：

$$\rho_F + \rho_C \to \rho_B + \text{能量释放}.$$

在方程中可由：

$$\Gamma_{C\to B}\rho_C$$

或更一般的非线性项表示：

$$\Gamma_{\mathrm{rec}}\rho_F\rho_C.$$

复合通常伴随辐射，因为束缚态重建需要释放多余能量。于是，复合可以与辐射组合为：

$$\rho_F+\rho_C\to\rho_B\to\rho_F^{\mathrm{out}}+\rho_B^{\mathrm{stable}}.$$

这为后续解释谱线、发射、复合辐射和吸收线提供基本结构。

第七，凝聚态不是被动背景。凝聚态接口 ρ_C 提供电荷结构锚点、束缚态边界和过程发生位置。没有 ρ_C，吸收和辐射就缺少稳定接口；没有 ρ_B，局域光子壳层和屏蔽层就无法形成；没有 ρ_F，自由传播光子和电磁波就无法出现。因此，过程动力学必须保留三态，而不能只写“光子—物质相互作用”这种二分结构。

第八，三态转换具有守恒与耗散两类约束。在无外部源、无耗散、无涨落的理想情况下，总电磁频段能量子密度应满足近似守恒：

$$\frac{\partial}{\partial t}(\rho_F+\rho_B+\rho_C)+\nabla\cdot(\mathbf{J}_F+\mathbf{J}_B+\mathbf{J}_C)\approx 0.$$

但实际过程中存在耗散、外部源、非辐射通道和涨落项。因此更一般地：

$$\frac{\partial\rho_f^{(EM)}}{\partial t}+\nabla\cdot\mathbf{J}_f^{(EM)}=S_f-\Gamma(f)\rho_f^{(EM)}+\mathcal{N}(f)+\text{nonlinear terms}.$$

三态转换方程必须与这个总体 EQT 主方程相容。换言之，三态转换不是主方程之外的新机制，而是主方程在电磁频段状态分解下的过程表达。

第九，三态转换也为 Maxwell 和 QED 提供统一接口。在 Maxwell 极限中，许多自由态和束缚态细节被宏观平均，表现为介质响应、极化、电流、边界条件和吸收系数。在 QED 表象中，三态转换表现为光子吸收、发射、传播子响应、顶点耦合和辐射修正。在 EQT 机制层，它们统一为：

$$\rho_F \leftrightarrow \rho_B \leftrightarrow \rho_C.$$

这说明，Maxwell、QED 和过程动力学不是三套互不相干的语言，而是同一电磁频段结构在不同读出尺度下的表现。

第十，本节的失败条件也必须明确。若自由态、束缚态和凝聚态之间无法建立可约束的转换率，则三态模型失败。若 $\Gamma_{i\to j}$ 可以任意调节，而不受 A4 频率核、相位条件、边界条件和能量守恒约束，则模型违反 M。若吸收、辐射、电离和复合不能被统一为三态转换，而必须分别引入互不相干的特设规则，则过程动力学失败。若三态转换无法与光谱、吸收线、辐射率、屏蔽破裂或腔 QED 现象建立可检验联系，则本章不能完成其任务。

与强弱力卷相比，本节只处理电磁频段的三态转换：自由态光子、束缚态光子壳层和凝聚态接口之间的吸收、辐射、电离与复合。高频凝结、强禁闭和弱衰变不进入本章主线。

本节得到的定义和推论是：电磁过程可以用三态转换动力学描述：

$$\rho_F \leftrightarrow \rho_B \leftrightarrow \rho_C.$$

其中，自由态 ρ_F 对应光子和电磁波；束缚态 ρ_B 对应局域光子层、屏蔽结构和近场响应；凝聚态 ρ_C 对应质量子接口和局域稳定边界。吸收是 $\rho_F \to \rho_B$，辐射是 $\rho_B \to \rho_F$，电离是 ρ_B 的破裂和解锁，复合是 ρ_B 的重建。转换率受频率匹配、相位锁定、边界稳定、源耗项和涨落项共同约束。

本节尚未解决的问题是：三态转换方程已经建立，但吸收过程还需要单独展开。下一节必须具体说明，自由态光子如何在频率匹配和相位锁定条件下进入束缚态，吸收谱如何由 $A(\nu_B, \nu_F)$ 控制，以及为什么吸收不是光子消失，而是自由态向局域束缚态的转换。

11.2 吸收过程：自由态到束缚态

本节的问题是：光子吸收在 EQT 电磁卷中应当如何解释？在标准量子理论中，吸收通常表述为一个光子被原子、分子、电子体系或其他物质结构吸收，使后者进入激发态。这一表述在计算和实验层面非常有效。但在本卷中，光子不能作为基础公设，吸收也不能被解释为一个独立粒子简单“消失”。按照前文定义，光子是电磁频段能量子密度场 $\rho_f^{(EM)}$ 的自由态量子激发。因此，吸收过程应被解释为：自由态电磁能量子在满足频率匹配、相位相容和边界稳定条件时，进入局域束缚结构。

本节依赖 A1、A2、A3、A4 与元规范 M。A1 要求吸收过程不能被理解为基础光子实体被物质吞没，而必须从 $\rho_f^{(EM)}$ 的状态转换中解释。A2 要求吸收满足谱量原则，即自由态光子的能量满足

$$E = h\nu.$$

A3 要求吸收过程与 EQT 主方程中的源项、耗散项、扩散项、束缚态形成和涨落项相容。A4 要求自由态向束缚态转换受洛伦兹共振核约束。M 要求吸收机制必须有失败条件：不是任何光子遇到任何物质结构都会被吸收，只有满足特定频率、相位、边界和状态条件时，吸收才发生。

本节要推出的结论是：吸收过程是自由态电磁能量子向局域束缚态的转换。其基本图式为：

$$\rho_F \to \rho_B,$$

或更具体地：

$$\gamma_\nu + \text{局域接口} \to \rho_B^{(EM)}.$$

这里，γ_ν 表示频率为 ν 的自由态光子，$\rho_B^{(EM)}$ 表示局域束缚态电磁能量子结构。吸收不是自由态能量的湮灭，而是自由态能量子进入局域结构、改变其相位—密度分布和内部状态。

首先，吸收的起点是自由态。第五章和第八章已经定义：

$$\gamma_\nu = \text{电磁频段 } \rho_f^{(EM)} \text{ 在频率 } \nu \text{ 上的自由态量子激发.}$$

自由态的特征是低耗散传播、无局域闭合、相位可持续和频率可标记。只要光子仍处于自由态，它就主要表现为传播对象；一旦它进入局域束缚条件，就不再作为远场自由态光子存在，而转化为局域电磁结构的一部分。因此，吸收的核心不是“光子消失”，而是自由态身份终止，束缚态身份形成。

其次，吸收的目标是束缚态，而不是任意物质内部。束缚态已经定义为电磁能量子在电荷结构、质量子接口或局域边界附近，被频率—相位条件锁定形成的非自由传播结构。吸收过程要求自由态光子进入这样的局域锁定区域：

$$\rho_f^{(EM)} \xrightarrow{\text{局域频率—相位锁定}} \rho_{f,\mathrm{bound}}^{(EM)}.$$

因此，吸收不是自由态能量无条件沉入物质，而是电磁能量子在局域接口处被重新组织为束缚态。原子跃迁、分子振动吸收、晶格吸收、电子跃迁和介质吸收，都可被视为自由态向不同类型束缚态或局域激发态的转换。

第三，吸收必须满足频率匹配。根据 A4，自由态频率 ν_F 与局域束缚模式频率 ν_B 的耦合强度由洛伦兹共振核控制：

$$A(\nu_B, \nu_F) = \frac{A_0}{(\nu_B - \nu_F)^2 + \gamma^2}.$$

当 $\nu_F \approx \nu_B$ 时，耦合增强，吸收概率提高；当两者相差较大时，吸收被抑制，自由态更可能透射、反射或散射。这正是吸收谱出现峰值和选择性的机制基础。在 EQT 语言中，吸收谱不是外加经验图像，而是自由态—束缚态转换率随频率匹配程度变化的表现。

因此，可以写出最低阶吸收率：

$$\Gamma_{F\to B}(f) \propto A(\nu_B, \nu_F).$$

若进一步考虑局域相位、边界稳定和态密度，则可写为：

$$\Gamma_{F\to B} = A(\nu_B, \nu_F), \mathcal{P}_\theta, \mathcal{B}, \mathcal{D}_B,$$

其中，$\mathcal{P}_\theta$ 表示相位相容因子，$\mathcal{B}$ 表示边界稳定因子，$\mathcal{D}_B$ 表示可用束缚态密度。这个表达只是机制性结构，说明吸收率不能只由频率决定，还必须由相位、边界和可用束缚态共同决定。

第四，吸收必须满足相位相容。即使自由态频率与局域束缚模式接近，如果相位结构不能锁定，也不能形成稳定吸收。自由态光子具有相位结构；局域束缚态也具有相位边界和相位锁定条件。吸收发生时，自由态的相位必须能够进入局域相位组织，使能量子不再自由传播，而成为束缚结构的一部分。可以写作：

$$\theta_F + \theta_B \rightarrow \text{相位锁定}.$$

若相位关系失配，过程可能表现为弹性散射或非吸收性相位延迟，而不形成真正束缚态。由此，吸收既是能量匹配，也是相位重组。

第五，吸收需要局域接口。凝聚态或质量子接口在本卷中承担过程发生位置。自由态光子不能在完全无边界、无束缚模式的空域中被“吸收”；它需要遇到电子、原子、分子、晶格、等离子体、腔边界或其他可耦合结构。这个接口提供束缚态边界、频率模式和相位锁定条件。可写为：

$$\rho_F + \rho_C \rightarrow \rho_B.$$

这里，ρ_C 表示凝聚态接口或局域稳定结构。这个式子强调：吸收通常不是自由态直接变成抽象束缚态，而是在局域物质或质量子接口处发生。

第六，吸收改变局域电磁结构。吸收后，自由态能量子进入束缚态，使局域 $\rho_f^{(EM)}$ 的密度、相位和边界条件发生改变。该改变可能表现为电子激发、原子跃迁、分子振动、介质极化、局域光子壳层增强或屏蔽结构变化。用 EQT 语言说，吸收改变的是局域相位—密度结构：

$$\rho_B \to \rho_B + \delta\rho_B,$$

$$\theta_B \to \theta_B + \delta\theta_B.$$

因此，吸收不仅是能量转移，也是局域结构重排。

第七，吸收具有可逆或可释放方向。由于束缚态不是强禁闭结构，吸收后的局域能量可以在后续通过辐射、非辐射耗散、电离或复合重组释放。也就是说：

$$\rho_F \to \rho_B$$

并不意味着能量永久封闭。若后续相位解锁或边界重排发生，则可能有：

$$\rho_B \to \rho_F.$$

这为下一节辐射过程做准备。吸收和辐射是一对相反方向的三态转换，只是发生条件和动力学通道不同。

第八，吸收与 Maxwell 和 QED 描述相容。在 Maxwell 层面，吸收可表现为介质的吸收系数、复介电常数、色散和能量损耗。在 QED 层面，吸收表现为光子被物质态吸收并导致跃迁。在 EQT 机制层，这些都可解释为：

$$\text{自由态} \to \text{束缚态}$$

的不同读出。Maxwell 描述宏观平均结果，QED 描述量子跃迁概率，EQT 解释其状态转换机制。

第九，吸收的失败条件必须明确。若自由态光子不能被定义为 $\rho_f^{(EM)}$ 的自由态激发，吸收起点失败。若束缚态不能独立定义，吸收终点失败。若吸收率不受频率匹配、相位相容和边界稳定约束，而被任意设定，则违反 M。若吸收不能解释吸收谱、选择规则、共振增强、透射与散射的区别，则机制不足。若任何失配频率都可被随意解释为吸收，则理论失去可证伪性。

与强弱力卷相比，吸收是电磁频段自由态向束缚态的频率选择性转换；它不等同于强力束缚形成，也不等同于弱力变频衰变。

本节得到的定义和推论是：光子吸收不是光子作为基础粒子的消失，而是自由态电磁能量子进入局域束缚结构的过程。其基本形式为：

$$\rho_F \to \rho_B,$$

并受频率匹配、相位相容、边界稳定、局域接口和可用束缚态密度共同约束。A4 的共振核给出吸收选择性的核心形式：

$$\Gamma_{F\to B} \propto \frac{A_0}{(\nu_B - \nu_F)^2 + \gamma^2}.$$

本节尚未解决的问题是：吸收说明了自由态如何进入束缚态，但电磁过程还必须解释相反方向：束缚态如何释放为自由态光子。下一节必须讨论辐射过程，说明自发辐射、受激辐射和非辐射通道如何分别对应束缚态解锁、自由态释放和局域耗散。

11.3 辐射过程：束缚态到自由态

本节的问题是：辐射在 EQT 电磁卷中应当如何解释？上一节已经说明，吸收不是光子消失，而是自由态电磁能量子进入局域束缚结构：

$$\rho_F \to \rho_B.$$

那么，相反方向的过程就是辐射：局域束缚态在相位解锁、能量释放或边界重排条件下，释放出自由态电磁能量子。传统表述中，辐射是原子、分子、电子体系或加速电荷发射光子；在本卷中，辐射应被更底层地解释为束缚态 ρ_B 向自由态 ρ_F 的状态转换。

本节依赖 A1、A2、A3、A4 与元规范 M。A1 要求辐射不能被解释为基础光子实体从物质中凭空产生，而必须来自 $\rho_f^{(EM)}$ 的状态转换。A2 要求辐射出的自由态光子满足谱量原则：

$$E = h\nu.$$

A3 要求辐射过程与主方程中的束缚态稳定性、耗散、源项、涨落和能量子流重排相容。A4 要求辐射通道受频率匹配、相位条件和洛伦兹共振核约束。M 要求辐射机制不能成为任意“能量释放”标签，而必须说明何时释放为自由态光子，何时进入非辐射耗散，何时仍保持束缚态。

本节要推出的结论是：辐射是束缚态电磁能量子在相位解锁、能量差释放或局域边界重排时转化为自由态激发的过程。其基本图式为：

$$\rho_B \to \rho_F,$$

或更具体地：

$$\rho_B^{(EM)} \to \gamma_\nu + \text{局域结构重排}.$$

这里，γ_ν 是频率为 ν 的自由态光子。辐射不是自由态光子的无中生有，而是局域束缚结构中电磁能量子释放为低耗散传播模式。

首先，辐射的起点是束缚态。束缚态是电磁能量子在电荷结构、质量子接口或局域边界附近，被频率—相位条件锁定形成的非自由传播结构：

$$\rho_f^{(EM)} \xrightarrow{\text{局域频率—相位锁定}} \rho_{f,\mathrm{bound}}^{(EM)}.$$

只要该结构保持相位锁定和边界稳定，电磁能量子就不会作为自由态光子离开局域区域。辐射发生的前提，是这种局域锁定发生改变：相位解锁、能级转换、外部扰动、内部重排或涨落触发，使一部分束缚态能量子脱离局域结构，进入自由态传播。

其次，辐射的核心是相位解锁。吸收要求自由态与束缚态之间建立相位相容；辐射则要求束缚态内部的相位结构释放出可传播相位模式。可以写作：

$$\theta_B \to \theta_F + \Delta\theta_{\mathrm{local}}.$$

这里，θ_B 是束缚态相位结构，θ_F 是释放出的自由态相位结构，$\Delta\theta_{\mathrm{local}}$ 表示局域结构的相位重排。若相位解锁不能形成稳定传播模式，则能量可能进入非辐射耗散或局域热化，而不会形成自由态光子。因此，相位解锁是辐射为光子的必要条件之一。

第三，辐射是能量释放过程。束缚态通常相对于某个较低稳定结构具有可释放能量。当局域结构从高能束缚状态转向低能束缚状态，或从不稳定边界状态转向稳定边界状态，多余能量可以释放为自由态光子：

$$\Delta E = h\nu.$$

因此，辐射频率由局域结构的能量差、可用模式和频率匹配共同决定。若能量差对应某一允许频率 ν，并且该频率模式能以低耗散方式传播，则产生自由态光子：

$$\rho_B^* \to \rho_B + \gamma_\nu.$$

这里，ρ_B^* 表示激发束缚态，ρ_B 表示较低能束缚态。这个表达与传统跃迁辐射相容，但其机制基础被重写为束缚态相位—密度结构的重排。

第四，辐射通道受 A4 约束。局域束缚态是否能向某一自由态频率释放，取决于束缚模式 ν_B 与自由态模式 ν_F 的耦合强度：

$$A(\nu_B, \nu_F) = \frac{A_0}{(\nu_B - \nu_F)^2 + \gamma^2}.$$

当自由态可用模式与局域束缚态释放频率匹配时，辐射增强；当频率失配时，辐射被抑制，能量可能进入非辐射通道或继续保持束缚。由此，谱线、选择性发射和共振增强都可以理解为束缚态向自由态转换率的频率依赖。

第五，自发辐射可以理解为涨落触发的束缚态解锁。即使没有外部自由态光子输入，激发束缚态也可能在涨落项 $\mathcal{N}(f)$ 的作用下发生相位解锁，释放自由态光子：

$$\rho_B^* + \mathcal{N}(f) \to \rho_B + \gamma_\nu.$$

在 QED 中，自发辐射通常与真空涨落和场量子化有关；在 EQT 中，它可以解释为背景 $\rho_f^{(EM)}$ 的涨落项与激发束缚态相互作用，使局域相位结构发生释放。这里不是否定 QED 解释，而是把其涨落语言放回 $\rho_f^{(EM)}$ 的主方程结构中。

第六，受激辐射可以理解为已有自由态模式引导束缚态释放。若外部存在频率和相位匹配的自由态模式，则该模式可以增强束缚态向同一自由态通道释放的概率：

$$\gamma_\nu + \rho_B^* \to 2\gamma_\nu + \rho_B.$$

在 EQT 语言中，这表示已有自由态相位模式为束缚态解锁提供相位—频率模板，使释放出的电磁能量子进入同一模式。受激辐射因此是自由态对束缚态释放通道的相干组织，而不是简单复制光子。

第七，非辐射通道必须与辐射区分。并非所有束缚态能量释放都会形成自由态光子。若相位解锁不能形成低耗散传播模式，或局域边界将能量转入振动、热化、电子重排、介质耗散或其他束缚模式，则过程表现为非辐射衰减：

$$\rho_B^* \to \rho_B + \text{local dissipation}.$$

这说明，辐射要求三项条件同时成立：有可释放能量；有相位可解锁通道；有可传播自由态模式。若其中任一条件不成立，能量释放可能不表现为光子辐射。

第八，辐射与电磁弱禁闭的可解锁性直接相关。第9章已经说明，电磁弱禁闭是稳定但可释放的局域束缚结构。辐射正是这种可释放性的典型表现：局域光子壳层或束缚态结构在某些条件下释放自由态光子。若电磁束缚是强禁闭式不可释放结构，普通辐射过程就难以成立。反过来，辐射的存在说明电磁束缚必须是弱禁闭，而不是强禁闭。

第九，辐射也连接 Maxwell 与 QED 两个有效层级。在 Maxwell 层面，辐射表现为加速电荷产生电磁波、天线发射、经典偶极辐射等宏观场现象。在 QED 层面，辐射表现为光子发射、自发辐射、受激辐射和辐射修正。在 EQT 机制层，这些过程都可以理解为：

$$\text{束缚态或局域结构} \to \text{自由态电磁能量子}.$$

不同理论语言对应不同读出尺度。Maxwell 处理高占有数和宏观平均；QED 处理单光子和量子跃迁；EQT 提供状态转换机制。

第十，辐射机制具有失败条件。若无法区分束缚态与自由态，辐射就无法定义。若释放出的光子能量不能满足 $E = h\nu$，A2 接口失败。若辐射率不受频率匹配、相位解锁、边界条件和可传播模式约束，而被任意设定，则违反 M。若自发辐射、受激辐射和非辐射衰减无法在同一三态转换框架中区分，则本章过程动力学不完整。

与强弱力卷相比，辐射是电磁频段束缚态向低耗散自由态的释放；强力局域束缚和弱力衰变不作为本节解释模板。

本节得到的定义和推论是：辐射过程是束缚态到自由态的转换：

$$\rho_B \to \rho_F.$$

更具体地说，辐射是局域束缚态在相位解锁、能量释放和边界重排条件下释放自由态光子：

$$\rho_B^* \to \rho_B + \gamma_\nu, \qquad E_\gamma = h\nu.$$

自发辐射可理解为涨落触发的解锁；受激辐射可理解为已有自由态模式对释放通道的相位—频率引导；非辐射衰减则是能量释放未进入自由态传播模式的局域耗散过程。

本节尚未解决的问题是：辐射说明束缚态如何释放为自由态，但电磁过程还包括更强的结构破裂，即电离。下一节必须解释电离如何对应束缚态边界和局域光子壳层的破裂，以及为什么电离不是简单粒子脱离，而是相位—密度结构的解锁与重组。

11.4 电离过程：束缚态破裂

本节的问题是：电离在 EQT 电磁卷中应当如何解释？上一节已经说明，辐射是束缚态在相位解锁和能量释放条件下转化为自由态光子的过程：

$$\rho_B^* \to \rho_B + \gamma_\nu.$$

但是，电离比普通辐射更强。辐射可以只涉及束缚态内部能量释放，而电离则意味着局域束缚结构本身被破坏，原本稳定的相位—密度边界、局域光子壳层或电荷—物质接口发生解锁。因此，电离不能简单理解为“一个电子被打出去”，而应被解释为外部能量输入使局域束缚态破裂，并导致电荷结构、光子壳层和凝聚态接口重新分配。

本节依赖 A1、A2、A3、A4 与元规范 M。A1 要求电离不能作为粒子脱离事件直接公设化，而必须从 $\rho_f^{(EM)}$ 的束缚态破裂中解释。A2 要求电离阈值与输入频率和能量关系相容，尤其是外部自由态光子或强场输入必须满足谱量原则。A3 要求电离过程与 EQT 主方程中的源项、扩散项、耗散项、非线性项、边界稳定性和涨落项相容。A4 要求电离概率受频率匹配、共振增强和洛伦兹共振核约束。M 要求电离不能被任意解释为“有能量输入就破裂”，而必须说明阈值、相位、边界和失败条件。

本节要推出的结论是：电离是外部能量输入使局域束缚态破裂的过程。其基本图式为：

$$\rho_B + \text{外部输入} \to \text{解锁结构} + \rho_F + \text{准自由电荷结构}.$$

这里，ρ_B 表示束缚态电磁能量子结构，外部输入可以是自由态光子、强电场、碰撞、热激发或高频扰动；解锁结构表示原有相位—密度边界和局域光子壳层失去稳定性；ρ_F 表示释放出的自由态电磁能量子；准自由电荷结构则表示原本被局域接口约束的带电结构进入更高自由度状态。

首先，电离的起点是束缚态。原子、分子、离子、介质或带电粒子附近的稳定结构，都可以包含束缚态电磁能量子分布：

$$\rho_f^{shell}(r) \subset \rho_{f,\text{bound}}^{(EM)}.$$

这个壳层维持局域屏蔽、近场响应和电荷—凝聚态接口的稳定。只要壳层与相位边界保持稳定，局域结构就不会解离。电离发生时，外部输入破坏这种稳定，使束缚态不能继续维持原有边界。

其次，电离需要超过某种阈值。若外部输入能量不足，它可能只引起弹性散射、相位扰动、弱极化或短暂激发；若输入满足或超过局域束缚能，则可能破坏束缚态。对单光子电离而言，基本能量条件可以写作：

$$h\nu \geq E_{\text{ion}},$$

其中 E_{ion} 是局域束缚结构的有效电离阈值。在 EQT 语言中，这个阈值不是单纯粒子势阱深度，而是维持 ρ_B、$\rho_f^{shell}(r)$、相位锁定和边界稳定所需的总结构能。

第三，电离不仅是能量条件，还需要频率和相位条件。A4 要求外部自由态频率 ν_F 与局域束缚模式 ν_B 的耦合受共振核约束：

$$A(\nu_B, \nu_F) = \frac{A_0}{(\nu_B - \nu_F)^2 + \gamma^2}.$$

当输入频率接近束缚态可激发或可破裂模式时，电离概率增强；当频率失配时，即使有一定能量输入，也可能主要表现为非电离散射或热化。若输入是强场而非单光子，则频率匹配可表现为多光子吸收、隧穿电离或非线性解锁通道。无论哪种情况，电离都不是任意能量注入，而是外部模式与局域束缚结构之间的受限耦合。

第四，电离是相位—密度边界的破裂。束缚态之所以稳定，是因为局域电磁能量子在电荷结构或凝聚态接口附近形成频率—相位锁定。电离发生时，这种锁定被破坏：

$$\theta_B \to \theta_B + \Delta\theta_{\text{break}},$$

$$V_{\text{int}} \to V'_{\text{int}} \quad \text{or} \quad \partial V_{\text{int}} \text{ 失稳}.$$

这意味着电离不仅改变能量状态，也改变局域积分空间、相位边界和光子壳层结构。电荷结构从原有凝聚态接口中脱离或部分脱离，形成准自由状态。

第五，电离导致局域光子壳层重排或破裂。电离前，带电结构周围存在某种屏蔽层或光子壳层：

$$\rho_f^{shell}(r).$$

外部输入破坏束缚态后，该壳层不再保持原形态。它可能部分释放为自由态光子，部分转化为热化或介质耗散，部分重新组织为新的壳层。可以写作：

$$\rho_f^{shell}(r) + \text{external input} \to \rho_F + \rho'_B + \text{dissipative channels}.$$

这里，ρ'_B 表示电离后新的局域束缚态分布。电离因此不是简单“去掉一个电子”，而是整个局域电磁结构的重排。

第六，电离可以分为不同通道。单光子电离对应一个自由态光子输入使束缚态破裂：

$$\gamma_\nu + \rho_B \to \text{ionized structure}.$$

多光子电离对应多个自由态激发共同提供能量：

$$n\gamma_\nu + \rho_B \to \text{ionized structure}.$$

强场电离则对应外部场直接改变局域势垒、相位边界和屏蔽结构：

$$\mathbf{E}_{\text{strong}} + \rho_B \to \text{boundary breakdown}.$$

碰撞电离则对应外部粒子或带电结构通过局域能量和动量转移破坏束缚态。不同电离通道的共同机制是：束缚态稳定条件被破坏。

第七，电离与辐射不同。辐射可以是束缚态从高能状态回到低能状态，同时释放自由态光子，但局域束缚结构仍然保留。电离则要求束缚边界本身破裂，使原本被约束的电荷或局域结构进入准自由状态。可以对比为：

$$\text{辐射：} \rho_B^* \to \rho_B + \gamma_\nu;$$

$$\text{电离：} \rho_B^* \to \text{broken } \rho_B + \text{quasi-free structure}.$$

因此，电离是更强的解锁过程。

第八，电离也不同于完全湮灭。电离不意味着电磁能量子结构消失，而是原有束缚结构被重排。电离后的系统仍包含 $\rho_f^{(EM)}$，只是其状态分布从束缚态为主转向准自由态、自由态和新的局域束缚态组合。用三态语言说，电离是：

$$\rho_B \to \rho_F + \rho_B' + \text{quasi-free charged structure.}$$

这使电离能够与后续复合过程衔接。复合就是某些准自由结构在频率、相位和边界条件重新满足时，再次形成束缚态。

第九，电离具有明确失败条件。若不能定义束缚态，电离就无法被定义为束缚态破裂。若电离阈值不能与局域结构能、相位边界和频率条件联系起来，电离解释不完整。若电离概率不受 A4 共振核、外部输入强度和边界稳定性约束，而可以任意设定，则违反 M。若电离不能区分辐射、散射、热化和真正束缚破裂，则过程动力学失败。

与强弱力卷相比，电离是电磁弱禁闭结构的相位—密度解锁，不是强禁闭破坏，也不是弱力衰变。

本节得到的定义和推论是：电离过程是外部能量输入使局域束缚态破裂的过程。其基本形式为：

$$\rho_B + \text{external input} \to$$
$$\text{broken bound structure} + \rho_F + \text{quasi-free charged structure.}$$

电离要求能量阈值、频率耦合、相位解锁和边界失稳共同满足。它不是简单粒子脱离，而是局域相位—密度结构、光子壳层和凝聚态接口的解锁与重组。

本节尚未解决的问题是：电离解释了束缚态如何破裂，但电磁过程还必须解释相反方向：已经解锁或准自由的结构如何重新形成束缚态。下一节必须讨论复合过程，说明自由态或准自由结构如何在频率匹配、相位锁定和边界稳定条件下重建束缚态，并通常伴随辐射或非辐射能量释放。

11.5 复合过程：束缚态重建

本节的问题是：复合过程在 EQT 电磁卷中应当如何解释？上一节已经说明，电离是外部能量输入使局域束缚态破裂的过程：

$$\rho_B + \text{external input} \rightarrow \text{broken bound structure} + \rho_F + \text{quasi-free charged structure}.$$

复合则是相反方向的过程：已经解锁的准自由带电结构，在合适的频率、相位、边界和能量释放条件下，重新形成局域束缚态。传统语言中，复合常被描述为自由电子与离子结合，并释放光子或通过非辐射通道释放能量。本卷需要进一步说明：复合不是简单的粒子“重新靠在一起”，而是电荷结构、局域光子壳层和凝聚态接口之间重新建立相位—

密度边界的过程。

本节依赖 A1、A2、A3、A4 与元规范 M。A1 要求复合不能被解释为独立粒子之间的机械结合，而必须从 $\rho_f^{(EM)}$ 的状态转换中说明。A2 要求复合释放的能量满足谱量原则；若以光子形式释放，则有

$$\Delta E = h\nu.$$

A3 要求复合过程与主方程中的源项、耗散项、扩散项、非线性自持项、边界稳定和涨落项相容。A4 要求复合通道受频率匹配和洛伦兹共振核约束。M 要求复合机制必须保留可失败条件：不是任何准自由电子和离子相遇都会稳定复合，只有在能量、相位、频率和边界条件共同满足时，束缚态才能重建。

本节要推出的结论是：复合是准自由带电结构与局域接口重新形成束缚态的过程。其基本图式为：

$$\text{quasi-free charged structure} + \rho_C \to \rho_B + \text{energy release}.$$

若能量以自由态光子形式释放，则可写为：

$$e^-\text{free} + \text{Ion}^+ \to \rho_B + \gamma_\nu, \qquad h\nu = \Delta E.$$

在 EQT 语言中，这表示电子—离子系统重新建立局域相位—密度边界，形成新的束缚态，同时释放多余能量以满足能

量守恒和边界稳定条件。

首先，复合的起点不是完全无结构的“自由粒子”，而是准自由带电结构。电离之后，原有束缚态破裂，电子或其他带电结构进入更高自由度状态；但它仍然是一个相位—密度结构，其电荷仍由

$$q = e_0 n$$

给出。所谓“自由电子”，在本卷中应理解为相对于原局域接口不再处于束缚态的带电相位—密度结构，而不是脱离 $\rho_f^{(EM)}$ 的点粒子。复合发生时，这一准自由结构与离子、原子核、分子、晶格或其他凝聚态接口重新耦合。

其次，复合的目标是束缚态重建。束缚态不是简单空间接近，而是局域频率—相位锁定和边界稳定的恢复。可以写作：

$$\rho_F^{\text{charged}} + \rho_C \to \rho_B.$$

其中，ρ_F^{charged} 表示准自由带电结构，ρ_C 表示凝聚态接口或离子核心，ρ_B 表示复合后形成的局域束缚态。这个过程包括三项重建：第一，电荷结构重新进入有效积分空间；第二，相位边界重新闭合；第三，局域光子壳层重新形成。也就是说，复合不仅是电子被离子“抓住”，而是局域电磁弱禁闭结构重新建立。

第三，复合需要释放能量。准自由结构进入束缚态后，系统能量降低。为了形成稳定束缚态，多余能量必须通过某种通道释放。最典型的是辐射复合：

$$e^{-}\text{free} + \text{Ion}^{+} \to \text{Atom}^{*} \to \text{Atom} + \gamma_{\nu}.$$

在 EQT 语言中，这可以写成：

$$\rho_F^{\text{charged}} + \rho_C \to \rho_B^{*} \to \rho_B + \gamma_{\nu}.$$

其中，ρ_B^{*} 表示激发束缚态，ρ_B 表示较稳定束缚态。释放出的自由态光子满足：

$$E_{\gamma} = h\nu = \Delta E,$$

其中 ΔE 是复合前后有效结构能的差值。若多余能量不能被释放，复合后的束缚态就难以稳定维持。

第四，复合不一定全部通过辐射通道完成。某些情况下，多余能量可以进入非辐射通道，例如碰撞复合、三体复合、声子激发、介质热化或其他局域耗散模式。可写为：

$$\rho_F^{\text{charged}} + \rho_C \to \rho_B + \text{local dissipation}.$$

因此，复合的核心不是“必然发光”，而是“束缚态重建必须释放或重新分配多余能量”。辐射释放只是其中一个重要通道。若释放通道被抑制，复合概率会降低，或系统会停留在激发束缚态、亚稳态或继续散射状态。

第五，复合需要频率匹配。按照 A4，准自由结构、局域接口和可用束缚模式之间的耦合受共振核约束：

$$A(\nu_B,\nu_F)=\frac{A_0}{(\nu_B-\nu_F)^2+\gamma^2}.$$

当准自由结构的动能、相位状态和局域接口模式能够匹配某一束缚态频率 ν_B 时，复合增强；若频率失配，系统更可能发生弹性散射、非弹性散射或短暂俘获后再释放。由此，复合截面、复合谱线和复合辐射具有频率选择性，而不是任意发生。

第六，复合需要相位锁定。束缚态重建不是只满足能量条件，还必须恢复局域相位组织。可以写成：

$$\theta_{\text{free}}+\theta_C\to\theta_B.$$

其中，θ_{free} 是准自由带电结构的相位状态，θ_C 是局域接口的相位边界，θ_B 是复合后束缚态的相位结构。若相位不能锁定，系统可能短暂接近但不能形成稳定束缚态，最终表现为散射或临时俘获。相位锁定使复合从“空间接近”变成“结构重建”。

第七，复合伴随局域光子壳层重建。电离破坏了原有 $\rho_f^{shell}(r)$；复合则重新形成新的壳层：

$$\text{broken shell}+\text{quasi-free charged structure}\to\rho_f^{shell,\prime}(r).$$

这个新壳层可能不同于电离前壳层，因为复合后的能级、相位结构、屏蔽环境和局域边界可能发生变化。原子复合后，外部可读出的电场、屏蔽长度和吸收/辐射谱都会相应改变。因此，复合不是粒子位置恢复，而是局域电磁弱禁闭结构的重新组织。

第八，电子—离子复合可以作为典型例子。离子提供正电荷结构和凝聚态接口，电子提供准自由负电荷结构。当二者在适当能量范围内接近时，异号电荷的密度梯度响应促使系统形成束缚候选态；若相位匹配和边界稳定成立，则电子被局域结构俘获；若多余能量通过光子或其他通道释放，则稳定束缚态形成。整个过程可以概括为：

$$e^{-}\text{free} + \text{Ion}^{+} + \text{phase/frequency matching} \to \text{Atom}^{*} \to \text{Atom} + \gamma_{\nu}.$$

在 EQT 中，Atom^{*} 对应激发束缚态，γ_{ν} 对应释放出的自由态电磁能量子，Atom 对应新的凝聚态—束缚态接口稳定结构。

第九，复合与能量守恒密切相关。复合前，系统包含准自由带电结构的动能、离子或局域接口能、以及周围 $\rho_f^{(EM)}$ 的响应能。复合后，系统进入较低能束缚态，多余能量必须表现为：

$$\Delta E = E_{\text{free}} + E_{\text{interface}} - E_{\text{bound}}.$$

若以单光子释放：

$$\Delta E = h\nu.$$

若以多通道释放，则有：

$$\Delta E = \sum_i h\nu_i + E_{\text{nonrad}} + E_{\text{local}}.$$

这里，E_{nonrad} 表示非辐射耗散，E_{local} 表示局域结构重排能。这样，复合过程既保留 A2 的谱量原则，又允许实际过程中的多通道能量分配。

第十，复合具有明确失败条件。若多余能量无法释放，复合不能稳定完成。若频率失配，复合概率下降。若相位不能锁定，束缚态不能重建。若边界不稳定，电子或准自由结构可能重新逃逸。若复合机制不能区分辐射复合、非辐射复合、三体复合和简单散射，则过程动力学不完整。若复合率可以任意设定，而不受频率、相位、能量和边界条件约束，则违反 M。

与强弱力卷相比，复合是电磁弱禁闭结构的重建，依赖双极电荷、能量释放、频率匹配和相位锁定。

本节得到的定义和推论是：复合过程是准自由带电结构与局域接口重新形成束缚态的过程。其基本形式为：

$$\rho_F^{\text{charged}} + \rho_C \to \rho_B + \text{energy release}.$$

对电子—离子复合而言：

$$e^{-}\text{free} + \text{Ion}^{+} \to \text{Atom} + \gamma_{\nu}$$

是辐射复合的典型形式，但复合也可以通过非辐射通道释放能量。复合的本质是相位—密度边界、局域光子壳层和凝聚态接口的重建；其稳定完成要求能量释放、频率匹配、相位锁定和边界稳定共同成立。

本节尚未解决的问题是：吸收、辐射、电离和复合已经分别得到三态解释，但它们仍需被放入同一组守恒约束之下。下一节必须说明，能量守恒、相位守恒和电荷守恒如何共同限制三态转换，避免过程动力学退化为任意状态切换。

11.6 能量守恒、相位守恒与电荷守恒的统一

本节的问题是：吸收、辐射、电离和复合虽然表现为不同过程，但它们是否受同一组守恒结构约束？前几节已经说明，自由态、束缚态和凝聚态之间可以相互转换：

$$\rho_F \leftrightarrow \rho_B \leftrightarrow \rho_C.$$

吸收是自由态进入束缚态，辐射是束缚态释放为自由态，电离是束缚态边界破裂，复合是束缚态重建。但是，如果这些过程只是状态之间的任意转换，本章仍然是不完整的。必

须进一步说明：这些转换为什么不会破坏能量、电荷和相位结构？换言之，本节需要把能量守恒、相位守恒和电荷守恒统一到 ρ_f 流、相位闭合和积分空间稳定之中。

本节依赖 A1、A2、A3、A4 与元规范 M。A1 要求守恒关系不能脱离 ρ_f 另立本体，而必须从能量子密度场及其流结构中获得解释。A2 要求能量守恒必须服从谱量原则，即每一频率模式的能量读出满足 $E = h\nu$。A3 要求局域过程中的守恒关系必须与 EQT 主方程中的密度流、源项、耗散项、涨落项和边界通量相容。A4 要求状态转换中的能量转移和相位耦合受频率匹配约束。M 要求守恒不能只是口头声明，而必须转化为过程可失败的约束条件。

本节要推出的结论是：能量守恒、相位守恒和电荷守恒不是三条彼此无关的外加规则，而是 ρ_f 流、相位闭合和积分空间稳定在不同层级上的表现。能量守恒对应能量子密度和流量在过程中的收支平衡；相位守恒对应允许态转换必须保持相位闭合、相位绕数或相位连续性；电荷守恒对应 V_{int} 中稳定相位—密度偏差的积分结构在转换过程中不能任意消失或产生。

首先，能量守恒来自 ρ_f 的流与源耗平衡。按照 A1 和 A2，电磁过程中的能量不是独立实体，而是频率化能量子密度场的读出。若某一频率模式的自由态光子被吸收，其能量为：

$$E_\gamma = h\nu.$$

吸收过程并不是这部分能量消失，而是自由态密度 ρ_F 减少、束缚态密度 ρ_B 增加，或凝聚态接口 ρ_C 的内部结构发生重排。最低阶可以写为：

$$\Delta E_F + \Delta E_B + \Delta E_C + E_{\text{diss}} = 0.$$

其中，E_{diss} 表示进入非辐射耗散、热化、介质激发或其他局域通道的能量。若过程为理想无耗散转换，则有：

$$\Delta E_F + \Delta E_B + \Delta E_C = 0.$$

因此，能量守恒不是要求某一状态自身不变，而是要求三态之间的能量转移、外部输入和耗散通道共同闭合。

在辐射中，束缚态能量降低，自由态能量增加：

$$\rho_B^* \to \rho_B + \gamma_\nu, \qquad h\nu = \Delta E.$$

在电离中，外部输入能量被用于破坏束缚态边界，并产生准自由带电结构：

$$E_{\text{input}} = E_{\text{ion}} + E_{\text{kin}} + E_{\text{rearrange}} + E_{\text{diss}}.$$

在复合中，准自由结构进入束缚态，多余能量必须释放：

$$E_{\text{free}} + E_{\text{interface}} - E_{\text{bound}} = E_{\text{rad}} + E_{\text{nonrad}}.$$

这些式子说明，三态转换中的能量守恒由 ρ_f 的状态分布和流量收支保证，而不是由外部附加规则保证。

其次，相位守恒来自相位闭合和相位连续性。前文已经定义相位场：

$$\Psi_f = \sqrt{\rho_f} e^{i\theta_f},$$

并用相位绕数给出电荷量子化的拓扑基础：

$$\oint_{\partial V} \nabla\theta_f \cdot d\mathbf{l} = 2\pi n.$$

这意味着，电磁过程不能任意改变相位结构。吸收要求自由态相位与局域束缚态相位相容；辐射要求束缚态相位解锁后能够形成可传播自由态相位；电离要求相位边界被破坏；复合则要求新的相位闭合重新建立。换言之，过程是否发生，不仅取决于能量是否足够，也取决于相位结构是否允许转换。

例如，吸收可以写成：

$$\theta_F + \theta_B \to \theta_B',$$

其中 θ_B' 必须是局域束缚态可以维持的相位结构。若相位不能锁定，即使频率接近，也可能只发生散射而非吸收。辐射可以写成：

$$\theta_B \to \theta_B' + \theta_F,$$

其中 θ_F 必须支持自由态传播。复合则要求：

$$\theta_{\text{free}} + \theta_C \to \theta_B,$$

使新的束缚态相位闭合成立。由此，相位守恒不是说相位数值处处不变，而是说状态转换必须保持相位连续、相位闭合或相位绕数的合法变化。

第三，电荷守恒来自积分空间稳定和相位绕数不任意改变。电荷定义为：

$$q = e_0 \int_{V_{\text{int}}} (\rho_f^{(EM)} - \rho_0) dV = e_0 n.$$

因此，电荷守恒不是外加粒子标签守恒，而是稳定积分空间中相位—密度偏差结构的守恒。只要 V_{int} 的边界稳定，且相位绕数 n 不发生合法拓扑转换，则电荷不能任意连续变化。一个电子在吸收光子后可以进入激发态，但其电荷不因吸收而改变；一个离子在复合后系统总电荷改变的是局域读出分布，而不是总电荷凭空消失。

在一个封闭电磁过程中，总电荷可写为：

$$Q_{\text{tot}} = \sum_i e_0 n_i.$$

若没有外部带电结构进入或离开系统，则：

$$\frac{dQ_{\text{tot}}}{dt} = 0.$$

在连续场极限下，这对应经典电荷连续性方程：

$$\frac{\partial \rho_q}{\partial t} + \nabla \cdot \mathbf{J}_q = 0$$

在 EQT 语言中，ρ_q 是许多局域相位—密度偏差结构的宏观平均，$\mathbf{J}_q$ 是这些结构的输运。电荷守恒因此来自局域积分结构的稳定与边界通量闭合，而不是从 Maxwell 理论中事后导入。

第四，三类守恒在过程动力学中必须同时满足。一个过程即使满足能量条件，也可能因相位不匹配而不能发生；即使相位条件合适，也不能违反电荷守恒；即使电荷守恒成立，也需要能量释放或吸收通道使最终态稳定。例如，复合过程必须同时满足：

$$\Delta E = E_{\text{rad}} + E_{\text{nonrad}},$$

$$\theta_{\text{free}} + \theta_C \to \theta_B,$$

$$Q_{\text{initial}} = Q_{\text{final}}.$$

若其中任一条件失败，复合就可能不发生，或只形成临时俘获、散射态、亚稳态或非辐射重排。类似地，电离要求：

$$E_{\text{input}} \geq E_{\text{ion}},$$

同时要求相位边界破裂条件成立，并且总电荷在系统边界内守恒。电离后电子和离子分离，但系统总电荷并未消失。

第五，守恒关系也约束三态转换方程。若忽略外部源和耗散，三态方程应满足总量闭合：

$$\frac{\partial}{\partial t}(\rho_F+\rho_B+\rho_C)+\nabla\cdot(\mathbf{J}_F+\mathbf{J}_B+\mathbf{J}_C)=0$$

若存在源项、耗散项和涨落项，则应写为：

$$\frac{\partial\rho_f^{(EM)}}{\partial t}+\nabla\cdot\mathbf{J}_f^{(EM)}=S_f-\Gamma(f)\rho_f^{(EM)}+\mathcal{N}(f)+\text{nonlinear terms.}$$

这说明，吸收、辐射、电离和复合不是主方程之外的过程，而是主方程在三态分解下的局域实现。能量守恒要求状态转换的收支闭合；相位守恒要求转换路径合法；电荷守恒要求积分空间与相位绕数不被任意破坏。

第六，A4 在三类守恒之间起连接作用。洛伦兹共振核：

$$A(\nu_B,\nu_F)=\frac{A_0}{(\nu_B-\nu_F)^2+\gamma^2}$$

不仅决定转换概率，也限制能量和相位能否有效耦合。频率匹配意味着能量差可以由某一自由态或束缚态模式承载；相位匹配意味着该模式可以进入或离开局域结构；边界匹配意味着电荷积分空间不会被非法破坏。因此，A4 不是附属耦合规则，而是三态过程满足能量—相位—结构约束的核心机制。

第七，本节也给出失败条件。若能量守恒不能通过 ρ_f 的状态流和源耗项表达，则过程动力学失败。若相位闭合和相位绕数不能约束吸收、辐射、电离和复合，则相位拓扑章节与过程章节脱节。若电荷守恒不能从 V_{int} 的稳定积分和相位绕数中推出，而必须重新作为公设加入，则本卷推导顺序失败。若三类守恒彼此独立、无法在同一 ρ_f 框架内统一，则本章不能完成其机制任务。

与强弱力卷相比，本节只处理电磁三态动力学中的守恒统一：自由态光子、束缚态壳层、相位绕数、电荷积分空间和可屏蔽结构之间的约束。

本节得到的定义和推论是：能量守恒、相位守恒与电荷守恒可以统一到三个结构中。第一，能量守恒来自 ρ_f 的状态流、源耗平衡和 $E = h\nu$ 的谱量读出。第二，相位守恒来自 θ_f 的相位连续、相位闭合和相位绕数约束。第三，电荷守恒来自 V_{int} 中 $\rho_f^{(EM)} - \rho_0$ 的稳定积分结构和 $q = e_0 n$ 的拓扑量子化。三者共同约束吸收、辐射、电离和复合，使三态转换不是任意过程，而是受能量、相位和电荷结构共同限制的动力学过程。

本节尚未解决的问题是：守恒结构已经统一，本章的过程动力学也可以收束。下一节作为本章小结，将概括吸收、辐射、电离和复合如何分别对应自由态、束缚态和凝聚态之间的状态转换，并说明这些过程的共同失败条件。

11.7 本章小结

本章的任务，是把前文已经建立的电磁对象转化为过程动力学。前几章已经说明：电荷来自 $\rho_f^{(EM)} - \rho_0$ 的积分结构；电荷量子化来自相位拓扑；光子是自由态量子激发；局域光子层是束缚态结构；电磁弱禁闭解释局域屏蔽、壳层和近场响应。但是，如果没有过程动力学，这些结构仍然只是静态分类。本章的目的，就是说明吸收、辐射、电离、复合等电磁过程不是彼此孤立的现象列表，而是自由态、束缚态和凝聚态之间的状态转换，并且受能量守恒、相位守恒和电荷守恒共同约束。

本章的核心结论是：电磁过程是三态转换和局域守恒的动力学表现。其基本图式为：

可以用一个简洁对应关系概括本章：吸收对应自由态进入束缚态，其失败条件是频率、相位或边界条件不满足；辐射对应束缚态释放为自由态，其失败条件是释放通道、相位解锁或低耗散传播不成立；电离对应束缚态边界破裂，其失败条件是输入能量、共振耦合或边界失稳不足；复合对应束缚态重建，其失败条件是多余能量无法释放、相位不能锁定或局域接口不稳定。

$$\rho_F \leftrightarrow \rho_B \leftrightarrow \rho_C.$$

其中，ρ_F 表示自由态电磁能量子密度，对应自由态光子和高占有数电磁波；ρ_B 表示束缚态电磁能量子密度，对应局域光子壳层、屏蔽结构、近场响应和弱禁闭结构；ρ_C 表示凝聚态接口或质量子相关的局域稳定边界，对应原子、分子、介质、晶格、离子核心等过程发生位置。三者不是三种独立实体，而是同一电磁频段能量子密度场在不同条件下的状态分化：

$$\rho_f^{(EM)} = \rho_F + \rho_B + \rho_C$$

在给定尺度和状态划分下作为有效分解成立。

首先，吸收过程被解释为自由态向束缚态的转换：

$$\rho_F \to \rho_B.$$

光子吸收不是一个基础光子实体的消失，而是自由态电磁能量子在频率匹配、相位相容和边界稳定条件下进入局域束缚结构。其转换率受 A4 的洛伦兹共振核约束：

$$\Gamma_{F \to B} \propto \frac{A_0}{(\nu_B - \nu_F)^2 + \gamma^2}.$$

若频率失配、相位不能锁定，或局域接口不稳定，吸收就不能形成稳定束缚态，而可能表现为透射、反射、散射或短暂相位延迟。

第二，辐射过程被解释为束缚态向自由态的转换：

$$\rho_B \to \rho_F.$$

辐射不是光子从物质中凭空产生，而是局域束缚态在相位解锁、能量释放和边界重排条件下释放自由态光子：

$$\rho_B^* \to \rho_B + \gamma_\nu, \qquad E_\gamma = h\nu.$$

自发辐射可以理解为涨落项触发的解锁；受激辐射可以理解为已有自由态模式对释放通道的相位—频率引导；非辐射衰减则是能量释放未能进入低耗散自由态传播通道的局域耗散过程。

第三，电离过程被解释为束缚态边界破裂：

$$\rho_B + \text{external input} \to$$
$$\text{broken bound structure} + \rho_F + \text{quasi-free charged structure}.$$

电离不是简单粒子脱离，而是外部能量输入破坏局域相位—密度边界、光子壳层和凝聚态接口稳定性。单光子电离、多光子电离、强场电离和碰撞电离都可被理解为不同输入通道造成的束缚态解锁。电离要求能量阈值、频率耦合、相位解锁和边界失稳共同成立。

第四，复合过程被解释为束缚态重建：

$$\rho_F^{\text{charged}} + \rho_C \to \rho_B + \text{energy release}.$$

复合不是自由粒子的机械结合，而是准自由带电结构与局域接口重新建立相位—密度边界、局域光子壳层和束缚态稳定性的过程。若能量以自由态光子释放，则有：

$$e^{-}\text{free}+\text{Ion}^{+}\to\text{Atom}+\gamma_{\nu},\qquad E_{\gamma}=h\nu.$$

若能量进入非辐射通道，则复合仍可发生，但必须通过局域耗散、三体碰撞、声子激发或其他通道释放多余能量。若能量无法释放、相位不能锁定或边界不稳定，复合不能稳定完成。

第五，本章统一了能量守恒、相位守恒和电荷守恒。能量守恒来自 ρ_f 的状态流、源耗平衡和 $E=h\nu$ 的谱量读出；相位守恒来自 θ_f 的相位连续、相位闭合和相位绕数约束；电荷守恒来自 V_{int} 中 $\rho_f^{(EM)}-\rho_0$ 的稳定积分结构和 $q=e_0n$ 的拓扑量子化。三者共同保证三态转换不是任意切换，而是受局域结构、能量收支、相位合法性和电荷积分稳定性约束的动力学过程。

本章同时说明，Maxwell、QED 和 EQT 过程动力学之间不是竞争关系。在 Maxwell 层面，吸收、辐射、电离和复合被宏观平均为吸收系数、辐射率、介质响应、边界条件和电流变化；在 QED 层面，它们表现为光子吸收、发射、传播子响应、顶点耦合和跃迁概率；在 EQT 机制层，它们统一为自由态、束缚态和凝聚态之间的状态转换。

本章也明确了失败条件。若自由态、束缚态和凝聚态不能被清楚区分，过程动力学失败。若吸收、辐射、电离和复合不能被统一为三态转换，而必须分别加入互不相干的特设规则，过程动力学失败。若转换率可以任意调节，而不受频率匹配、相位条件、能量守恒、电荷守恒和边界稳定约束，理论违反 M。若过程动力学不能解释吸收谱、发射谱、电离阈值、复合辐射、非辐射通道和强场解锁之间的层级关系，本章也不完整。

本章尚未解决的问题是：电磁过程动力学已经把吸收、辐射、电离和复合纳入三态转换框架，但这些机制还需要进一步进入可证伪层面。下一章必须讨论电磁卷的可检验预言、失败条件和与标准理论的比较，说明哪些实验或观测结果会支持本卷的机制解释，哪些结果会迫使本卷收缩或失败。

第六部分

非线性修正、实验接口与可证伪性

第十二章　非线性修正、实验接口与可证伪条件

12.1　本卷与标准理论完全重合的区域

本节的问题是：在哪些区域内，本卷不应声称给出新的可观测偏离，而应与标准 Maxwell 理论、常规电磁学、量子光学和 QED 的有效结果保持重合？这是第六篇进入可证伪性之前必须首先澄清的问题。一个严肃理论不能在任何情况下都声称自己“更深层”，却又不说明何时与既有理论完全一致、何时可能出现偏离。如果本卷在标准理论已经高度验证的区域内给出任意偏离，那么它将直接与成熟实验事实冲突。因此，本节的任务不是寻找新效应，而是划定“不得偏离”的标准区间。

本节依赖 A1、A2、A3、A4 与元规范 M。A1 要求即使在标准理论重合区，基础对象仍是 $\rho_f^{(EM)}$，但其有效读出必须压缩为标准变量。A2 要求光子能量、频率、谱线和跃

迁仍满足 $E = h\nu$。A3 要求在弱场、低噪声和线性条件下，EQT 主方程必须退化为标准电磁有效方程。A4 要求常规吸收、辐射、散射和跃迁中的频率匹配必须与已知共振规律相容。M 要求本卷明确承认：在已验证区域内，如果不能回收标准理论，本卷失败；不能用新增假设保护偏离。

本节要推出的结论是：在弱场、低频宏观、高占有数、线性响应、常规原子尺度和常规 QED 精度范围内，本卷必须与标准理论完全重合，或至少在现有实验精度内不可区分。也就是说，本卷在这些区域的任务不是提出新数值，而是提供生成性解释。

首先，在弱场区域，本卷必须回收经典电磁学。弱场意味着 $\rho_f^{(EM)}$ 的密度梯度、相位扰动和能量子流旋度都处在线性近似范围内，强场非线性、屏蔽破裂和局域壳层解锁不显著。此时，电场与磁场可被稳定压缩为：

$$\mathbf{E} = -\kappa_E(f)\nabla\rho_f^{(EM)},$$

$$\mathbf{B} \leftrightarrow \nabla \times \mathbf{J}_f^{(EM)} \quad \text{及相位滞后.}$$

在宏观有效表象中，它们必须满足 Maxwell 方程组。若在普通弱场实验中，本卷预言出与 Maxwell 理论不同的电场、磁场、库仑力或电磁波传播结果，那么本卷失败。

第二，在低频宏观区域，本卷必须回收普通电路、电磁波和介质电磁学。所谓低频宏观，是指实验尺度远大于单光子、局域光子壳层、相位拓扑边界和量子涨落尺度，且场变化足够缓慢，可以被连续变量描述。在这些条件下，$\rho_f^{(EM)}$ 的底层结构应被宏观平均为：

$$\mathbf{E}, \quad \mathbf{B}, \quad \rho_q, \quad \mathbf{J}_q.$$

电阻、电容、电感、导体屏蔽、介电响应、低频电磁波和普通边界条件，应当由 Maxwell 理论和常规材料响应描述。本卷不能在这一层级任意引入新修正。

第三，在高占有数区域，本卷必须回收经典波动图像。单光子是自由态 $\rho_f^{(EM)}$ 的低占有数读出；高占有数自由态的相干平均则表现为经典电磁波：

$$\text{高占有数自由态平均} \Rightarrow \text{Maxwell 电磁波}.$$

因此，在激光经典场、无线电波、普通光学传播、宏观干涉、衍射和偏振实验中，只要量子涨落不主导观测，本卷必须给出与经典波动光学一致的结果。若本卷在高占有数极限中仍保留不可平均的离散修正，并导致与经典光学冲突，则说明自由态—连续场过渡失败。

第四，在线性响应区域，本卷必须回收标准介质响应和线性光学。线性响应意味着外部扰动足够小，介质或局域束缚结构的响应可以写成与输入场成正比。此时，吸收、折射、反射、透射、极化和色散应当由标准线性响应理论描述。EQT 中的三态转换率、屏蔽长度和壳层响应必须在这一极限下压缩为常规吸收系数、介电常数、磁导率和折射率。只有在强场、共振非线性、屏蔽破裂或高频短时标条件下，才允许出现超出标准线性响应的候选偏离。

第五，在常规原子尺度，本卷必须与成熟原子物理和量子力学结果相容。原子能级、选择规则、吸收谱、发射谱、电离阈值、复合辐射和有效核电荷，在普通精度范围内已经被高度验证。本卷可以把这些现象解释为：

$$\rho_F \leftrightarrow \rho_B \leftrightarrow \rho_C$$

之间的三态转换，也可以把原子尺度屏蔽解释为局域 $\rho_f^{shell}(r)$ 的响应结构；但不能随意改变已知谱线、跃迁能级或电离阈值。除非进入明确的强场、极端精密测量或特殊边界条件，本卷不得预言普通原子物理中的显著偏离。

第六，在常规 QED 精度范围，本卷必须保留 QED 的有效结果。QED 在电子反常磁矩、Lamb 位移、精细结构、散射截面、真空极化和辐射修正等方面具有极高精度。本卷可以将真实光子解释为自由态激发，将虚光子解释为涨落—响应表象，将传播子解释为线性响应核，将有效电荷解释为尺度依赖的 $\rho_f^{(EM)}$ 重排；但在 QED 已验证的普通区域，本卷不能给出未经约束的不同数值。若本卷不能在这些区域回收 QED 有效结果，本卷失败。

这些重合区域可以概括为：

$$\text{弱场} + \text{低频宏观} + \text{高占有数} + \text{线性响应} + \\ \text{常规原子尺度} + \text{常规 QED 精度} \Rightarrow \text{标准理论重合区}.$$

在这一区域内，本卷的贡献是解释顺序的重排，而不是经验结果的替换。标准理论给出有效计算；EQT 给出候选机制基础。二者关系应表述为：

$$\text{标准理论} = \text{有效计算与实验成功结构};$$

$$\text{EQT 电磁卷} = \text{这些结构的生成性机制解释}.$$

本节与弱力—强力主线的关系在于：每一卷都必须承认标准理论的成功区域。强力—弱力卷不能在已验证粒子物理区间随意破坏标准模型结果；引力卷不能在牛顿极限和 GR 弱场检验中任意偏离；电磁卷同样不能在 Maxwell、常规原子物理和 QED 精密验证区间随意偏离。统一公设体系的意义，不是推翻所有标准理论，而是解释它们在各自有效区间内为何成立。

本节得到的定义和推论是：本卷与标准理论完全重合的区域包括弱场、低频宏观、高占有数、线性响应、常规原子尺度和常规 QED 精度范围。在这些区域内，EQT 电磁卷必须回收 Maxwell、常规光学、原子物理、量子光学和 QED 的有效结果。若不能回收，本卷失败；若通过新增公设强行避免失败，也违反元规范 M。

本节尚未解决的问题是：标准理论重合区已经划定，但理论真正的可证伪性来自可能偏离区。下一节必须说明，本卷在哪些极端或精密条件下可能与标准理论产生可观测差异，例如强场非线性、相位绕数效应、屏蔽长度异常、局域光子壳层响应、真空极化修正和高精度 QED 偏离窗口。

12.2 EQT 可能偏离 Maxwell/QED 的区域

本节的问题是：如果本卷在弱场、低频宏观、高占有数、线性响应、常规原子尺度和常规 QED 精度范围内必须与标准理论重合，那么它在哪些区域可能产生可检验的偏离？这一问题是可证伪性的核心。若本卷永远只说“在已验证区域与标准理论一致”，却不能指出潜在偏离窗口，那么它只是解释性叙述，而不是可检验理论。反过来，若本卷在任意区域都轻率宣称偏离 Maxwell 或 QED，也会破坏与成熟理论的相容性。因此，本节必须谨慎划定：EQT 可能偏离标准 Maxwell/QED 的区域，不是普通电磁条件，而是标准有效近似可能失效的极端或精密条件。

本节依赖 A1、A2、A3、A4 与元规范 M。A1 要求所有可能偏离都必须追溯到 $\rho_f^{(EM)}$ 的密度、流、相位或状态结构，而不能随意添加新效应。A2 要求任何偏离仍然服从频率—能量关系 $E = h\nu$，不能破坏基本谱量原则。A3 要求偏离来自 EQT 主方程中非线性项、耗散项、源项、涨落项、相位结构或边界条件的非标准贡献。A4 要求偏离受频率匹配与洛伦兹共振核约束，尤其应在共振、强耦合或极端频率窗口中更容易出现。M 要求偏离必须可检验、可失败、可被标准理论反驳，不能成为任意解释工具。

本节要推出的结论是：EQT 可能偏离 Maxwell/QED 的区域主要集中在八类情形：极强场、超短时标、高密度局域电荷重排、强真空极化、非线性光学极限、相位锁定可控系统、极端等离子体，以及腔 QED 精密偏差。它们共同的特征是：标准 Maxwell 连续场近似、线性响应近似、高占有数平均、低噪声假设或常规 QED 微扰展开可能不再充分。

第一类可能偏离区域是极强场。在极强电磁场中，$\rho_f^{(EM)}$ 的密度梯度、能量子流旋度和局域相位结构可能不再处于线性范围。第7章已经说明，Maxwell 极限要求弱梯度和线性响应；若外部场强足以改变局域光子壳层、屏蔽长度或真空极化结构，则简单关系

$$\mathbf{E} = -\kappa_E(f)\nabla\rho_f^{(EM)}$$

可能需要加入高阶项。此时，EQT 可能预言强场下的非线性修正，例如有效介电响应变化、屏蔽层破裂、相位边界重排或光子壳层解锁。若这些修正不存在，或与实验严重不符，则相关 EQT 强场扩展失败。

第二类区域是超短时标。Maxwell 和常规 QED 计算通常可以处理快速过程，但若过程短到局域 $\rho_f^{(EM)}$ 的相位调整、能量子流重排和束缚态形成尚未完成，就可能出现暂态偏离。超短激光脉冲、阿秒尺度电子动力学、极快电离与复合过程，都可能涉及自由态、束缚态和凝聚态接口之间的非平衡转换。此时，三态转换方程中的速率项

$$\Gamma_{F\to B},\quad \Gamma_{B\to F},\quad \Gamma_{B\to C}$$

可能不能被视为准稳态常数，而需要显式处理相位延迟和局域记忆效应。EQT 的潜在偏离窗口在于：吸收、辐射或电离响应可能出现标准瞬时响应模型未充分捕捉的时滞、相位滞后或非马尔可夫结构。

第三类区域是高密度局域电荷重排。在普通条件下，电荷密度可以被宏观平均为 ρ_q，并进入 Gauss 定律。但在高密度电荷聚集、强压缩电子气、高密度等离子体、强束流、纳米尖端强场或凝聚态界面中，局域电荷结构可能发生快速重排，导致 V_{int}、$\rho_f^{shell}(r)$ 和屏蔽长度发生变化。此时，电荷不应简单视为固定点源，而应视为可重组的相位—密度结构：

$$q = e_0\int_{V_{\text{int}}}(\rho_f^{(EM)} - \rho_0)dV.$$

如果 V_{int} 的有效边界随外场、密度或频率改变，局域可测耦合可能出现尺度依赖或环境依赖。EQT 的可检验窗口是：在高密度电荷重排区，是否存在标准线性屏蔽或常规介质

模型以外的系统性偏差。

第四类区域是强真空极化。第8章已经将真空极化解释为局域 $\rho_f^{(EM)}$ 的重排。常规 QED 对真空极化有成熟计算，但在极强场、高能探针、近场极端边界或强曲率等条件下，真空背景的响应可能更加显著。EQT 可能偏离标准 QED 的地方，不在于否定真空极化，而在于其机制解释可能引入与 ρ_0、$\mathcal{N}(f)$、$\lambda_s(f)$ 或 R_c 相关的额外结构约束。若这些结构不能给出任何可区分预言，则本卷在此处只是重述 QED；若给出偏离，则必须接受精密 QED 实验检验。

第五类区域是非线性光学极限。在线性光学中，EQT 必须回收标准折射、吸收、反射和色散。但在强激光、高阶谐波产生、多光子吸收、非线性折射、参量过程或强相干介质中，$\rho_f^{(EM)}$ 的响应可能不再线性。此时，三态转换中的自由态—束缚态耦合不再只由单一线性吸收率描述，而可能包含多光子项：

$$n\rho_F + \rho_B \to \rho_B'$$

或非线性相位锁定项。EQT 的潜在优势是把非线性光学解释为自由态激发、束缚态壳层、相位场和凝聚态接口之间的高阶耦合。可证伪点在于：这些高阶耦合是否能给出比标准非线性光学更具体的频率、强度或相位依赖预测。

第六类区域是相位锁定可控系统。本卷把电荷量子化、光子壳层、吸收、辐射和规范自由度都与相位结构联系起来。因此，能够精密控制相位的系统，是检验 EQT 的关键窗口。例如超导电路、Josephson 结构、拓扑光子系统、人工规范场、量子霍尔边界、腔中强相干态、冷原子光学晶格等，都可能提供相位锁定、相位绕数或边界条件可调的平台。若 EQT 的相位拓扑解释有效，则在这些系统中应当能看到相位边界、绕数变化或壳层响应对电磁耦合的可控影响。若相位可控系统完全不显示任何与本卷机制相关的独立约束，则相位机制的经验价值会被削弱。

第七类区域是极端等离子体。等离子体天然涉及 Debye 屏蔽、集体振荡、强电荷重排、电磁波传播、非线性响应和高频耦合，是电磁弱禁闭和屏蔽长度的关键检验场。普通等离子体中，本卷必须回收标准等离子体物理；但在极端密度、极高温度、强磁场、强激光驱动或相对论性等离子体中，屏蔽长度、等离子体频率、局域电荷重排和电磁波传播可能进入非线性区。EQT 的可能偏离在于：$\lambda_s(f)$、$\rho_f^{shell}(r)$ 和 $\mathcal{N}(f)$ 是否会导致标准 Debye 或 Vlasov–Maxwell 描述之外的可测修正。

第八类区域是腔 QED 精密偏差。腔 QED 是本卷最重要的量子接口之一，因为它能够控制自由态光子、边界模式、束缚态接口和频率匹配。标准腔 QED 已经高度成功，因此本卷不能在常规区间随意偏离。但在极强耦合、超强耦合、深强耦合、超高品质因子腔、少光子强非线性、强边界约束或真空涨落增强条件下，EQT 可能给出更具体的机制性修正。例如，局域光子壳层、边界稳定因子 $\mathcal{B}$、相位相容因子 $\mathcal{P}_\theta$ 或频率—空间共振半径 R_c，可能影响跃迁率、真空 Rabi 分裂、Lamb 位移或自发辐射率。若这些因素无法产生任何可检验差异，则本卷在腔 QED 层面只具有解释性而无预测性。

这些可能偏离区可以概括为：

$$\text{EQT 偏离窗口} =$$

$$\begin{aligned}&(\text{极强场, 超短时标, 高密度局域电荷重排,}\\&\quad\text{强真空极化, 非线性光学极限, 相位锁定可控系统,}\\&\qquad\text{极端等离子体, 腔 QED 精密偏差}).\end{aligned}$$

这些区域的共同条件是：至少一个 Maxwell/QED 有效假设失效或接近边界。若弱梯度、高占有数、低噪声、线性响应、边界稳定和宏观平均全部成立，则本卷不应预言偏离；若其中一项或多项失效，则 EQT 才可能产生可检验修正。

本节还必须强调：可能偏离不是已经证明存在偏离。本卷在这些区域中最多提出候选窗口。任何偏离都必须转化为明确预言，例如：

$$\Delta\lambda_s(f, I),$$

$$\Delta\Gamma_{F\to B}(\nu, I, \theta),$$

$$\Delta G(k,\omega),$$

$$\Delta E_{\text{Lamb}},$$

$$\Delta \omega_{\text{cavity}},$$

$$\Delta \sigma_{\text{ion}}.$$

如果不能给出可测量的偏差形式、参数依赖和失败阈值，那么这些区域只能作为理论展望，不能作为已完成预言。

本节与弱力—强力主线的关系在于：每一卷的可证伪窗口都应出现在其标准有效理论的边界处。强力—弱力卷的偏离窗口应在高频强耦合、短寿命中介、强弱过渡或非标准衰变区；引力卷的偏离窗口应在弱场接口、极低频密度梯度或宏观极限边界；电磁卷的偏离窗口则集中在强场、短时标、强相位控制、局域壳层和精密 QED 区。不能把其他卷的偏离窗口混入电磁卷。

本节得到的定义和推论是：EQT 可能偏离 Maxwell/QED 的区域，不是常规电磁条件，而是标准有效近似接近失效边界的区域。主要包括极强场、超短时标、高密度局域电荷重排、强真空极化、非线性光学极限、相位锁定可控系统、极端等离子体和腔 QED 精密偏差。所有偏离都必须从 $\rho_f^{(EM)}$、θ_f、$\rho_f^{shell}(r)$、$\mathcal{N}(f)$、$A(\nu_B,\nu_F)$ 或三态转换率中推出，不能作为特设修正加入。

本节尚未解决的问题是：可能偏离区域已经列出，但仍需进一步转化为具体失败条件。下一节必须明确：哪些观测结果会直接否定本卷的核心机制，例如电荷无法从密度偏差和相位绕数中得到、局域光子壳层没有任何可检验痕迹、屏蔽长度不受频率和相位结构影响、强场非线性完全不符合 EQT 预期，或 QED 已验证结果无法回收。

12.3 核心实验窗口

本节的问题是：如果本卷不应在标准 Maxwell/QED 已验证区域内任意制造偏离，那么哪些实验窗口最适合检验本卷的核心机制？上一节已经指出，EQT 可能偏离 Maxwell/QED 的区域集中在极强场、超短时标、高密度局域电荷重排、强真空极化、非线性光学极限、相位锁定可控系统、极端等离子体和腔 QED 精密偏差等边界条件下。本节进一步收束为五类核心实验窗口：XFEL/阿秒激光下的局域 ρ_f 重排、腔 QED 中传播子响应偏差、超冷原子或拓扑系统中的相位绕数—电荷关系、强场真空极化、高能散射下积分空间边界效应。

本节依赖 A1、A2、A3、A4 与元规范 M。A1 要求实验窗口必须针对 $\rho_f^{(EM)}$ 的密度、流、相位或局域状态结构，而不能只是重复标准电磁观测。A2 要求所有光子、跃迁、吸收和辐射实验仍服从 $E = h\nu$，不能以破坏谱量原则作为预言。A3 要求实验偏差应来自主方程中的非线性、耗散、源项、涨落项、边界项或三态转换项。A4 要求实验可检验量应显示频率匹配、共振核、相位锁定或耦合选择性。M 要求每一类实验窗口都必须能够失败：如果观测完全不显示预期依赖关系，本卷相应机制就必须被削弱或放弃。

本节要推出的结论是：本卷最有价值的实验窗口不是普通弱场电磁实验，而是能够同时控制强度、频率、相位、边界、时间尺度和局域响应的精密平台。五类窗口分别检验本卷的五个核心机制：局域 ρ_f 重排、传播子响应、相位拓扑、电磁真空响应、积分空间边界。

第一类窗口：XFEL / 阿秒激光下的局域 ρ_f 重排

第一类核心窗口是 XFEL 和阿秒激光实验。它们能够在极短时间内向局域电子结构、原子壳层、分子轨道或凝聚态界面注入高频、高强度电磁扰动。按照本卷机制，光子吸收不是自由态光子简单消失，而是：

$$\rho_F \to \rho_B,$$

即自由态电磁能量子进入局域束缚态结构。电离则是：

$$\rho_B + \text{external input} \to \text{broken bound structure} + \rho_F + \text{quasi-free charged structure}.$$

因此，XFEL/阿秒激光最适合观察局域 $\rho_f^{(EM)}$ 如何在极短时标内重排。

本卷在这一窗口中的关键可检验点是：局域电荷结构周围的电磁响应是否具有非瞬时、相位相关、频率选择性的重排过程。若 $\rho_f^{shell}(r)$ 是真实的局域弱禁闭结构，那么强激光或 XFEL 脉冲不应只表现为标准跃迁概率，还可能在特定强度、频率和脉冲相位条件下表现出壳层解锁、屏蔽破裂或局域相位滞后的可测痕迹。

可观测量包括：阿秒尺度电离延迟、强场电离阈值偏移、瞬态吸收谱变化、局域屏蔽恢复时间、非线性吸收率、强场下有效电荷响应变化。若这些量只依赖标准已知机制，而完全不显示任何与相位、壳层、屏蔽长度或频率—空间共振半径相关的系统性结构，则本卷关于局域 ρ_f 重排的机制解释将被削弱。

这一窗口对应的失败条件是：若在可控强场和超短时标下，局域电磁响应完全可由标准 Maxwell/QED 和常规多体理论解释，且不存在任何可归因于 $\rho_f^{shell}(r)$、相位滞后或弱禁闭解锁的独立约束，则本卷不能声称该窗口支持电荷起源机制。

第二类窗口：腔 QED 中传播子响应偏差

第二类核心窗口是腔 QED，尤其是强耦合、超强耦合、深强耦合和高品质因子腔系统。第8章已经说明，QED 传播子在 EQT 中可以被解释为 $\rho_f^{(EM)}$ 的线性响应函数：

$$G(k,\omega) \sim \left[-i\omega + D(f)k^2 + \Gamma(f) + \Sigma(f,k,\omega)\right]^{-1}.$$

在普通 QED 区域，本卷必须回收标准传播子结果。但在腔 QED 中，边界条件、相位结构、真空涨落和模式密度都被强烈改变，因此它是检验传播子是否只是抽象 QED 工具，还是对应某种更底层响应结构的理想平台。

本卷在腔 QED 中的关键预期是：当腔边界、模式频率、耦合强度和相位条件被精密调控时，传播子响应、Lamb 位移、自发辐射率、Rabi 分裂、真空涨落增强和少光子非线性，可能表现出与局域 $\rho_f^{(EM)}$ 响应核有关的细微结构。尤其是当系统接近强边界约束或深强耦合时，响应核中的 $\Gamma(f)$、$\Sigma(f,k,\omega)$、边界稳定因子和相位相容因子可能变得不可忽略。

可观测量包括：腔模频率偏移、自发辐射率偏离、真空 Rabi 分裂、Lamb 位移修正、少光子非线性响应、传播子有效衰减项、强耦合区的谱线形状偏差。若 EQT 机制有效，这些量应当不仅依赖标准腔参数，还可能显示与频率—空间共振、边界相位锁定和局域光子壳层响应相关的系统性依赖。

这一窗口的失败条件是：若在高精度腔 QED 实验中，

所有偏差都被标准 QED、开放量子系统理论和常规腔边界效应完全解释，且不留下任何需要 $\rho_f^{(EM)}$ 线性响应核的独立结构，那么本卷对传播子的机制性重释只能保留为解释性语言，而不能上升为新可检验机制。

第三类窗口：超冷原子或拓扑系统中的相位绕数—电荷关系

第三类核心窗口是超冷原子、人工规范场、拓扑光子系统、超导电路、Josephson 阵列、量子霍尔边界或其他可控相位系统。本卷的一个核心主张是：电荷量子化不是直接作为公设加入，而是来自相位拓扑：

$$\oint_{\partial V} \nabla\theta_f \cdot d\mathbf{l} = 2\pi n,$$

并进一步得到：

$$q = e_0 n.$$

因此，凡是能够精密控制相位绕数、边界闭合、拓扑缺陷和有效规范结构的系统，都可以成为检验相位绕数—电荷关系的窗口。

这里需要谨慎。本卷不是说普通超冷原子会直接产生真实电子电荷，也不是把人工规范场等同于基本电磁场。更合理的检验方向是：在可控相位系统中，是否存在某种“相位绕数—有效耦合量子化—局域响应稳定性”之间的普遍结构。若电荷量子化的深层机制确实与相位闭合有关，那么在人工可控系统中，应当能够构造出相位绕数变化导致有效耦合、响应强度、边界态或输运量出现离散阶跃的类比实验。

可观测量包括：相位绕数改变时的有效耦合阶跃、边界电流量子化、拓扑态响应变化、人工规范场中的离散输运、Josephson 相位滑移、受控相位缺陷导致的辐射或吸收模式变化。若这些系统中的相位绕数变化完全不能产生任何可类比的量子化响应结构，那么本卷关于相位拓扑作为电荷量子化机制的经验支撑将变弱。

这一窗口的失败条件是：若相位绕数只具有数学装饰作用，不能与任何稳定耦合、有效源项、边界响应或量子化可观测量建立联系，则本卷的相位拓扑机制不足。若电荷量子化最终仍必须作为独立公设加入，而不能从相位闭合结构获得解释，则本卷核心失败。

第四类窗口：强场真空极化

第四类核心窗口是强场真空极化。第8章已经将真空极化解释为局域 $\rho_f^{(EM)}$ 的重排：

$$q \to \delta\rho_f^{(EM)} \to \text{局域响应重排} \to q_{\text{eff}}(\ell).$$

QED 对真空极化已有成熟计算，本卷必须在常规精度区间回收这些结果。但在极强场、高能探针、强激光碰撞、近场极端边界或高度受控真空涨落环境中，$\rho_f^{(EM)}$ 背景的局域响应可能成为可检验窗口。

本卷在这一窗口中的关键预期是：强场条件下，真空极化不只是抽象环图修正，也可理解为背景电磁能量子密度的局域重排。若这种机制具有独立内容，则强场下的有效电荷、光传播、双折射、散射、真空非线性或传播子修正，可能显示与 ρ_0、$\mathcal{N}(f)$、$\Gamma(f)$、$\lambda_s(f)$ 或局域响应核相关的结构性依赖。

可观测量包括：强场真空双折射、光—光散射、极强激光下折射率修正、高能散射中的真空极化项、强场环境下有效电荷变化、近场边界诱导真空涨落修正。若所有强场真空极化现象都严格符合标准 QED，且 EQT 不能给出任何独立可测的参数依赖或边界条件修正，则本卷在这一窗口中的贡献只能是解释性重述，而非预测性机制。

这一窗口的失败条件是：若真空极化无法对应任何 $\rho_f^{(EM)}$ 的局域重排、涨落项或响应核，EQT 的 QED 接口失败。若强场真空实验排除所有与 $\lambda_s(f)$、ρ_f^{shell} 或 $\mathcal{N}(f)$ 相关的附加结构，则本卷关于真空响应的机制解释需要收缩。

第五类窗口：高能散射下积分空间边界效应

第五类核心窗口是高能散射。第三章已经定义电荷为：

$$q = e_0 \int_{V_{\text{int}}} (\rho_f^{(EM)} - \rho_0) dV.$$

这意味着，可观测电荷不是没有结构的点标签，而是某种稳定积分空间中的相位—密度偏差读出。在低能、远场和常规 QED 区间，这一结构必须压缩为标准电荷耦合。但在高能散射中，探针波长变短、动量转移增大、局域响应尺度缩小，可能更直接地触及 V_{int} 的边界结构。

本卷在高能散射窗口中的关键预期是：若电荷确实具有积分空间边界，那么在极高动量转移或强局域探测下，电荷的有效耦合、形状因子、近场响应或传播子修正，可能反映边界尺度、相位闭合或局域壳层结构。常规 QED 已经通过重整化和形状因子处理许多高能效应；EQT 必须在这些结果内保持相容。但若存在超过标准模型预期的细微尺度依赖，则可能成为 V_{int} 边界效应的检验窗口。

可观测量包括：高能散射形状因子、有效电荷跑动、短距离 Coulomb 偏离、轻子散射截面中的微小残差、高动量转移下的顶点修正、强场电荷重分配导致的耦合变化。特别重要的是，本卷不能预先宣称这些偏差必然存在；它只能提出：如果 V_{int} 具有可探测边界效应，那么高能散射是最自然的窗口。

这一窗口的失败条件是：若高能散射在越来越高精度

下完全支持点状电荷与标准 QED/标准模型预言，且不给 V_{int} 边界留下任何可测结构，那么电荷积分空间的物理含义必须被限制为机制性定义，而不能宣称具有独立空间边界效应。若电荷量子化不能通过积分空间和相位拓扑解释，而只能回到标准耦合参数，本卷的电荷生成机制失败。

综合来看，这五类实验窗口对应本卷五个核心机制：

$$\text{XFEL/阿秒激光} \to \text{局域 } \rho_f \text{ 重排;}$$

$$\text{腔 QED} \to \text{传播子响应核;}$$

$$\text{超冷/拓扑相位系统} \to \text{相位绕数—量子化关系;}$$

$$\text{强场真空极化} \to \text{背景 } \rho_f \text{ 涨落与重排;}$$

$$\text{高能散射} \to V_{\text{int}} \text{ 边界效应.}$$

这五类窗口的共同特点是，它们都不在普通弱场、低频宏观和线性响应区间内，而是接近标准 Maxwell/QED 有效描述的边界。正因如此，它们适合承担可证伪功能。

本节得到的定义和推论是：本卷的核心实验窗口应聚焦五类平台：XFEL/阿秒激光下的局域 ρ_f 重排、腔 QED 中传播子响应偏差、超冷原子或拓扑系统中的相位绕数—电荷关系、强场真空极化、高能散射下积分空间边界效应。它们分别检验电荷起源、光子壳层、传播子响应、相位拓扑、真空涨落和积分空间边界。若这些窗口全部不能给出任何区别于标准理论的可测结构，本卷的经验内容将显著减弱；若其中某些窗口显示系统性偏离，则可为 EQT 电磁机制提供进一步发展方向。

本节尚未解决的问题是：实验窗口已经列出，但仍需明确理论失败条件。下一节必须把这些窗口转化为更直接的否定标准：哪些观测会判定电荷密度偏差定义失败，哪些观测会否定相位拓扑量子化，哪些观测会排除局域光子壳层，哪些观测会迫使本卷放弃传播子的 EQT 线性响应解释。

12.4 数值模拟与参数标定

本节的问题是：如果本卷提出的电磁机制要从理论结构进入可检验阶段，哪些量必须进入数值模拟？这些量又应如何标定，才能避免理论变成事后拟合？前几节已经说明，本卷在标准 Maxwell/QED 已验证区域必须与标准理论重合；在极强场、超短时标、腔 QED、强真空极化、高能散射和相位可控系统中，才可能出现可检验偏离。但是，要把这些偏离窗口转化为实际预言，必须建立数值模型，并对核心参数进行独立标定。否则，任何偏离都可以通过调参解释，理论就失去可证伪性。

本节依赖 A1、A2、A3、A4 与元规范 M。A1 要求所有数值变量都必须追溯到 $\rho_f^{(EM)}$ 及其状态分解，不能引入新的基础场。A2 要求频率、能量和光子读出仍满足 $E = h\nu$。

A3 要求数值模拟的核心方程来自 EQT 主方程及其三态扩展。A4 要求耦合、吸收、辐射和状态转换中的频率依赖由洛伦兹共振核约束。M 要求所有参数必须尽可能独立标定，不能在看到实验结果后任意调节。

本节要推出的结论是：EQT 电磁卷若要形成可检验理论，至少需要对以下参数或结构进行数值模拟和独立标定：

$$k(f),\quad D(f),\quad \Gamma(f),\quad S_f,\quad \mathcal{N}(f),\quad R_c,\quad V_{\rm int},\quad \kappa_E,\quad \kappa_B.$$

其中，$k(f)$ 控制非线性自持或局域生成；$D(f)$ 控制扩散、传播和空间响应；$\Gamma(f)$ 控制耗散和衰减；S_f 表示外部源项或局域注入；$\mathcal{N}(f)$ 表示涨落谱；R_c 表示频率—空间共振半径；$V_{\rm int}$ 表示电荷积分空间；κ_E, κ_B 分别控制密度梯度和能流旋度向有效电场、磁场表象的映射。

首先，$k(f)$ 是非线性自持参数。它出现在主方程的非线性项中，例如：

$$k(f)\left(\rho_f^{(EM)}\right)^m.$$

该项描述电磁频段能量子密度在局域条件下的自持、增强或非线性重组。在线性 Maxwell 极限中，这一项通常被忽略、线性化或吸收到有效参数中；但在强场、局域光子壳层、非线性光学和强激光电离中，它可能变得重要。$k(f)$ 不能任意拟合。较合理的标定路径包括：用非线性光学实验、强场电离阈值、局域吸收饱和曲线和强场屏蔽破裂数据约束其数量级。若同一个 $k(f)$ 只能分别针对不同实验重新调节，则该参数没有理论价值。

其次，$D(f)$ 是扩散或传播响应参数。它控制 $\rho_f^{(EM)}$ 的空间展开、自由态传播、屏蔽长度和响应核中的空间项。在传播子示意式中，有：

$$G(k,\omega) \sim \left[-i\omega + D(f)k^2 + \Gamma(f) + \Sigma(f,k,\omega)\right]^{-1}.$$

在局域壳层尺度中，$D(f)$ 也进入频率—空间共振半径：

$$R_c \sim \sqrt{\frac{D(f)}{k(f)\rho_0}}.$$

因此，$D(f)$ 是连接传播、屏蔽和壳层结构的核心参数。它应通过电磁波传播、腔模频率、介质响应、等离子体传播、强场扩散响应或局域恢复时间独立标定。若 $D(f)$ 在不同过程之间没有一致性，说明本卷对电磁传播和局域响应的统一解释不足。

第三，$\Gamma(f)$ 是耗散或衰减参数。它控制自由态传播中的损耗、束缚态寿命、局域壳层衰减、吸收宽度和屏蔽恢复。低耗散是电磁自由态传播成立的条件；但在介质、腔体、等离子体、强场环境和局域壳层中，$\Gamma(f)$ 不能忽略。它应通过吸收谱线宽、腔 QED 衰减率、介质吸收系数、等离子体阻尼、强场电离后的恢复时间等独立测定。特别需要避免把 $\Gamma(f)$ 当作万能损耗项：凡是模型不符就提高或降

低 Γ，会直接违反 M。

第四，S_f 是源项。它表示外部输入、局域注入、自由态光子输入、带电结构扰动、激光脉冲、电子束、边界驱动或凝聚态接口释放。吸收、辐射、电离和复合都涉及源项的不同形式。S_f 必须由实验输入条件独立给定，例如激光强度、脉冲形状、频率谱、入射光子数、电子束能量、腔驱动强度等，而不能在模拟中作为自由拟合项。若 S_f 被任意调整，模型就无法区分理论机制与实验驱动本身。

第五，$\mathcal{N}(f)$ 是涨落项。它为真空涨落、量子噪声、自发辐射触发、传播子修正和 QED 有效表象提供入口。它不能被简单当作随机噪声背景，而应具有频率谱、相关函数和尺度依赖：

$$\langle \mathcal{N}(f,t)\mathcal{N}(f',t')\rangle = C_N(f,f';t-t').$$

在常规 Maxwell 极限中，$\mathcal{N}(f)$ 应被宏观平均掉；在自发辐射、腔 QED、真空极化和量子光学中，它可能成为关键。其标定应来自量子噪声谱、自发辐射率、真空涨落相关实验、腔 QED 零点场效应、Lamb 位移和强场真空极化测量。若 $\mathcal{N}(f)$ 缺乏独立谱结构，只作为事后误差项存在，则本卷对 QED 的机制解释失败。

第六，R_c 是频率—空间共振半径。它描述某一频率窗口下，电磁能量子在空间中形成局域束缚、屏蔽或共振响应的典型尺度。最低阶可写为：

$$R_c \sim \sqrt{\frac{D(f)}{k(f)\rho_0}},$$

更稳妥地写为：

$$R_c = R_c[D(f), k(f), \rho_0, \Gamma(f)].$$

R_c 不是任意长度。它应通过局域吸收尺度、近场响应长度、屏蔽恢复长度、腔模局域化尺度、纳米结构中的电磁近场分布、等离子体屏蔽尺度等数据约束。若不同实验给出的 R_c 完全不一致，且无法由频率、介质或边界条件解释，则光子壳层和弱禁闭机制需要修改。

第七，V_{int} 是电荷积分空间。电荷定义为：

$$q = e_0 \int_{V_{\text{int}}} (\rho_f^{(EM)} - \rho_0) dV.$$

因此，V_{int} 是本卷最核心的结构之一。它不能被任意选择。它应由频率、相位、边界、共振半径、局域稳定性和相位绕数共同决定。数值模拟中，V_{int} 的边界应满足至少三类条件：第一，边界内相位闭合；第二，边界通量在稳定态下可控；第三，电荷积分给出量子化结果 $q = e_0 n$。高能散射、精密原子谱、局域电荷重排和强场电离实验可以作为约束窗口。若 V_{int} 必须针对每个实验重新定义，电荷生成机制就失去可检验性。

第八，κ_E 是密度梯度到电场表象的映射系数。第6章中定义：

$$\mathbf{E} = -\kappa_E(f)\nabla\rho_f^{(EM)}.$$

在 Maxwell 极限中，κ_E 必须与 ε_0、单位制、频率平均和真空响应相容。它应通过 Coulomb 力、Gauss 定律、静电势、介电响应和弱场标定固定。关键是：κ_E 一旦在弱场标准区间中确定，就不能在强场或局域壳层问题中随意改变。强场修正应来自高阶项或状态转换，而不是任意重标定 κ_E。

第九，κ_B 是能流旋度到磁场表象的映射系数。若磁场被解释为电磁能量子流旋度与相位滞后的有效表象，则可写为示意形式：

$$\mathbf{B} \sim \kappa_B(f)\nabla \times \mathbf{J}_f^{(EM)} + \text{phase-lag terms}.$$

在 Maxwell 极限中，κ_B 必须与 μ_0、Ampère–Maxwell 方程、电磁波速度和磁场测量相容。它应通过稳恒电流磁场、感应实验、磁响应、腔模磁场分布和电磁波传播独立标定。与 κ_E 一样，κ_B 不能在不同实验中任意调节。

为了防止事后拟合，数值模拟应遵循三步标定原则。

第一步，在标准重合区标定基础映射参数。用弱场、低频、高占有数和线性响应实验确定 $\kappa_E, \kappa_B, D(f)$ 的最低阶形式，并保证回收 Maxwell 方程和光速关系：

$$c = \frac{1}{\sqrt{\mu_0 \varepsilon_0}}.$$

第二步，在独立实验中标定局域与耗散参数。用吸收谱、腔 QED、等离子体屏蔽、非线性光学和强场实验约束 $k(f)$, $\Gamma(f), R_c, \mathcal{N}(f)$，但不能同时用同一批数据既标定又验证。

第三步，在预测窗口进行外推检验。固定参数后，对 XFEL/阿秒实验、强场真空极化、高能散射或相位可控系统给出预测。只有在这一阶段，模型才具有可证伪性。

可以将参数标定关系概括如下：

$$\kappa_E, \kappa_B, D(f) \to \text{Maxwell 极限标定;}$$

$$k(f), \Gamma(f), R_c \to \text{局域壳层与屏蔽标定;}$$

$$\mathcal{N}(f), \Sigma(f, k, \omega) \to \text{QED/量子光学标定;}$$

$$S_f \to \text{实验输入独立给定;}$$

$$V_{\text{int}} \to \text{电荷量子化与高能散射约束.}$$

本节的失败条件也必须明确。若核心参数只能通过每个实验分别拟合，理论失败。若 κ_E, κ_B 无法回收 ε_0, μ_0 和 Maxwell 极限，理论失败。若 V_{int} 无法稳定给出 $q = e_0 n$，电荷机制失败。若 $\mathcal{N}(f)$ 不能与 QED 精密结果或量子光学噪声谱相容，QED 接口失败。若 R_c 和 λ_s 无法在屏蔽、近场和壳层实验中获得一致解释，弱禁闭机制失败。若所有偏离都必须通过 Σ、Γ 或 S_f 的事后调整来解释，模型违反 M。

本节与弱力—强力主线的关系在于：每一卷都必须面对参数标定问题。强力—弱力卷不能任意调节高频耦合；引力卷不能任意调节低频密度梯度映射；电磁卷不能任意调节 $\kappa_E, \kappa_B, D(f), \Gamma(f)$ 和 V_{int}。统一公设体系的学术价值，恰恰在于减少自由参数，而不是用更多参数包裹所有现象。

本节得到的定义和推论是：数值模拟至少需要 $k(f)$、$D(f)$、$\Gamma(f)$、S_f、$\mathcal{N}(f)$、R_c、V_{int}、κ_E 和 κ_B 八类核心参数或结构。它们必须通过标准重合区、局域响应区、QED/量子光学区和预测窗口分阶段独立标定。任何参数如果只能事后调节，就不能作为理论机制的一部分。只有当这些参数在不同实验窗口中保持一致约束，本卷的可证伪性才真正成立。

本节尚未解决的问题是：参数和模拟框架已经列出，但还需要把它们转化为明确失败条件。下一节必须进一步说明，哪些实验结果会直接否定本卷，例如无法回收 Maxwell/QED、无法稳定标定 κ_E, κ_B、无法得到 $q = e_0 n$、无法发现任何局域壳层或屏蔽长度结构，或所有参数必须依赖事后拟合才能成立。

12.5 理论失败条件

本节的问题是：在什么情况下，本卷应被判定为失败？前几节已经划定标准理论重合区、可能偏离区、核心实验窗口和参数标定原则；本节不再把失败条件写成附录式清单，而是说明这些条件为什么构成本卷的硬边界。清单式速查可放入附录 G.3，正文保留论证和层级关系。

本节依赖 A1、A2、A3、A4 与元规范 M。A1 要求电磁对象从电磁频段能量子密度场获得位置；A2 要求频率—能量关系不能被破坏；A3 要求动力学仍受主方程约束；A4 要求跨频耦合、吸收、辐射和束缚释放受共振核限制；M 则要求本卷不能通过新增公设、任意调参或事后解释来保护自身。

本节要推出的结论是：失败条件不是本卷的附属说明，而是其学术边界。它们分别约束电荷定义、电荷量子化、场变量生成、Maxwell 极限、QED 有效表象、非线性修正、参数标定和电磁弱禁闭。若某一条件失败，相应机制必须收缩；若多项同时失败，本卷整体框架必须重写。

第一，电荷定义必须排除任意性

本卷的起点之一是将电荷定义为 $\rho_f^{(EM)}$ 相对于背景密度的稳定局域偏差在积分空间中的读出。这个定义只有在三个条件同时成立时才具有物理意义：背景密度 ρ_0 有独立含义；积分空间 V_{int} 由频率、相位、边界和稳定性约束；积分结果能够稳定对应可测电荷。

$$q = e_0 \int_{V_{\text{int}}} (\rho_f^{(EM)} - \rho_0) dV.$$

因此，电荷定义失败的关键并不是某个符号写法错误，而是该定义无法排除任意选择。如果 V_{int} 可以为了得到所需电荷值而自由改变，或者 ρ_0 只是归一化参数，电荷就没有真正从 $\rho_f^{(EM)}$ 中生成。此时本卷只能回到标准理论，把电荷作为外部参数。

第二，电荷量子化必须来自相位拓扑，而不是事后赋值

本卷进一步主张，电荷量子化来自相位绕数和积分空间稳定，而不是独立的“电荷量子化公设”。这一点是第 4 章的核心。如果相位绕数只能给出形式整数，却不能限制电荷积分；或者 n 与可测电荷之间没有稳定对应，那么 $q = e_0 n$ 就只是类比。

$$\oint_{\partial V_{\text{int}}} \nabla \theta_f \cdot d\mathbf{l} = 2\pi n, \qquad q = e_0 n.$$

这一失败条件特别重要，因为它决定本卷是否真正解释了“为什么电荷离散”。若量子化最终仍要外加，本卷关于电荷生成的主张必须降级为密度表象，而不能声称完成了电荷量子化机制。

第三，**E** 与 **B** 必须是有效表象

第 6 章已经强调，**E** 与 **B** 不能与 $\rho_f^{(EM)}$ 并列成为基础对象。它们必须分别从密度梯度、能量子流旋度、相位滞后和运动响应中获得有效定义。若电场无法稳定地对应 $-\nabla\rho_f^{(EM)}$，或者磁场无法从 $\nabla\times\mathbf{J}_f^{(EM)}$ 及相位结构中获得解释，本卷就必须重新把 Maxwell 变量作为公设加入。

$$\mathbf{E}\sim-\nabla\rho_f^{(EM)},\qquad \mathbf{B}\sim\nabla\times\mathbf{J}_f^{(EM)}\quad \text{及相位滞后}.$$

这会破坏全书的生成顺序。因此，场变量生成失败不是局部缺陷，而是从密度场到标准电磁理论的中间层失败。

第四，Maxwell 方程必须在弱梯度极限中回收

Maxwell 理论是本卷必须回收的经典极限。弱梯度、高占有数、低噪声、线性响应、边界稳定和宏观平均共同构成这一极限。如果在这些条件下仍不能得到 Gauss 定律、Faraday 定律、Ampère–Maxwell 方程和电磁波方程，本卷就不能成立。

这一失败条件的含义是双重的：若本卷不能回收 Maxwell 方程，经验上失败；若本卷只能通过把 Maxwell 方程重新作为前提来回收它，逻辑上也失败。正文可保留关键方程，完整推导与符号细节应留给附录 D。

第五，QED 的低能有效结果必须被保留

QED 的光子、虚光子、传播子、真空极化和重整化对象已经具有高度成功的计算地位。本卷可以重排它们的本体解释，但不能破坏其低能有效结果。真实光子可解释为自由态激发，虚光子可解释为涨落—响应表象，传播子可解释为线性响应核；但这些解释必须与散射截面、Lamb 位移、反常磁矩、辐射修正和量子光学实验相容。

因此，QED 接口失败包括两种情况：一是无法保留 QED 的已验证结果；二是只能通过新增“QED 映射公设”来维持相容性。前者是经验失败，后者是理论纪律失败。

第六，非线性修正必须有可检验窗口

本卷允许在极强场、超短时标、高密度局域电荷重排、强真空极化、非线性光学、极端等离子体、相位锁定系统和腔 QED 精密区间出现候选偏离。但这些偏离不能停留在“可能修正”的层面，而必须能够转化为可测量、可排除的量。

候选可测量可包括 $\Delta\lambda_s(f,I)$、$\Delta\Gamma_{F\to B}(\nu,I,\theta)$、$\Delta G(k,\omega)$、$\Delta E_{\mathrm{Lamb}}$、$\Delta\omega_{\mathrm{cavity}}$、$\Delta\sigma_{\mathrm{ion}}$ 等。

若每当实验没有发现偏离时，都只能说“窗口不对”或

“效应太小”，而没有事先给出方向、阈值和参数依赖，那么非线性修正就不具有可证伪性。

第七，参数必须独立标定

本卷的核心参数包括 $k(f)$、$D(f)$、$\Gamma(f)$、S_f、$\mathcal{N}(f)$、R_c、V_{int}、κ_E 和 κ_B。它们必须分阶段独立标定：标准重合区用于固定映射参数，局域响应区用于约束耗散、自持和屏蔽参数，QED 与量子光学区用于约束涨落谱，预测窗口用于外推检验。

如果每个实验都需要重新选择参数，本卷就没有预测力。如果 $\Gamma(f)$、$\Sigma(f,k,\omega)$ 或 S_f 被当作万能误差项，理论违反 M。如果 V_{int} 随结果任意调整，电荷生成机制失败。

第八，弱禁闭必须可比较

第 9 章提出局域光子壳层和电磁弱禁闭，是为了说明电荷附近的近场响应、屏蔽结构和可释放束缚态，而不是为了增加一个不可检验的新术语。若 $\rho_f^{shell}(r)$ 不能与 Debye 屏蔽、真空极化屏蔽、原子尺度屏蔽、近场响应或 QED 虚光子云形成可比较关系，它就只是名称替换。

$$\text{QED 虚光子云} \leftrightarrow$$
$$\rho_f^{shell}(r)+\mathcal{N}(f)+G(k,\omega)+\text{局域相位—能流重排}.$$

这一失败条件要求第 9 章与第 8 章、第 10 章保持连接：弱禁闭解释结构如何存在，QED 有效表象解释其计算读出，过程动力学解释其如何解锁、释放和重建。若三者不能互相约束，弱禁闭机制必须降级。

以上八项失败条件构成本卷的可证伪边界。正文中保留它们的理论理由，附录 G.3 可以改写为清单式速查：每条只列“失败命题—对应章节—可能实验窗口—后果”，不再重复本节的论证。这样可以避免正文与附录重复，同时保留读者检索便利。

本节得到的定义和推论是：本卷不是不可证伪的宏大解释，而是由八项失败条件约束的生成机制理论。任何核心机制若不能从 A1–A4 与 M 推出，或者只能通过新增公设、任意参数和事后调整来维持，都必须被判定为失败或降级为解释性假说。

本节尚未解决的问题是：失败条件已经获得理论解释，但第 11 章还需要收束这些条件与标准重合区、可能偏离区、实验窗口和参数标定之间的关系。下一节因此必须说明：本卷的可证伪性不是单一清单，而是由四个层次共同构成的检验框架。

12.6 本章小结：可证伪性优先

本章的任务，是为电磁卷建立明确的检验边界。前文已经完成从 $\rho_f^{(EM)}$ 到电荷、相位拓扑、电荷量子化、三态、**E**、**B**、Maxwell 极限、QED 有效表象、电磁弱禁闭和过程动力学的主要推导链；本章则说明这些推导在什么条件下必须与标准理论重合，在什么条件下可能偏离，以及在哪些情况下应被判定为失败。

第一，本章划定标准理论重合区。在弱场、低频宏观、高占有数、线性响应、常规原子尺度和常规 QED 精度范围内，本卷必须回收 Maxwell 理论、常规电磁学、量子光学和 QED 的有效结果。在这些区域，本卷的贡献是机制性重排，而不是制造新数值。

第二，本章划定可能偏离区。可能偏离不应出现在普通电磁条件下，而应集中在标准有效近似接近边界的区域：极强场、超短时标、高密度局域电荷重排、强真空极化、非线性光学极限、相位锁定可控系统、极端等离子体和腔 QED 精密实验。

第三，本章把偏离区收束为五类实验窗口：XFEL/阿秒激光下的局域 ρ_f 重排、腔 QED 中传播子响应偏差、超冷原子或拓扑系统中的相位绕数—电荷关系、强场真空极化，以及高能散射下积分空间边界效应。它们分别对应局域密度重排、响应核、相位拓扑、背景涨落和积分边界。

第四，本章强调数值模拟与参数标定的纪律。$k(f)$、$D(f)$、$\Gamma(f)$、S_f、$\mathcal{N}(f)$、R_c、V_{int}、κ_E 和 κ_B 必须分阶段、独立地受到约束。若这些参数只能在实验之后重新调节，本卷就失去可证伪性。

第五，本章重新组织了失败条件。正文 11.5 解释为什么这些条件是理论硬边界；附录 G.3 后续应改成清单式速查，避免与正文重复。这样，本章既保留可证伪性强项，又避免把同一组失败条件在正文和附录中反复论证。

由此，第 11 章的结论可以概括为：本卷的学术性不来自“解释一切”，而来自四层限制结构：标准理论重合区、可能偏离区、核心实验窗口和失败条件。只有当这四层能够相互约束，本卷才可能从生成性解释进入可计算、可比较、可证伪的研究程序。

本章之后，全书可以进入结语。结语不应再次展开全部推导细节，而应回答三个问题：本书完成了什么；本书没有完成什么；本卷与 EQT 系列其他卷之间如何分工。

第十三章　结语

13.1　本书完成了什么

本书完成的不是一套最终电磁理论，而是一条受 A1–A4 与元规范 M 约束的电磁力生成机制路线。它的核心问题始终是：电磁力如何从电磁频段能量子密度场 $\rho_f^{(EM)}$ 中生成，而不是 Maxwell 理论或 QED 如何被重新命名。

本书的主推导链可以保留为全书唯一一次完整复列：

$$\rho_f^{(EM)} \to q \to \theta_f \to q = e_0 n \to \text{三态} \to \mathbf{E}, \mathbf{B} \to$$
$$\text{Maxwell} \to \text{QED} \to \text{弱禁闭} \to \text{过程动力学} \to \text{可证伪性}.$$

这条链条的意义在于重新安排解释层级。电荷不是先验属性，而是 $\rho_f^{(EM)}$ 相对于背景密度的局域偏差及其积分结构；电荷量子化不是外加公设，而是相位绕数和积分空间稳定的结果；光子不是原初粒子，而是电磁频段自由态的量子读出；局域光子壳层和屏蔽结构不是附属图像，而是束缚态和弱禁闭机制的空间表现。

本书还完成了两个标准极限的定位。Maxwell 理论被解释为弱梯度、高占有数、低噪声、线性响应、边界稳定和宏观平均条件下的经典连续场极限；QED 被解释为单激发、涨落响应、微扰耦合和量子读出条件下的有效量子表象。二者都不是本卷要否定的对象，而是本卷必须回收的理论基准。

最后，本书将电磁弱禁闭和过程动力学纳入同一框架。弱禁闭说明局域光子壳层、近场响应、屏蔽和虚光子云对应如何获得机制位置；过程动力学则将吸收、辐射、电离和复合解释为自由态、束缚态和凝聚态之间受频率匹配、相位解锁、局域守恒和跨频耦合约束的转换。

因此，本书完成的是一个电磁力机制化解释框架：它以 $\rho_f^{(EM)}$ 为起点，以标准理论极限为约束，以电磁弱禁闭和过程动力学为中介，以可证伪条件为边界。

13.2 本书没有完成什么

第一，本书没有替代 Maxwell 理论或 QED。Maxwell 理论仍是经典电磁学的有效计算体系，QED 仍是量子电磁现象的成熟技术体系。本书的目标是解释它们为何能够作为有效极限出现，而不是在现阶段重写其全部计算结构。

第二，本书没有完成完整量子场论重构。传播子、虚光子、涨落响应、有效电荷、真空极化和重整化在本卷中获得了机制性重释，但完整协变传播子、规范固定、Ward 恒等式、顶点函数、真空极化张量、重整化群方程和高阶精密计算仍属于后续研究任务。

第三，本书没有完成四力统一。本卷只处理电磁频段中的电荷、光子、场结构、Maxwell/QED 极限、电磁弱禁闭和过程动力学。强弱力、引力、暗物质和暗能量各有自己的频段、机制对象和标准极限，不能被本卷代替。

第四，本书没有把所有实验异常归入 EQT。第 11 章列出的强场、阿秒、腔 QED、强真空极化、高能散射和相位可控系统只是候选检验窗口，不是已经得到确认的经验支持。只有当这些窗口给出可测、可重复、可排除的结构性结果时，相关机制才可进一步发展。

第五，本书没有证明 EQT 是最终理论。更稳妥的表述是：本书提出了一个受公设约束、可与标准理论重合、可在边界条件下寻求偏离、并允许自身失败的电磁力生成机制候选框架。后续工作必须集中在数值实现、参数标定、QED 对应、强场实验、相位拓扑实验和弱禁闭模拟上。

13.3 与 EQT 系列其他卷的关系

本卷是 EQT 系列中的电磁力卷。它不重新建立公设体系，也不承担其他卷的主线任务，而是在统一公设 A1–A4 与元规范 M 的约束下，处理电磁频段中的生成问题。

强弱力卷处理高频、短程、强耦合、凝结、强禁闭、短寿命中介和强弱过渡区。电磁卷与其共享统一公设，但不能把强禁闭或弱衰变直接移植为电磁机制。电磁频段的核心特征是低耗散传播、双极性、相位可持续、可屏蔽性、自由态光子和 Maxwell/QED 有效极限。

引力卷处理低频能量子密度梯度、宏观累积、牛顿极限和 GR 弱场接口。电磁卷虽然也使用密度梯度语言，但电磁梯度必须与正负电荷、相位拓扑、可屏蔽性和自由态光子相连；它不能被化约为低频引力式单向吸引。

暗物质与暗能量卷处理中频暗物质和极低频暗能量。暗物质卷强调"为什么暗"与"为什么仍有引力读出"；暗能量卷强调极低频背景、有效负压强和宇宙膨胀读出。电磁卷虽然也处理中频结构，但它的任务是解释普通电磁可见性、电荷、光子和标准电磁极限，而不是宇宙暗成分。

因此，EQT 系列各卷之间的关系不是重复关系，而是频段分工关系。各卷共享同一公设体系，但每一卷都必须在自己的频段、机制对象、标准极限和失败条件内展开。电磁力卷的独立性正在于：它把电磁对象作为电磁频段中的生成结果，而不是把其他卷的结论借来作为证明。

本卷的最终边界也由此确定：它是一部电磁力机制专著，而不是四力总论、QED 教材、Maxwell 教材或哲学宣言。它提出一种可能的生成路线，并把这一路线交给标准理论重合区、可能偏离区、实验窗口、参数标定和失败条件共同检验。

附录 A　A1—A4 与 M 速查表

本附录只作为正文后的速查索引。第 1 章负责公设论证与本卷使用方式；本附录不重新论证公设，也不扩展新的基础假设。电磁卷的全部推导只允许调用：

$$A1,\quad A2,\quad A3,\quad A4,\quad M.$$

电荷、光子、电场、磁场、Maxwell 方程、QED 表象、电磁弱禁闭、屏蔽长度、局域光子壳层和过程动力学，都不能作为新的公设加入，只能作为定义、推论、有效极限或检验工具出现。

A.1　最小公设集

表 A.1: EQT 电磁卷基础逻辑公设速查

项目	速查表述	电磁卷中的功能	不得作为公设加入的对象	章节
A1	唯一基础对象是按频率分族的能量子密度场 $\rho_f(\mathbf{x},t)$。	确定本卷第一对象为 $\rho_f^{(EM)}$，后续电荷、光子、场变量均从其密度、梯度、相位、流和状态分化中获得位置。	电荷、电子、光子、$\mathbf{E}$、$\mathbf{B}$、Maxwell 方程、QED 传播子。	1-3
A2	谱量原则：$E = h\nu$。	约束光子能量、吸收、辐射、电离、复合和光谱读出。	任意化的光子能量、无频率约束的跃迁或辐射。	2-5
A3	ρ_f 的演化由 EQT 主方程约束。	为电磁能量子流、局域守恒、三态转换、弱禁闭和 QED 线性响应提供动力学基础。	独立电磁专属方程、为回收 Maxwell/QED 临时添加的动力学规则。	4-8

续下页...

续表：EQT 电磁卷基础逻辑公设速查

项目	速查表述	电磁卷中的功能	不得作为公设加入的对象	章节
A4	跨频耦合由洛伦兹共振核约束。	约束自由态—束缚态转换、吸收、辐射、复合、腔 QED 耦合和壳层解锁。	任意耦合、无频率匹配条件的吸收或辐射过程。	6-10
M	所有结论必须从 A1—A4 推导，不能引入特设假设。	限制术语增殖、参数自由度和跨卷借用；要求 Maxwell/QED 回收、参数标定与失败条件。	电荷量子化公设、Maxwell 相容公设、QED 映射公设、事后调参。	全卷

A.2 电磁卷中的使用顺序

$$A1 \to \rho_f^{(EM)}$$

$$A1 + A3 \to \text{密度、流、梯度、状态分化}$$

$$A1 + A3 \to q$$

$$A1 + A2 + A3 \to \gamma_\nu$$

$$A1 + A3 \to \mathbf{E}, \mathbf{B}$$

$$A2 + A4 \to \text{吸收、辐射、复合、频率选择}$$

$$A3 + A4 \to \text{三态转换与弱禁闭}$$

$$M \to \text{标准回收、参数标定、失败条件}$$

因此，本卷的推导链仍保持为：

$$\begin{aligned}&\rho_f^{(EM)} \to q \to \theta_f \to q = e_0 n \to \\ &\qquad \text{三态} \to \mathbf{E}, \mathbf{B} \to \mathrm{Maxwell} \to \mathrm{QED} \to \\ &\qquad\qquad \text{弱禁闭} \to \text{过程动力学} \to \text{可证伪性}.\end{aligned}$$

本附录的作用，是为全书提供最小公设索引。正文各章只允许在这一索引内推进，不允许在推导中重新建立新的公设体系。

附录 B　符号表与术语分类表

本附录把电磁卷的核心符号与术语分为三类：基础定义、机制算子和检验工具。导论 0.4 已经提出这一术语纪律；本附录负责把它落实为可查表。凡不能归入这三类的概念，不应进入正文的物理论证主干。

B.1　符号速查表

表 B.1: EQT 电磁卷核心符号与机制定义速查

符号	类别	含义	主要使用位置	章节
$\rho_f(\mathbf{x},t)$	基础定义	按频率分族的能量子密度场；EQT 的唯一基础对象。	A1；全卷基础。	1-2
$\rho_f^{(EM)}$	基础定义	电磁频段能量子密度场；电磁卷第一对象。	电荷、光子、场变量的共同来源。	2
ρ_0	基础定义	电磁频段背景密度；用于定义局域偏差。	电荷定义的基础参考。	3
V_{int}	基础定义	电荷积分空间；由频率、相位、边界和局域稳定性限定。	物理荷量的空间积分域。	3-4
θ_f	基础定义	相位场；约束相位闭合、相位绕数、光子相干和有效规范自由度。	拓扑量子化与相干性描述。	4, 6

续下页...

续表：EQT 电磁卷核心符号与机制定义速查

符号	类别	含义	主要使用位置	章节
n	基础定义	相位绕数；满足 $\oint_{\partial V_{\text{int}}} \nabla\theta_f \cdot d\mathbf{l} = 2\pi n$。	电荷量子化的拓扑来源。	4
e_0	基础定义	基本电荷单位；把拓扑整数读出为物理电荷单位。	物理常数映射。	4
q	基础定义	由密度偏差积分与相位拓扑共同稳定的电荷。	宏观/微观电荷量。	3-4
$\mathbf{J}_f^{(EM)}$	机制算子	电磁能量子流；由扩散流与对流流组成。	动力学描述的核心流项。	2, 6
$k(f)$	机制算子	非线性自持系数；控制局域增强、弱禁闭和强场响应。	决定场形态的非线性特征。	2, F

续下页...

续表：EQT 电磁卷核心符号与机制定义速查

符号	类别	含义	主要使用位置	章节
$D(f)$	机制算子	扩散/传播系数；控制传播、屏蔽和响应核空间项。	决定场传播与空间分布。	2, F
$\Gamma(f)$	机制算子	耗散/衰减系数；控制自由态寿命、吸收与壳层衰减。	描述能量损耗与转化。	2, F
S_f	机制算子	源项；表示外部输入、局域注入或过程驱动。	系统外部驱动描述。	2, 10
$\mathcal{N}(f)$	机制算子	涨落项；连接量子噪声、真空涨落与 QED 响应。	统计涨落与真空效应。	8, E
R_c	机制算子	频率—空间共振半径；限定壳层、屏蔽与积分边界尺度。	局域结构的特征尺度。	9, F

续下页...

续表：EQT 电磁卷核心符号与机制定义速查

符号	类别	含义	主要使用位置	章节
ρ_f^{shell}	机制算子	局域光子壳层；电磁弱禁闭、屏蔽与虚光子云表象的机制基础。	虚过程的物理重释。	9
κ_E, κ_B	检验工具	有效电磁场映射系数；将密度梯度与流旋度映射至经典场。	Maxwell 极限标定。	6
$G(k, \omega)$	检验工具	QED 传播子的 EQT 线性响应核。	与标准 QED 结果的对接。	8, E
$\lambda_s(f)$	检验工具	屏蔽长度；用于比较 Debye 屏蔽与真空极化屏蔽。	实验精密检验指标。	9, 11

B.2 三类术语表

表 B.2: EQT 电磁卷逻辑分类与使用规范

类别	功能	核心条目	使用边界	章节
基础定义	界定本卷的基本对象和必要变量。	ρ_f、$\rho_f^{(EM)}$、ρ_0、V_{int}、θ_f、n、q、自由态、束缚态、凝聚态。	只能用于建立对象层级；不得把后置有效对象（如场变量）提前设为基础。	1-5
机制算子	描述生成过程、状态转换和局域响应。	梯度流、密度梯度、能量子流、相位锁定、频率共振、弱禁闭、光子壳层、三态转换、屏蔽、相位解锁。	必须追溯到 A1—A4 的逻辑演化；不得作为独立的特设公设加入。	2-10

续下页...

续表：EQT 电磁卷逻辑分类与使用规范

类别	功能	核心条目	使用边界	章节
检验工具	连接理论结构与标准理论（Maxwell/QED）或实验窗口。	Maxwell 极限、QED 有效表象、Coulomb 极限、传播子响应核、屏蔽长度、强场修正、腔 QED、实验验证项、失败条件。	用于限制和修正理论，而不是无限制地扩大解释范围；必须保留可证伪性。	6-15

B.3 术语使用顺序

$$\rho_f^{(EM)} \to q \to \theta_f, n \to V_{\text{int}}, R_c \to \text{三态} \to \mathbf{E}, \mathbf{B} \to \text{Maxwell 极限} \to \text{QED 有效表象} \to \text{电磁弱禁闭} \to \text{可证伪窗口}.$$

任何章节不得跳过前置定义，直接使用后置对象作为基础解释。电荷、光子、电场、磁场、虚光子云和 Maxwell/QED 结构，都必须在本术语表限定的层级中使用。

附录 C　电荷量子化补充推导

正文第 4.5 节已经承担从相位绕数推出 $q = e_0 n$ 的主推导。本附录不重复正文链条，而只补充三个技术边界：V_{int} 如何受到边界稳定性约束，e_0 如何作为最小稳定相位一积分单元的物理读出，以及有效分数电荷为什么不直接否定完整拓扑整数。

C.1　正文与本附录的分工

正文负责给出主链条：密度偏差定义电荷，相位闭合提供整数绕数，二者共同得到 $q = e_0 n$。本附录只说明该链条在边界选择、单位归一化和有效读出中的限制。

$$\rho_f^{(EM)} \to \rho_f^{(EM)} - \rho_0 \to V_{\text{int}} \to \theta_f \to \oint_{\partial V_{\text{int}}} \nabla\theta_f \cdot d\mathbf{l} = 2\pi n \to q = e_0 n.$$

C.2 V_{int} 的选择条件

积分空间不是任意数学体积。一个区域只有同时满足以下条件，才可作为电荷定义中的 V_{int}：第一，区域内存在稳定的 $\rho_f^{(EM)} - \rho_0$ 偏差；第二，边界上相位可闭合；第三，边界通量在相关时间尺度上可控或可补偿；第四，尺度与 R_c、屏蔽长度或局域共振条件相容；第五，外部扰动不能在观测尺度内持续破坏其相位边界。

因此，V_{int} 的物理含义不是“任意积分域”，而是相位—密度结构的稳定读出域。若为了得到预期电荷值而事后改变 V_{int}，电荷生成机制失去可证伪性。

C.3 最小稳定相位—积分单元与 e_0

e_0 不应被理解为新增电荷量子化公设。它在本卷中承担归一化功能：把最小稳定相位—积分单元读出为物理电荷单位。也就是说，当 $n = 1$ 且 V_{int} 满足稳定边界条件时，密度偏差积分对应一个基本电荷单位。

$$q = e_0 n, \qquad n \in \mathbb{Z}.$$

这一写法仍需后续数值化工作说明 e_0 如何与 Maxwell 标定、QED 有效电荷和实验单位制相容。本附录只明确其机制位置：e_0 是最小稳定相位—积分单元的物理读出尺度，不是绕过推导而外加的独立公设。

C.4 正负电荷与相位方向

正负电荷可理解为同一电磁频段密度场的两类稳定相位—密度分支。密度偏差方向与相位绕向共同决定可读出的极性。

$$\rho_f^{(EM)} > \rho_0 \Rightarrow \text{一种极性分支}, \rho_f^{(EM)} < \rho_0 \Rightarrow \text{另一种极性分支}.$$

$$n > 0 \quad \text{或} \quad n < 0.$$

因此，正负电荷不是两种先验实体，而是稳定积分空间中相反相位绕向与密度偏差分支的有效读出。

C.5 分数电荷与有效电荷

分数电荷或有效电荷现象不应被直接视为对整数绕数机制的否定。关键在于区分完整拓扑电荷与特定观测窗口下的有效读出。完整闭合结构满足：

$$q_{\text{top}} = e_0 n.$$

但实验可能只耦合到复合结构中的子区域、屏蔽后的外部响应，或凝聚态系统中的有效边界态。此时可写为：

$$q_{\text{eff}} = e_0 \int_{V_{\text{obs}}} \left(\rho_f^{(EM)} - \rho_0\right) dV, \qquad V_{\text{obs}} \subset V_{\text{int}}.$$

因此，q_{eff} 可以表现为分数化、屏蔽化或尺度依赖化；这并不意味着完整相位绕数变成任意实数，而是说明观测只读取了完整结构的一部分或其有效响应。

C.6 守恒与失败条件

若电荷对应稳定相位绕数，则在没有边界破裂、相位解锁或带电结构穿越边界的情况下，n 不能连续改变。

$$\frac{dq}{dt} = e_0 \frac{dn}{dt} = 0.$$

本附录对应的失败条件包括：V_{int} 无法非任意确定；e_0 无法与标准电荷单位和 Maxwell/QED 标定相容；相位绕数不能限制密度积分；有效分数电荷无法通过观测子区域、屏蔽或复合结构解释。若这些问题不能处理，电荷量子化机制必须降级或重写。

附录 D　Maxwell 极限推导补充

本附录的目的，是集中补充 Maxwell 极限的推导结构。正文第7章已经说明，Maxwell 方程不是本卷的基础公设，而是 $\rho_f^{(EM)}$ 在弱梯度、高占有数、低噪声、线性响应、边界稳定和宏观平均条件下形成的经典连续场极限。本附录只整理关键推导关系，不重新建立公设。

Maxwell 极限的适用条件可概括为：

$$\text{弱梯度}+\text{高占有数}+\text{低噪声}+\text{线性响应}+\text{边界稳定}+\text{宏观平均}.$$

在这些条件下，电磁能量子密度场的底层结构可以压缩为经典场变量：

$$\rho_f^{(EM)}, \quad \nabla\rho_f^{(EM)}, \quad \mathbf{J}_f^{(EM)}, \quad \theta_f \quad \Rightarrow \quad \mathbf{E}, \mathbf{B}, \rho_q, \mathbf{J}_q.$$

其中，电荷密度 ρ_q 是许多局域电荷结构的宏观平均，电流密度 $\mathbf{J}_q$ 是这些电荷结构的输运流。

D.1 Gauss 定律的回收

电荷在本卷中定义为：

$$q = e_0 \int_{V_{\text{int}}} \left(\rho_f^{(EM)} - \rho_0 \right) dV.$$

在大量稳定电荷结构的宏观平均下，可定义有效电荷密度：

$$\rho_q(\mathbf{x}, t).$$

电场则由电磁能量子密度梯度给出最低阶有效表象：

$$\mathbf{E} = -\kappa_E(f) \nabla \rho_f^{(EM)}.$$

当系统进入弱梯度和宏观平均极限时，电场通量与包围区域内的净电荷读出相联系：

$$\oint_{\partial V} \mathbf{E} \cdot d\mathbf{A} = \frac{Q_{\text{enc}}}{\varepsilon_0}.$$

由散度定理：

$$\oint_{\partial V} \mathbf{E} \cdot d\mathbf{A} = \int_V \nabla \cdot \mathbf{E} \, dV.$$

又有：

$$Q_{\text{enc}} = \int_V \rho_q \, dV.$$

因此，在任意宏观体积 V 上成立时，可得微分形式：

$$\nabla \cdot \mathbf{E} = \frac{\rho_q}{\varepsilon_0}.$$

这就是 Gauss 定律。在本卷中，它表示：电场散度不是原初给定，而是电荷密度偏差结构、积分空间稳定和密度梯度表象在 Maxwell 极限中的有效关系。

D.2 Faraday 定律的回收

磁场在本卷中不是基础对象，而是电磁能量子流旋度、相位滞后和矢势结构的有效表象。令矢势 $\mathbf{A}$ 表示能量子流和相位结构的有效变量：

$$\mathbf{B} = \nabla \times \mathbf{A}.$$

标量势 ϕ 表示密度偏差的有效标量表达。电场在势表象中可写为：

$$\mathbf{E} = -\nabla\phi - \frac{\partial \mathbf{A}}{\partial t}.$$

对电场取旋度：

$$\nabla \times \mathbf{E} = \nabla \times \left(-\nabla\phi - \frac{\partial \mathbf{A}}{\partial t}\right).$$

由于：

$$\nabla \times \nabla\phi = 0,$$

所以：

$$\nabla \times \mathbf{E} = -\frac{\partial}{\partial t}(\nabla \times \mathbf{A}).$$

再代入：

$$\mathbf{B} = \nabla \times \mathbf{A},$$

得到：

$$\nabla \times \mathbf{E} = -\frac{\partial \mathbf{B}}{\partial t}.$$

这就是 Faraday 定律。在本卷中，它表示：变化的磁流结构对应变化的相位—能流结构；该变化在连续场极限中表现为感应电场。

D.3 磁场无源条件

由于磁场定义为矢势的旋度：

$$\mathbf{B} = \nabla \times \mathbf{A},$$

因此：

$$\nabla \cdot \mathbf{B} = \nabla \cdot (\nabla \times \mathbf{A}).$$

根据向量恒等式：

$$\nabla \cdot (\nabla \times \mathbf{A}) = 0,$$

可得：

$$\nabla \cdot \mathbf{B} = 0.$$

这就是 Maxwell 方程组中的磁场无源条件。在本卷中，它表示：磁场作为能量子流旋度和相位滞后的有效表象，并不对应独立的磁荷源。只要磁场仍由旋度结构定义，磁单极源项就不在本卷的标准 Maxwell 极限中出现。

这一点也说明，若未来实验发现稳定磁单极，电磁卷的标准磁场回收方式需要修改或扩展。当前附录只处理无磁单极的 Maxwell 极限。

D.4 Ampère–Maxwell 方程的回收

带电结构运动时，其宏观平均表现为电荷电流：

$$\mathbf{J}_q = \rho_q \mathbf{v}.$$

在 EQT 语言中，$\mathbf{J}_q$ 是稳定相位—密度电荷结构的输运流。该输运会引起周围电磁能量子流的环流和相位滞后，从而生成磁场旋度。

稳恒情况下，可得到 Ampère 项：

$$\nabla \times \mathbf{B} \sim \mu_0 \mathbf{J}_q.$$

但若电荷密度随时间变化，仅有 $\mathbf{J}_q$ 不足以保证局域连续性。电荷守恒要求：

$$\frac{\partial \rho_q}{\partial t} + \nabla \cdot \mathbf{J}_q = 0$$

Gauss 定律给出：

$$\nabla \cdot \mathbf{E} = \frac{\rho_q}{\varepsilon_0}.$$

对时间求导：

$$\nabla \cdot \frac{\partial \mathbf{E}}{\partial t} = \frac{1}{\varepsilon_0} \frac{\partial \rho_q}{\partial t}.$$

代入电荷连续性：

$$\nabla \cdot \mathbf{J}_q = -\frac{\partial \rho_q}{\partial t},$$

可得：

$$\nabla \cdot \left(\mathbf{J}_q + \varepsilon_0 \frac{\partial \mathbf{E}}{\partial t} \right) = 0$$

因此，能够产生连续磁场旋度的总有效电流为：

$$\mathbf{J}_{\text{tot}} = \mathbf{J}_q + \varepsilon_0 \frac{\partial \mathbf{E}}{\partial t}.$$

由此得到 Ampère–Maxwell 方程：

$$\nabla \times \mathbf{B} = \mu_0 \mathbf{J}_q + \mu_0 \varepsilon_0 \frac{\partial \mathbf{E}}{\partial t}.$$

其中：

$$\mathbf{J}_{\text{disp}} = \varepsilon_0 \frac{\partial \mathbf{E}}{\partial t}$$

是位移电流。在本卷中，位移电流解释为 $\rho_f^{(EM)}$ 的时间变化、密度梯度重排和有效电场变化所形成的流量项。它不是带电粒子流，但也不是纯数学补丁，而是电磁能量子密度场动态重排的 Maxwell 极限表达。

D.5 电磁波方程的回收

在无源区域中，有：

$$\rho_q = 0, \qquad \mathbf{J}_q = 0.$$

Maxwell 方程组变为：

$$\nabla \cdot \mathbf{E} = 0,$$

$$\nabla \cdot \mathbf{B} = 0,$$

$$\nabla \times \mathbf{E} = -\frac{\partial \mathbf{B}}{\partial t},$$

$$\nabla \times \mathbf{B} = \mu_0 \varepsilon_0 \frac{\partial \mathbf{E}}{\partial t}.$$

对 Faraday 定律取旋度：

$$\nabla \times (\nabla \times \mathbf{E}) = -\frac{\partial}{\partial t}(\nabla \times \mathbf{B}).$$

利用向量恒等式：

$$\nabla \times (\nabla \times \mathbf{E}) = \nabla(\nabla \cdot \mathbf{E}) - \nabla^2 \mathbf{E}.$$

由于无源区域中：

$$\nabla \cdot \mathbf{E} = 0,$$

所以：

$$-\nabla^2 \mathbf{E} = -\frac{\partial}{\partial t}(\nabla \times \mathbf{B}).$$

代入 Ampère–Maxwell 方程：

$$\nabla \times \mathbf{B} = \mu_0 \varepsilon_0 \frac{\partial \mathbf{E}}{\partial t},$$

得到：

$$\nabla^2 \mathbf{E} = \mu_0 \varepsilon_0 \frac{\partial^2 \mathbf{E}}{\partial t^2}.$$

因此：

$$\nabla^2 \mathbf{E} - \frac{1}{c^2} \frac{\partial^2 \mathbf{E}}{\partial t^2} = 0,$$

其中：

$$c^2 = \frac{1}{\mu_0 \varepsilon_0}.$$

同理，对 Ampère–Maxwell 方程取旋度，并使用 Faraday 定律，可得磁场波动方程：

$$\nabla^2 \mathbf{B} - \frac{1}{c^2} \frac{\partial^2 \mathbf{B}}{\partial t^2} = 0$$

这说明，在无源、低耗散、线性响应和自由态传播条件下，电磁能量子密度场的连续场表象满足标准电磁波方程。

D.6 光速极限的解释

在 Maxwell 极限中，电磁波传播速度为：

$$c = \frac{1}{\sqrt{\mu_0 \varepsilon_0}}.$$

在本卷中，μ_0 与 ε_0 不被视为更底层的独立本体，而是电磁频段在宏观连续场极限中的有效响应常数。它们分别压缩了电磁能量子密度梯度响应、能量子流旋度响应、背景密度响应和单位制映射。

因此，光速 c 在本卷中被解释为 $\rho_f^{(EM)}$ 的自由态扰动在低耗散、线性、无源和宏观平均条件下的有效传播速度。本附录不声称已经从 $A1$–$A4$ 独立计算出 c 的数值，而是说明 Maxwell 极限中的光速关系如何被回收。

D.7 推导边界

本附录中的推导只在 Maxwell 极限下成立。若出现以下情形，标准 Maxwell 形式可能需要修正：

强场非线性,

高频短时标,

局域光子壳层显著,

屏蔽破裂,

强真空极化,

非线性介质响应,

量子涨落主导.

在这些情况下，$\rho_f^{(EM)}$ 的主方程、三态转换、涨落项、耗散项和相位结构可能不能再压缩为标准 Maxwell 方程组。此时应进入 QED 有效表象、非线性响应理论或更底层的 EQT 描述。

D.8 小结

Maxwell 方程组在本卷中不是基础公设，而是有效极限。其回收路径可以概括为：

$$\rho_f^{(EM)} \to q, \rho_q, \mathbf{J}_q \to \mathbf{E}, \mathbf{B} \to \text{Maxwell 方程组} \to \text{电磁波方程}.$$

Gauss 定律来自电荷密度偏差结构与电场通量关系；Faraday 定律来自变化的相位—能流结构；磁场无源条件来自磁场的旋度定义；Ampère–Maxwell 方程来自电荷输运与位移流共同形成的磁场旋度；波动方程来自无源条件下电场和磁场的相互生成。

因此，本卷的 Maxwell 回收不是把标准方程重新命名，而是说明它们如何作为 $\rho_f^{(EM)}$ 在经典连续场条件下的有效表象出现。

附录 E　QED 线性响应对应

本附录的目的，是集中说明本卷如何在机制层面对 QED 的若干核心对象进行线性响应解释。这里讨论的对象包括光子传播子、虚光子、真空极化、有效电荷和重整化边界。本附录不试图替代 QED 的成熟计算体系，也不重新推导完整量子场论；它只说明这些 QED 对象如何在 $\rho_f^{(EM)}$ 的涨落、响应和尺度依赖结构中获得位置。

E.1　QED 有效表象的基本定位

在本卷中，QED 不是被废除的理论，而是电磁频段 $\rho_f^{(EM)}$ 在单激发、涨落响应、微扰耦合和量子读出条件下形成的有效量子表象。其基本重排关系为：

$$\rho_f^{(EM)} \to \text{自由态光子} \to \text{涨落—响应传播子} \to \text{有效电荷与重整化}.$$

其中，真实光子对应自由态激发；虚光子对应内部涨落—响应表象；传播子对应线性响应核；真空极化对应局域 $\rho_f^{(EM)}$ 重排；有效电荷对应不同尺度下可测耦合的变化。

这一定位要求同时满足两点：第一，QED 的低能有效结果必须保留；第二，QED 中的对象不能被直接升级为本卷的基础公设。

E.2 光子传播子的线性响应解释

QED 中的光子传播子描述电磁场扰动如何在量子场论中传播。在本卷中，它被机制性解释为 $\rho_f^{(EM)}$ 对局域扰动的线性响应函数。

设外部源项或局域电荷结构对电磁频段密度场产生扰动：

$$S_f(k,\omega).$$

线性响应形式可写为：

$$\delta\rho_f^{(EM)}(k,\omega) = G(k,\omega)S_f(k,\omega).$$

其中，$G(k,\omega)$ 是有效响应核。若从 EQT 主方程在背景态附近线性化，可得示意形式：

$$G(k,\omega) \sim \left[-i\omega + D(f)k^2 + \Gamma(f) + \Sigma(f,k,\omega)\right]^{-1}.$$

这里，$-i\omega$ 表示时间演化，$D(f)k^2$ 表示空间响应，$\Gamma(f)$ 表示耗散或屏蔽，$\Sigma(f,k,\omega)$ 表示涨落、自能、介质、边界和高阶耦合修正。

该式不是完整 QED 传播子的替代公式。它的作用是说明：传播子在机制层面可以理解为线性化响应算子的逆，而不是独立传播实体。

E.3 虚光子的机制解释

虚光子在 QED 中是内部线，是微扰计算中的传播子表象。它不是可直接探测的自由态光子，也不应被理解为围绕带电粒子飞行的真实光子群。

在本卷中，虚光子被解释为：

$$\text{虚光子} = \rho_f^{(EM)} \text{ 的涨落—响应表象.}$$

更具体地说：

$$\text{虚光子} \leftrightarrow \mathcal{N}(f) + G(k,\omega) + \delta\rho_f^{(EM)} + \text{局域相位—能流重排.}$$

其中，$\mathcal{N}(f)$ 是涨落项，$G(k,\omega)$ 是响应核，$\delta\rho_f^{(EM)}$ 是局域密度重排。虚光子语言在计算中可以继续使用，但其本体地位应理解为响应结构，而不是自由态实体。

因此，库仑作用可以有两个等价层级的描述：

QED 计算层：虚光子交换;

EQT 机制层：$\rho_f^{(EM)}$ 的密度—相位—流响应.

E.4 真空极化的局域重排解释

QED 中的真空极化描述真空涨落对电磁传播和有效电荷的修正。在本卷中，真空极化被解释为带电结构引起的局域 $\rho_f^{(EM)}$ 重排。

可写为：

$$q \to \delta\rho_f^{(EM)} \to \text{局域响应重排} \to q_{\text{eff}}(\ell).$$

这里，q 是由积分空间与相位拓扑定义的电荷，$\delta\rho_f^{(EM)}$ 是周围背景密度场的响应，$q_{\text{eff}}(\ell)$ 是尺度 ℓ 下可测有效电荷。

真空极化不是说真空中凭空出现独立实体，而是说背景电磁能量子密度场 ρ_0、涨落项 $\mathcal{N}(f)$ 和响应核 $G(k,\omega)$ 在带电结构附近发生局域重排。这一重排在 QED 中表现为真空极化图和传播子修正，在 EQT 中表现为局域密度、相位和响应结构变化。

E.5 有效电荷的尺度依赖解释

本卷定义电荷为：

$$q = e_0 \int_{V_{\mathrm{int}}} \left(\rho_f^{(EM)} - \rho_0\right) dV.$$

但实验中测得的耦合强度可能随尺度改变。在 QED 中，这表现为有效电荷或跑动耦合。在本卷中，有效电荷可解释为不同观测尺度、频率窗口和可耦合积分区域下的读出：

$$q_{\mathrm{eff}}(\ell) = e_0 \int_{V_{\mathrm{int}}(\ell)} \left[\rho_f^{(EM)} - \rho_0 + \delta\rho_{\mathrm{pol}}^{(EM)}(\ell)\right] dV.$$

其中，$\delta\rho_{\mathrm{pol}}^{(EM)}(\ell)$ 表示尺度 ℓ 下可读出的局域极化或真空响应。低能长距离观测看到的是经过屏蔽和真空极化修饰后的有效电荷；高能短距离探针可能穿透部分响应层，读出不同耦合强度。

这说明，有效电荷不是新的基础电荷，而是电荷核心与周围 $\rho_f^{(EM)}$ 响应结构共同形成的可测耦合。

E.6 重整化的解释边界

QED 重整化包括正规化、反项、重整化条件、Ward 恒等式、规范不变性、重整化群流和高阶微扰计算。这些内容构成成熟技术体系。本卷没有完成这些技术的替代。

本卷对重整化的解释仅限于以下机制性重排：

有效电荷 $\to$ 不同尺度积分空间下的可测耦合;

真空极化 $\to$ 局域 $\rho_f^{(EM)}$ 重排;

传播子修正 $\to G(k,\omega)$ 的 $\Sigma(f,k,\omega)$ 项;

顶点修正 $\to$ 量子化电荷结构与响应核的耦合修正.

因此，本卷不能声称“已经完成 QED 重整化”。更准确的表述是：本卷为 QED 重整化对象提供机制性解释候选，但完整数学对应仍需后续研究。

E.7 对应关系总表

QED 与 EQT 的线性响应对应可概括为：

QED 对象	EQT 机制解释
真实光子	$\rho_f^{(EM)}$ 的自由态量子激发
虚光子	$\rho_f^{(EM)}$ 的涨落—响应表象
光子传播子	线性响应核 $G(k,\omega)$
真空极化	局域 $\rho_f^{(EM)}$ 重排
有效电荷	尺度依赖的积分空间读出
重整化	尺度依赖响应的计算体系
顶点耦合	$q=e_0n$ 与响应核的有效耦合

该表的含义不是把 QED 简化为 EQT 的初级近似，而是说明：QED 对象可以在 $\rho_f^{(EM)}$ 的机制结构中获得解释位置。

E.8 失败条件

本附录对应的失败条件包括：

第一，若真实光子不能作为自由态激发解释，则 QED 外线光子接口失败。

第二，若虚光子无法对应任何涨落项、响应核或局域重排，则虚光子机制解释失败。

第三，若传播子不能从线性响应算子中得到任何可比较结构，则 QED 传播子接口失败。

第四，若真空极化不能对应局域 $\rho_f^{(EM)}$ 重排，则有效电荷和重整化解释失败。
第五，若 QED 低能精密结果无法被保留，则本卷整体失败。

第六，若所有 QED 修正都只能通过 $\Sigma(f, k, \omega)$ 的任意事后调节解释，则本卷违反元规范 M。

E.9 小结

本附录说明，QED 的核心对象可以在 EQT 电磁卷中获得线性响应层面的机制位置。真实光子是自由态激发；虚光子是涨落—响应表象；传播子是响应核；真空极化是局域 $\rho_f^{(EM)}$ 重排；有效电荷是不同尺度下的可测耦合；重整化是这些尺度依赖响应的成熟计算体系。

本附录的边界同样明确：它没有替代 QED，没有完成完整量子场论重构，也没有给出所有高阶修正的定量公式。它只提供 QED 对象的机制性对应框架。

附录 F 参数、量纲与数值标定

本附录的目的，是集中列出电磁卷数值化所需的核心参数，并说明其物理含义、量纲角色、标定来源与使用边界。本附录不新增公设，也不把参数作为事后拟合工具。所有参数都必须服务于 $A1$–$A4$ 与元规范 M：从 $\rho_f^{(EM)}$ 出发，经过主方程、相位结构、积分空间和三态转换，最终回收 Maxwell/QED 的有效结果，并保留可证伪预言。

本卷涉及的核心参数和结构包括：

$$k(f),\quad D(f),\quad \Gamma(f),\quad S_f,\quad \mathcal{N}(f),\quad R_c,\quad V_{\text{int}},\quad \kappa_E,\quad \kappa_B.$$

这些量的共同要求是：必须在不同实验窗口中保持一致约束，不能为每个现象单独调节。若某一参数只能通过事后拟合获得，则它不能构成本卷的有效理论资源。

F.1 参数总表

表 F.1: EQT 电磁动力学参数与映射系数标定表

符号	名称	主要作用	标定窗口	章节
$k(f)$	非线性自持系数	负责能量子的局域增强、弱禁闭效应及非线性动力学响应。	强场物理、电离过程、非线性光学实验。	2, F
$D(f)$	扩散/传播系数	约束能量子的传播速度、屏蔽效应及线性响应核的空间项。	Maxwell 极限、腔模分析、等离子体物理。	2, F
$\Gamma(f)$	耗散/衰减系数	描述能量吸收、屏蔽衰减及局域壳层（光子云）的寿命。	吸收光谱、腔 QED 实验、介质损耗标定。	2, F
S_f	源项	表示外部驱动输入、激光注入或外部带电扰动。	实验输入独立给定。	2, 10

续下页...

续表：EQT 电磁动力学参数与映射系数标定表

符号	名称	主要作用	标定窗口	章节
$\mathcal{N}(f)$	涨落项	关联真空涨落、系统量子噪声及 QED 阶修正。	量子光学、Lamb 位移测量、噪声能谱。	8, E
R_c	频率—空间共振半径	限定局域壳层边界、屏蔽尺度及电荷积分的有效边界。	近场光学、屏蔽效应、纳米/微腔结构。	9, F
V_{int}	积分空间	用于电荷定义、相位闭合校验及拓扑量子化判别。	电荷量子化实验、高能散射截面。	3-4, C
κ_E	电场映射系数	实现从密度梯度 $\nabla\rho_f^{(EM)}$ 到有效电场 $\mathbf{E}$ 的量纲标定。	Coulomb 定律验证、Gauss 定律精密测量。	6
κ_B	磁场映射系数	实现从流旋度 $\nabla\times\mathbf{J}_f^{(EM)}$ 到有效磁场 $\mathbf{B}$ 的量纲标定。	Ampère 定律验证、磁场精密测量。	6

F.2 $k(f)$：非线性自持系数

$$k(f)$$

表示电磁频段能量子密度场中的非线性自持、局域增强或结构生成强度。它通常出现在主方程的非线性项中：

$$k(f)\left(\rho_f^{(EM)}\right)^m.$$

在弱场 Maxwell 极限中，该项应当被线性化、平均化或保持足够小；在强场、非线性光学、局域光子壳层形成、电离阈值变化和屏蔽破裂中，它可能变得重要。

标定原则：$k(f)$ 应通过强场电离、非线性吸收、饱和响应、高阶谐波或局域屏蔽破裂等实验约束。不能在不同实验中任意改变 $k(f)$ 的数值或频率依赖。

F.3 $D(f)$：扩散/传播系数

$$D(f)$$

表示 $\rho_f^{(EM)}$ 的空间传播、扩散或响应能力。它进入主方程中的空间项：

$$D(f)\nabla^2\rho_f^{(EM)}.$$

也进入传播子响应核的示意结构：

$$G(k,\omega) \sim \left[-i\omega + D(f)k^2 + \Gamma(f) + \Sigma(f,k,\omega)\right]^{-1}.$$

同时，它参与频率—空间共振半径的估计：

$$R_c \sim \sqrt{\frac{D(f)}{k(f)\rho_0}}.$$

标定原则：$D(f)$ 应在 Maxwell 极限、光传播、腔模频率、等离子体波、介质响应和局域恢复时间中受到共同约束。若 $D(f)$ 无法同时解释传播与局域响应，则电磁频段的统一动力学不足。

F.4 $\Gamma(f)$：耗散/衰减系数

$$\Gamma(f)$$

表示电磁频段能量子密度场的耗散、吸收、衰减或局域寿命控制项。它在主方程中写作：

$$-\Gamma(f)\rho_f^{(EM)}.$$

在自由态中，$\Gamma(f)$ 较小对应低耗散传播；在束缚态和介质中，$\Gamma(f)$ 控制吸收宽度、壳层寿命、屏蔽恢复和非辐射耗散。

标定原则：$\Gamma(f)$ 应由吸收谱线宽、腔 QED 衰减率、介质吸收系数、等离子体阻尼和强场扰动后的恢复时间约束。不能把 $\Gamma(f)$ 作为解释所有偏差的万能损耗项。

F.5 S_f：源项

$$S_f$$

表示外部注入或局域源项，包括入射光场、激光脉冲、带电结构扰动、电子束、边界驱动、腔输入或局域释放。它在主方程中作为输入项出现：

$$+S_f.$$

标定原则：S_f 必须由实验条件独立给定。例如入射光频率、强度、脉冲宽度、光子数、电子束能量、腔驱动幅度等。S_f 不应作为自由拟合项，否则模型会把实验输入与理论机制混为一谈。

F.6 $\mathcal{N}(f)$：涨落项

$$\mathcal{N}(f)$$

表示电磁频段的涨落谱、量子噪声、真空响应和随机扰动入口。它与自发辐射、真空极化、QED 传播子修正和量子光学噪声相关。

其相关函数可写为示意形式：

$$\langle \mathcal{N}(f,t)\mathcal{N}(f',t')\rangle = C_N(f,f';t-t').$$

标定原则：$\mathcal{N}(f)$ 应通过自发辐射率、量子噪声谱、腔 QED 真空涨落、Lamb 位移、真空极化和强场量子效应约束。它不能被用作任意误差项。

F.7　R_c：频率—空间共振半径

$$R_c$$

表示某一频率条件下，$\rho_f^{(EM)}$ 形成局域束缚、屏蔽或共振响应的典型空间尺度。最低阶可写为：

$$R_c \sim \sqrt{\frac{D(f)}{k(f)\rho_0}},$$

更一般地：

$$R_c = R_c[D(f), k(f), \rho_0, \Gamma(f)].$$

标定原则：R_c 应由近场响应、屏蔽长度、纳米结构光学、腔模式局域化、原子尺度吸收和等离子体屏蔽共同约束。若 R_c 可任意选取，则光子壳层和弱禁闭机制不可证伪。

F.8 V_{int}：积分空间

$$V_{\text{int}}$$

是电荷定义的核心结构：

$$q = e_0 \int_{V_{\text{int}}} (\rho_f^{(EM)} - \rho_0) dV.$$

它由频率、相位、边界、共振半径和局域稳定性决定，并必须满足相位闭合条件：

$$\oint_{\partial V_{\text{int}}} \nabla\theta_f \cdot d\mathbf{l} = 2\pi n.$$

标定原则：V_{int} 必须通过电荷量子化、相位绕数、高能散射、有效电荷读出和局域边界稳定共同约束。若 V_{int} 只能为得到 $q = e_0 n$ 而事后选择，则电荷机制失败。

F.9 κ_E：电场映射系数

$$\kappa_E$$

用于把电磁能量子密度梯度映射为有效电场：

$$\mathbf{E} = -\kappa_E(f)\nabla\rho_f^{(EM)}.$$

在 Maxwell 极限中，κ_E 必须与 ε_0、Coulomb 定律、Gauss 定律和单位制相容。它是从底层密度梯度到经典电场变量之间的桥接系数。

标定原则：κ_E 应在弱场静电实验、Coulomb 力、Gauss 定律、介电响应和电势测量中固定。一旦固定，不得在强场或局域壳层问题中任意重标定。

F.10 κ_B：磁场映射系数

$$\kappa_B$$

用于把电磁能量子流旋度、相位滞后和运动响应映射为有效磁场。示意写法为：

$$\mathbf{B} \sim \kappa_B(f)\nabla \times \mathbf{J}_f^{(EM)} + \text{phase-lag terms.}$$

在 Maxwell 极限中，κ_B 必须与 μ_0、Ampère–Maxwell 方程、磁场测量和电磁波速度相容。

标定原则：κ_B 应通过稳恒电流磁场、感应实验、磁响应、腔模磁场分布和电磁波传播固定。若 κ_E 与 κ_B 不能共同回收

$$c = \frac{1}{\sqrt{\mu_0 \varepsilon_0}},$$

则 Maxwell 极限回收失败。

F.11 分阶段标定原则

参数标定应分三步进行。

第一步，在标准重合区标定基础映射参数：

$$\kappa_E, \quad \kappa_B, \quad D(f).$$

目标是回收 Coulomb 定律、Gauss 定律、Ampère–Maxwell 方程和电磁波速度。

第二步，在局域响应区标定动力学参数：

$$k(f), \quad \Gamma(f), \quad R_c, \quad \mathcal{N}(f).$$

目标是解释吸收、屏蔽、腔 QED、非线性响应和局域光子壳层。

第三步，在预测窗口检验外推能力：

$$V_{\text{int}}, \quad \mathcal{N}(f), \quad \Sigma(f,k,\omega), \quad \Gamma_{F\to B}.$$

目标是检验高能散射、强场真空极化、阿秒实验、相位拓扑系统和腔 QED 精密偏差。

F.12 失败条件

本附录对应的失败条件如下。

第一，若 κ_E, κ_B 无法回收 Maxwell 极限，本卷失败。

第二，若 V_{int} 不能稳定给出电荷量子化，本卷失败。

第三，若 $k(f), D(f), \Gamma(f)$ 只能按实验结果事后调整，本卷失败。

第四，若 $\mathcal{N}(f)$ 无法与量子光学或 QED 精密结果相容，本卷的 QED 接口失败。

第五，若 R_c 无法在局域壳层、屏蔽长度和近场响应中得到一致解释，电磁弱禁闭失败。

第六，若 S_f 不是由实验输入独立确定，而被当作自由拟合源项，数值模型失去可证伪性。

F.13 小结

本附录列出的参数不是装饰性符号，而是电磁卷从机制推导走向数值检验的必要接口。其核心要求是：

参数必须独立标定，不能事后任意拟合。

只有当

$$k(f), D(f), \Gamma(f), S_f, \mathcal{N}(f), R_c, V_{\text{int}}, \kappa_E, \kappa_B$$

在不同实验窗口中受到共同约束，本卷的电磁机制才具有可计算性和可证伪性。

附录 G　实验窗口与失败条件速查表

本附录的目的，是把正文第11章提出的可证伪框架压缩为一张实验窗口与失败条件清单。该表不提供新的推导，也不引入新的公设，而是把本卷的核心机制转化为可检验量、标准理论预期、EQT 可能偏离和对应失败条件。其基本原则是：若某一机制不能进入可比较、可测量、可失败的实验窗口，它就不能作为本卷的强主张保留。

G.1　实验窗口总表

表 G.1: EQT 电磁机制检验、偏离预言与失败条件速查

机制	可检验量与标准预期	EQT 可能偏离	失败条件	章节
电荷积分结构	**量**：高能散射形状因子、短程偏离。**预**：标准模型适用区内为点状或已知跑动耦合。	若 V_{int} 有边界结构，极高动量转移下可能出现额外尺度依赖或边界效应。	若所有实验均排除任何 V_{int} 边界效应，电荷积分空间降级为机制性定义。	3-4
电荷量子化	**量**：相位可控系统响应、边界态阶跃。**预**：相位绕数可导致拓扑量子化。	相位绕数变化可能对应有效源项、边界响应或耦合强度的离散变化。	若相位绕数无法与任何稳定耦合或量子化响应建立物理关系，机制失败。	4

续下页...

续表：EQT 电磁机制检验、偏离预言与失败条件速查

机制	可检验量与标准预期	EQT 可能偏离	失败条件	章节
E, **B** 映射	**量：** Coulomb/Gauss 定律、Ampère 感应。**预：** 严格满足 Maxwell 方程。	极强场下 $\nabla\rho_f$ 的非线性项或强相位控制下的相位滞后可能导致微小偏离。	若弱场不能回收 Maxwell，或强场偏离只能靠任意调参解释，机制失败。	6
Maxwell 极限	**量：** 弱场、低频、高占有数实验。**预：** 完全满足 Maxwell 方程组。	**不应出现偏离。**	若本卷在此经典区域给出任何偏离，本卷理论直接失败。	6
真实/虚光子	**量：** 单光子探测、Lamb 位移、近场响应。**预：** 满足 $E = h\nu$ 与 QED 传播子计算。	自由态—束缚态转换在超短时标或强边界下可能出现时滞或 $G(k, \omega)$ 修正。	若虚光子云无法对应任何局域 ρ_f^{shell} 响应结构，QED 机制解释失败。	8-9

续下页...

续表：EQT 电磁机制检验、偏离预言与失败条件速查

机制	可检验量与标准预期	EQT 可能偏离	失败条件	章节
真空极化	**量：** 真空双折射、光—光散射、跑动耦合。**预：** 由 QED 精密预测。	强场或极端边界下可能出现与 $\rho_0, \mathcal{N}(f)$ 相关的附加环境依赖。	若真空极化无法对应任何局域 $\rho_f^{(EM)}$ 重排机制，本项失败。	8, E
弱禁闭机制	**量：** Debye 屏蔽、原子尺度屏蔽、近场。**预：** 标准等离子体/介质理论结果。	屏蔽长度可能显示频率、相位、壳层尺度或强场下的“解锁”依赖。	若 $\rho_f^{shell}(r)$ 无法与屏蔽或虚光子表象建立一致关系，机制失败。	9
三态转换	**量：** 吸收谱、辐射率、电离/复合。**预：** 标准量子跃迁与光谱学结果。	极短时标或相位控制下，转换速率 Γ 可能出现非平庸的相位或频率核依赖。	若所有吸收/辐射过程不能统一为三态转换动力学，本章机制失败。	2, 10

续下页...

续表：EQT 电磁机制检验、偏离预言与失败条件速查

机制	可检验量与标准预期	EQT 可能偏离	失败条件	章节
参数标定	**量：** 所有机制参数（D, κ, k 等）的一致性。**预：** 由独立实验固定。	EQT 参数应在多个物理窗口（如强场与近场）中保持共同约束。	若所有参数只能靠事后（post-hoc）拟合各实验，本卷失去预言力。	全卷

G.2 五类优先实验窗口

本卷最值得优先发展的实验窗口可压缩为五类。

第一，XFEL / 阿秒激光窗口。该窗口主要检验局域 $\rho_f^{(EM)}$ 重排、强场电离、相位滞后和光子壳层解锁。关键可检验量包括电离延迟、瞬态吸收谱、强场阈值、局域屏蔽恢复时间。

第二，腔 QED 窗口。该窗口主要检验传播子响应核、真空涨落和边界相位条件。关键可检验量包括腔模频移、Lamb 位移、自发辐射率、Rabi 分裂、少光子非线性。

第三，相位拓扑窗口。该窗口主要检验相位绕数与有效

耦合量子化之间的关系。适合平台包括超冷原子、人工规范场、拓扑光子系统、Josephson 阵列和量子霍尔边界。

第四，强场真空极化窗口。该窗口主要检验背景 $\rho_f^{(EM)}$ 的涨落响应。关键可检验量包括真空双折射、光—光散射、强场折射率修正和有效电荷尺度依赖。

第五，高能散射窗口。该窗口主要检验 V_{int} 是否具有可测边界效应。关键可检验量包括高动量转移散射截面、形状因子、顶点修正和短程有效电荷读出。

G.3 总失败判据

本卷的总体失败判据可以压缩为以下八条：

若 $\rho_f^{(EM)}$ 不能非任意定义电荷，本卷失败。

若 $q = e_0 n$ 不能从相位拓扑与积分空间推出，本卷失败。

若 $\mathbf{E}, \mathbf{B}$ 不能从密度梯度和能量流旋度推出，本卷失败。

若 Maxwell 方程不能作为弱梯度极限回收，本卷失败。

若 QED 低能有效结果不能保留，本卷失败。

若非线性修正没有可检验窗口，本卷失败。

若所有参数只能事后调节，本卷失败。

若电磁弱禁闭无法与屏蔽或 QED 虚光子云比较，本卷失败。

因此，本附录的结论是：本卷的实验计划不应以“寻找所有异常”为目标，而应以“检验核心机制是否能失败”为目标。可证伪性不是正文之外的补充，而是本卷能否成为学术理论的必要条件。

附录 H　参考文献

本附录列出本卷建议采用的背景性与扩展性参考文献。参考文献的功能不是为 EQT 公设提供外部证明，也不是把本卷推导建立在既有理论之上，而是帮助读者理解本卷所涉及的标准理论背景、数学工具、实验语境和可检验窗口。正文推导仍以 $A1$–$A4$ 与元规范 M 为唯一正式理论起点。

H.1　经典电磁学与 Maxwell 理论

- Jackson, John David. 1999. Classical Electrodynamics. 3rd ed. New York: Wiley.
- Griffiths, David J. 2017. Introduction to Electrodynamics. 4th ed. Cambridge: Cambridge University Press.
- Landau, L. D., and E. M. Lifshitz. 1984. Electrodynamics of Continuous Media. 2nd ed. Oxford: Pergamon Press.

- Panofsky, Wolfgang K. H., and Melba Phillips. 2005. Classical Electricity and Magnetism. 2nd ed. Mineola, NY: Dover Publications.
- Maxwell, James Clerk. 1865. "A Dynamical Theory of the Electromagnetic Field." Philosophical Transactions of the Royal Society of London 155: 459–512.
- Heaviside, Oliver. 1893. Electromagnetic Theory. Vol. 1. London: The Electrician Printing and Publishing Company.
- Lorentz, Hendrik A. 1895. Versuch einer Theorie der electrischen und optischen Erscheinungen in bewegten Körpern. Leiden: E. J. Brill.

H.2 量子力学、光子与量子光学

- Dirac, P. A. M. 1958. The Principles of Quantum Mechanics. 4th ed. Oxford: Oxford University Press.
- Sakurai, J. J., and Jim Napolitano. 2020. Modern Quantum Mechanics. 3rd ed. Cambridge: Cambridge University Press.
- Cohen-Tannoudji, Claude, Bernard Diu, and Franck Laloë. 1977. Quantum Mechanics. 2 vols. New York:

Wiley.

- Glauber, Roy J. 1963. “The Quantum Theory of Optical Coherence.” Physical Review 130 (6): 2529–2539.
- Mandel, Leonard, and Emil Wolf. 1995. Optical Coherence and Quantum Optics. Cambridge: Cambridge University Press.
- Scully, Marlan O., and M. Suhail Zubairy. 1997. Quantum Optics. Cambridge: Cambridge University Press.
- Walls, Daniel F., and Gerard J. Milburn. 2008. Quantum Optics. 2nd ed. Berlin: Springer.
- Loudon, Rodney. 2000. The Quantum Theory of Light. 3rd ed. Oxford: Oxford University Press.
- Carmichael, Howard J. 1993. An Open Systems Approach to Quantum Optics. Berlin: Springer.

H.3 QED、传播子、重整化与真空极化

- Feynman, Richard P. 1949. “Space-Time Approach to Quantum Electrodynamics.” Physical Review 76 (6): 769–789.

- Schwinger, Julian. 1948. "On Quantum-Electrodynamics and the Magnetic Moment of the Electron." Physical Review 73 (4): 416–417.

- Tomonaga, Sin-Itiro. 1946. "On a Relativistically Invariant Formulation of the Quantum Theory of Wave Fields." Progress of Theoretical Physics 1 (2): 27–42.

- Dyson, Freeman J. 1949. "The Radiation Theories of Tomonaga, Schwinger, and Feynman." Physical Review 75 (3): 486–502.

- Bjorken, James D., and Sidney D. Drell. 1965. Relativistic Quantum Fields. New York: McGraw-Hill.

- Itzykson, Claude, and Jean-Bernard Zuber. 1980. Quantum Field Theory. New York: McGraw-Hill.

- Peskin, Michael E., and Daniel V. Schroeder. 1995. An Introduction to Quantum Field Theory. Boulder, CO: Westview Press.

- Weinberg, Steven. 1995. The Quantum Theory of Fields. Volume I: Foundations. Cambridge: Cambridge University Press.

- Greiner, Walter, and Joachim Reinhardt. 2009. Quantum Electrodynamics. 4th ed. Berlin: Springer.

- Zee, A. 2010. Quantum Field Theory in a Nutshell. 2nd ed. Princeton, NJ: Princeton University Press.
- Weisskopf, Victor F. 1936. “The Electrodynamics of the Vacuum Based on the Quantum Theory of the Electron.” Kongelige Danske Videnskabernes Selskab, Matematisk-fysiske Meddelelser 14 (6): 1–39.
- Uehling, Edwin A. 1935. “Polarization Effects in the Positron Theory.” Physical Review 48 (1): 55–63.
- Heisenberg, Werner, and Hans Euler. 1936. “Folgerungen aus der Diracschen Theorie des Positrons.” Zeitschrift für Physik 98: 714–732.
- Schwinger, Julian. 1951. “On Gauge Invariance and Vacuum Polarization.” Physical Review 82 (5): 664–679.

H.4 规范理论、相位与拓扑结构

- Aharonov, Yakir, and David Bohm. 1959. “Significance of Electromagnetic Potentials in the Quantum Theory.” Physical Review 115 (3): 485–491.
- Berry, Michael V. 1984. “Quantal Phase Factors Accompanying Adiabatic Changes.” Proceedings of the Royal Society A 392 (1802): 45–57.

- Yang, Chen Ning, and Robert L. Mills. 1954. "Conservation of Isotopic Spin and Isotopic Gauge Invariance." Physical Review 96 (1): 191–195.

- Wu, Tai Tsun, and Chen Ning Yang. 1975. "Concept of Nonintegrable Phase Factors and Global Formulation of Gauge Fields." Physical Review D 12 (12): 3845–3857.

- Nakahara, Mikio. 2003. Geometry, Topology and Physics. 2nd ed. Boca Raton, FL: CRC Press.

- Frankel, Theodore. 2011. The Geometry of Physics: An Introduction. 3rd ed. Cambridge: Cambridge University Press.

- Manton, Nicholas, and Paul Sutcliffe. 2004. Topological Solitons. Cambridge: Cambridge University Press.

- Thouless, David J. 1998. Topological Quantum Numbers in Nonrelativistic Physics. Singapore: World Scientific.

H.5 腔 QED、强耦合与量子光学实验接口

- Jaynes, Edwin T., and Frederick W. Cummings. 1963. "Comparison of Quantum and Semiclassical Radiation

Theories with Application to the Beam Maser." Proceedings of the IEEE 51 (1): 89–109.

- Haroche, Serge, and Jean-Michel Raimond. 2006. Exploring the Quantum: Atoms, Cavities, and Photons. Oxford: Oxford University Press.

- Blais, Alexandre, Jay Gambetta, A. Wallraff, David I. Schuster, Steven M. Girvin, Michel H. Devoret, and Robert J. Schoelkopf. 2007. "Quantum-Information Processing with Circuit Quantum Electrodynamics." Physical Review A 75 (3): 032329.

- Blais, Alexandre, Arne L. Grimsmo, S. M. Girvin, and Andreas Wallraff. 2021. "Circuit Quantum Electrodynamics." Reviews of Modern Physics 93 (2): 025005.

- Raimond, Jean-Michel, Michel Brune, and Serge Haroche. 2001. "Manipulating Quantum Entanglement with Atoms and Photons in a Cavity." Reviews of Modern Physics 73 (3): 565–582.

- Walther, Herbert, Benjamin T. H. Varcoe, Berthold-Georg Englert, and Thomas Becker. 2006. "Cavity Quantum Electrodynamics." Reports on Progress in Physics 69 (5): 1325–1382.

- Forn-Díaz, P., L. Lamata, E. Rico, J. Kono, and E. Solano. 2019. “Ultrastrong Coupling Regimes of Light-Matter Interaction.” Reviews of Modern Physics 91 (2): 025005.

- Kockum, Anton Frisk, Adam Miranowicz, Simone De Liberato, Salvatore Savasta, and Franco Nori. 2019. “Ultrastrong Coupling between Light and Matter.” Nature Reviews Physics 1: 19–40.

H.6 非线性光学、强场电磁学与阿秒物理

- Boyd, Robert W. 2020. Nonlinear Optics. 4th ed. London: Academic Press.

- Shen, Y. R. 1984. The Principles of Nonlinear Optics. New York: Wiley.

- Brabec, Thomas, and Ferenc Krausz. 2000. “Intense Few-Cycle Laser Fields: Frontiers of Nonlinear Optics.” Reviews of Modern Physics 72 (2): 545–591.

- Krausz, Ferenc, and Misha Ivanov. 2009. “Attosecond Physics.” Reviews of Modern Physics 81 (1): 163–234.

- Agostini, Pierre, and Louis F. DiMauro. 2004. "The Physics of Attosecond Light Pulses." Reports on Progress in Physics 67 (6): 813–855.

- Corkum, Paul B., and Ferenc Krausz. 2007. "Attosecond Science." Nature Physics 3: 381–387.

- Popmintchev, Tenio, Ming-Chang Chen, Paul Arpin, Margaret Murnane, and Henry Kapteyn. 2010. "The Attosecond Nonlinear Optics of Bright Coherent X-Ray Generation." Nature Photonics 4: 822–832.

- Di Piazza, Antonino, Christoph Müller, Karen Z. Hatsagortsyan, and Christoph H. Keitel. 2012. "Extremely High-Intensity Laser Interactions with Fundamental Quantum Systems." Reviews of Modern Physics 84 (3): 1177–1228.

- Dunne, Gerald V. 2005. "Heisenberg-Euler Effective Lagrangians: Basics and Extensions." In From Fields to Strings: Circumnavigating Theoretical Physics, edited by Mikhail Shifman et al., 445–522. Singapore: World Scientific.

H.7 等离子体、屏蔽与集体响应

- Chen, Francis F. 2016. Introduction to Plasma Physics and Controlled Fusion. 3rd ed. Cham: Springer.

- Ichimaru, Setsuo. 1973. Basic Principles of Plasma Physics: A Statistical Approach. Reading, MA: Benjamin.

- Nicholson, Dwight R. 1983. Introduction to Plasma Theory. New York: Wiley.

- Krall, Nicholas A., and Alvin W. Trivelpiece. 1973. Principles of Plasma Physics. New York: McGraw-Hill.

- Bittencourt, José A. 2004. Fundamentals of Plasma Physics. 3rd ed. New York: Springer.

- Klimontovich, Yuri L. 1982. Kinetic Theory of Nonideal Gases and Nonideal Plasmas. Oxford: Pergamon Press.

- Debye, Peter, and Erich Hückel. 1923. "Zur Theorie der Elektrolyte." Physikalische Zeitschrift 24: 185–206.

- Vlasov, Anatoly A. 1938. "On Vibration Properties of Electron Gas." Journal of Experimental and Theoretical Physics 8: 291–318.

H.8 原子物理、光谱与复合/电离过程

- Bethe, Hans A., and Edwin E. Salpeter. 1957. Quantum Mechanics of One- and Two-Electron Atoms. Berlin: Springer.

- Bransden, Brian H., and Charles J. Joachain. 2003. Physics of Atoms and Molecules. 2nd ed. Harlow: Pearson.

- Gallagher, Thomas F. 1994. Rydberg Atoms. Cambridge: Cambridge University Press.

- Friedrich, Harald. 2006. Theoretical Atomic Physics. 3rd ed. Berlin: Springer.

- Fano, Ugo. 1961. "Effects of Configuration Interaction on Intensities and Phase Shifts." Physical Review 124 (6): 1866–1878.

- Seaton, M. J. 1959. "Radiative Recombination of Hydrogenic Ions." Monthly Notices of the Royal Astronomical Society 119: 81–89.

- Kramers, Hendrik A. 1923. "On the Theory of X-Ray Absorption and of the Continuous X-Ray Spectrum." Philosophical Magazine 46 (275): 836–871.

H.9 高能散射、有效电荷与形状因子

- Halzen, Francis, and Alan D. Martin. 1984. Quarks and Leptons: An Introductory Course in Modern Particle Physics. New York: Wiley.

- Perkins, Donald H. 2000. Introduction to High Energy Physics. 4th ed. Cambridge: Cambridge University Press.

- Leader, Elliot, and Enrico Predazzi. 1996. An Introduction to Gauge Theories and Modern Particle Physics. Cambridge: Cambridge University Press.

- Particle Data Group. 2022. "Review of Particle Physics." Progress of Theoretical and Experimental Physics 2022 (8): 083C01.

- Rosenbluth, M. N. 1950. "High Energy Elastic Scattering of Electrons on Protons." Physical Review 79 (4): 615–619.

- Hofstadter, Robert. 1956. "Electron Scattering and Nuclear Structure." Reviews of Modern Physics 28 (3): 214–254.

- Kelly, James J. 2004. "Simple Parametrization of Nucleon Form Factors." Physical Review C 70 (6):

068202.

- Arrington, John, Kees de Jager, and Charles F. Perdrisat. 2011. "Nucleon Form Factors: A Jefferson Lab Perspective." Journal of Physics: Conference Series 299: 012002.

- Bernauer, Jan C., et al. 2010. "High-Precision Determination of the Electric and Magnetic Form Factors of the Proton." Physical Review Letters 105 (24): 242001.

- Mohr, Peter J., David B. Newell, and Barry N. Taylor. 2016. "CODATA Recommended Values of the Fundamental Physical Constants: 2014." Reviews of Modern Physics 88 (3): 035009.

- Tiesinga, Eite, Peter J. Mohr, David B. Newell, and Barry N. Taylor. 2021. "CODATA Recommended Values of the Fundamental Physical Constants: 2018." Reviews of Modern Physics 93 (2): 025010.

H.10 方法论、可证伪性与理论结构

- Popper, Karl R. 1959. The Logic of Scientific Discovery. London: Hutchinson.

- Lakatos, Imre. 1970. "Falsification and the Methodology of Scientific Research Programmes." In Criticism and the Growth of Knowledge, edited by Imre Lakatos and Alan Musgrave, 91–196. Cambridge: Cambridge University Press.

- Kuhn, Thomas S. 1996. The Structure of Scientific Revolutions. 3rd ed. Chicago: University of Chicago Press.

- Friedman, Michael. 2001. Dynamics of Reason. Stanford, CA: CSLI Publications.

- Batterman, Robert W. 2002. The Devil in the Details: Asymptotic Reasoning in Explanation, Reduction, and Emergence. Oxford: Oxford University Press.

- Butterfield, Jeremy. 2011. "Less Is Different: Emergence and Reduction Reconciled." Foundations of Physics 41: 1065–1135.

- Crowther, Karen. 2016. Effective Spacetime: Understanding Emergence in Effective Field Theory and Quantum Gravity. Cham: Springer.

H.11　使用说明

本参考文献表可分为三类使用。

第一类是标准理论背景文献，包括经典电磁学、QED、量子光学、原子物理和等离子体物理。它们用于帮助读者理解本卷必须回收的标准结果。

第二类是数学与概念工具文献，包括相位、拓扑、规范结构、响应函数和可证伪性方法论。它们用于说明本卷所使用的结构性语言与相关理论传统之间的关系。

第三类是实验窗口文献，包括腔 QED、强场物理、阿秒物理、真空极化、等离子体和高能散射。它们用于支撑第11章提出的可证伪窗口，而不是作为本卷机制已经被实验证实的证据。

本卷正文引用这些文献时，应保持克制：标准理论文献用于标定“必须回收的区域”，实验文献用于说明“可能检验的窗口”，方法论文献用于支持“失败条件优先”的写作纪律。不得把这些文献表述为已经证明 EQT 成立。

——全书完——

www.ingramcontent.com/pod-product-compliance
Lightning Source LLC
LaVergne TN
LVHW052016200926
848481LV00005B/1501

* 9 7 9 8 9 9 6 1 3 9 4 4 6 *